U0303565

国家自然科学基金项目资助
（41671160，41171139）

交通地理与空间规划
研究丛书

曹小曙　主编

经济转型与城市更新

理论、政策与实践

王鲁峰　杨景胜
　　　　　　　　　　著
张燕姝　石建业

商务印书馆
The Commercial Press

图书在版编目(CIP)数据

经济转型与城市更新:理论、政策与实践/王鲁峰等著. —北京:商务印书馆,2020
(交通地理与空间规划研究丛书)
ISBN 978-7-100-18449-6

Ⅰ.①经⋯ Ⅱ.①王⋯ Ⅲ.①城市规划—研究—广东 Ⅳ.①TU984.265

中国版本图书馆 CIP 数据核字(2020)第 071300 号

交通地理与空间规划研究丛书

经济转型与城市更新——理论、政策与实践
曹小曙　主编
王鲁峰　杨景胜　张燕姝　石建业　著

商　务　印　书　馆　出　版
(北京王府井大街36号　邮政编码100710)
商　务　印　书　馆　发　行
北京艺辉伊航图文有限公司印刷
ISBN 978-7-100-18449-6

2020 年 8 月第 1 版　　　　开本 880×1230 1/32
2020 年 8 月北京第 1 次印刷　印张 12
定价:68.00 元

前　　言

当前,我国新型城镇化建设过程中的土地问题十分严峻,供需矛盾日益突出,土地资源的制约成为阻碍社会经济发展的重要因素之一。限于人多地少的条件,城市用地问题始终是我国城镇化进程中一个带有全局性、战略性的重大问题。为解决城市用地问题,全国各地也纷纷开展了城市更新的实践活动,积极推动城市发展方式转型,从增量扩张向存量挖潜转型,追求减量发展。为此,本书将在新型城镇化的背景下,对国外主要发达国家以及我国主要城市的城市更新政策、城市更新典型案例进行深入的研究分析。其目的在于通过对国内外城市更新政策、案例解析,明确我国城市更新的特色及存在的主要问题,进而提出我国城市更新的未来发展路径,为推动我国新型城镇化进程下的城市更新活动科学、有序地开展提供指导。

目前,我国城镇化发展中用地紧张局面日益显著,开展存量用地挖潜工作是推动新型城镇化建设,提升城镇发展质量的重要手段。因此,开展新型城镇化进程下的城市更新研究有助于缓解建设用地需求旺盛与土地供应不足间的尖锐矛盾,对于协调推进新型城镇化建设,构建环境友好型与资源节约型的城镇模式具有重大意义。

本书综合运用文献调查法与归纳演绎法,同时结合定性与定量、静态分析与动态分析等方法,选取社会经济发达的珠江三角洲作为研究区域。通过梳理国内外城市更新历程,总结国内外城市更新政策,深入分析城市更新的类型等。全书分为五个部分,共六章。

　　第一部分为本书的第一章。这一部分主要包括相关的研究综述和研究设计。在对背景分析、重点概念辨析、相关理论介绍及研究进展梳理的基础上,阐明研究目的、研究意义、主要研究内容以及所采用的主要方法。

　　第二部分为本书的第二章和第三章。这一部分对国内外城市更新政策、城市更新实践历程进行系统地梳理,并将城市更新分为了旧城更新、工业区更新、城中村改造三类。同时还对国内外的城市更新优秀案例进行了简略的介绍,总结出了目前国内外学者在城市更新方面所积累的经验教训。本章是本书研究的基础,只有在全面认识国内外城市更新的发展历史,以及城市更新发展中所得到的经验教训,才能更好地明确城市更新未来发展的方向与路径。

　　第三部分为本书的第四章。这一部分对广东省各地市的城市更新政策进行全面、深入的研究分析。

　　第四部分为本书的第五章。这一部分选取了东莞市典型的优秀案例,对其项目背景、项目过程、主要政策措施等进行研究分析。

　　第五部分为本书的第六章。这一部分将在以上研究的基础上,提出我国城市更新的未来发展方向,为我国城市更新的下一步工作提供指引。

目　　录

第一章 绪 论

第一节 研究背景

一、经济转型推动城市更新

经济转型是指一个国家或地区的经济结构和经济制度在一定时期内发生的根本变化。具体地讲,经济转型是经济体制的更新,是经济增长方式的转变,是经济结构的提升,是支柱产业的替换,是国民经济体制和结构发生的一个由量变到质变的过程。城市更新是一种将城市中已经不适应现代化城市社会生活的地区进行必要的、有计划的改建活动。经济转型已然成为当前世界发展的主流观念。它通过加快创新发展的步伐,推行绿色低碳的发展策略,实现现代化产业的转型工作,并加强产业的转移和产业的升级。在当下,各级政府的社会转型需求,都是将资源节约和环境友好的内容定位为基本的论调,其主要的职能内容,也正朝着服务民生的方向转变。在这个过程中,民生工程的内容被摆放到了突出的地位上。在各个地区,各项进行中的事业,都抱着"以人为本"的发展观念,对各城乡、区域、社会经济的发展理论进行了全面化的转型。社会经济领域出现的重大转变也必然导致城市发展的巨大变化。对城市发展起引导和调控作用的城市规划也会发生相应的变化,随之带来相应的转型。每一次社会经济转型无一不在城市规划领域留下深深的烙印。在社会经济转型的大背景下,城市建设和发展将会发生很大的改变,而引领城市建设和发展的龙头——城市规划,也将面临新的发展趋势。

经济转型给城市带来的变化主要有城市功能的提升,产业结构的升级和土地资源的紧缺。城市功能日趋高端化,转向总部经济、金融保险、科技研发等高端经济形式,同时需要提供更加多元化的高层次的服务功能,如文化艺术设施、教育体育设施、酒店休闲设施等。另一方面,成功企业在经济转型中以及企业自身的提升发展中,将逐步摆脱单纯的生产型企业模式。日后将研发办公、管理总部与生产部门分离,而企业研发办公、管理总部的发展需要更完善的城市功能作依托。经济转型中经济发展的主导方式转变主要有推进产业技术进步和转变经济增长方式两种。其目的是实现经济发展从重数量向求质量转变;从消耗代价型向集约科技型转变。要达到这一目的,就必须摆脱粗犷式的经济发展模式,推进产业结构的升级,加大第二产业的发展步伐。其一可通过现代科技改造传统产业,发展高新技术产业,提高经济发展中的科技含量;其二可通过加快新兴产业与第二产业的发展,发展高附加值产业,提高经济发展中的服务含量。任何地区和任何城市的行政管辖范围和可建设用地都是有限的,在实现功能提升与产业升级的过程中,城市首先面临的问题是土地资源的紧缺。由于多数城市在过去的经济快速发展中都经历过粗犷发展模式以及卖地增加财政收入的情况。因此土地资源消耗殆尽,存量土地规模越来越少。而旧区拆迁周期较长,解决不了目前迫切的土地需求且代价昂贵。随着土地资源的紧缺,过去依靠增量扩张的暴利模式必然发生改变,转向对存量的优化设计。存量优化意味着对既存利益的调整,实施起来必定会面临新的困难。过去在增量扩张阶段由政府主导、自上而下的开发模式也将迎来新的挑战。

经济转型推动城市更新从规模扩张走向内涵发展;从建设本位

走向生态优先；从物质本位走向文化繁荣；从生产本位走向宜居为本；从空间本位走向精神家园；从政府主导走向公众参与。城市规划从粗放式扩大人口规模和用地规模，向严格控制用地规模，节约使用资源，提高综合资源的承载力，提升城市生产、生活性服务功能，完善提升城市基础设施与服务设施现代化、社会化的水平等城市内涵式发展转变。过去城市建设重视城市物质的规划建设，轻视城市文化的建设，而文化是城市的灵魂。随着社会主义文化大发展大繁荣的推进和人民群众对文化需求的日益提高，城市规划应更加注重城市文化的保护与传承，塑造城市特色，提供文化产品与文化空间，繁荣地域文化和传播先进文化。过去城市规划注重"先生产后生活""先治坡后治窝"等理念，因此优先安排生产性用地特别是工业用地等。而现在应该将最优美环境的土地用于生活，完善城市公共服务，创造宜居的自然与人文环境，倡导低碳、慢节奏的城市生活。从注重城市传统物质、实体空间（硬质的铺装，大尺度的广场，宽阔的马路）的价值取向（个性）与精、气、神，向开放空间体系与户外活动，市民的信仰与个性，社区、邻里与家园的建设转变。传统城市规划比较注重空间的规划，倡导空间规划优先，注重城市的空间形态、几何图案、空间手法，导致在城市建设中对自然环境和传统邻里关系破坏严重。市民对城市和生活区没文化认同。现代规划应注意保护自然环境、保护传统文化、传播先进文化，构建和睦的邻里，建设好有鲜明城市个性的承载社会活动的空间体系和场所，实现城市价值和文化的认同，建设幸福的精神家园。因而城市规划管理从政府主导走向公众参与。计划经济时期城市规划实行自上而下的垂直管理，而现在实现政府主导、专家领衔、公众参与、社会监督的水平管理。方案咨询、规划评审、人大监督、公示制、听证会、规划督查都充分体现了这种变化。

　　我国正经历着社会经济的整体转型，随着社会经济发展转型的不断推进和深化，城乡发展的动力、机制以及老百姓的诉求将不断变化，城市更新的价值取向、理念、内容、技术、方向也将不断变化，以适应新的形势需求。

二、城市更新是城市转型必然经历的再开发过程

城市转型是指城市在各个领域、各个方面发生重大的变化和转折，它是一种多领域、多方面、多层次、多视角的综合转型（魏后凯，2011）。在全球经济一体化的新形势下，我国社会经济发展一直保持了快速前进的新局面。综合国力与工业化、城镇化及城乡一体化的建设取得了辉煌的成就。过去二三十年来，我国经历了世界上最大规模的城镇化过程。1978 年到 2006 年，我国城镇化率由 17.9% 提高到 43.9%，每年提高 0.9 个百分点，是 1958 年到 1978 年的 7 倍多。特别是 1995 年到 2003 年，每年增长达 1.5 个百分点。2012 年，我国国内生产总值（GDP）已达到 51.9 万亿元，成为全球仅次于美国的第二大经济实体。全国城镇化水平为 52.6%，达到了发展中国家中等以上水平。当前，我国所经历的城镇化进程，无论是规模还是速度，都是人类历史上前所未有的。世界范围上来看，城镇化率从 20% 提高到 40%，英国用了 120 年，法国用了 100 年，德国用了 80 年，美国用了 40 年，而我国仅用了 22 年。由于我国城镇化进程发展迅速，城市新增人口超过基础设施建设的增长幅度，同时受制于体制的原因，在全国范围内，尤其是东部沿海地区普遍出现了 4 个方面的问题。

（一）土地的城镇化大于人口的城镇化，土地资源利用效率低、浪费现象显著。从大部分城镇的蔓延、扩张速度来看，我国土地城镇化的速度快于人口城镇化和公共基础设施建设速度。在城市发展过程中，地方政府过分注重城市建成区规模的扩张而忽视了城市人口规模的集聚，导致众多农业转移人员作为城市的生产者，却无法融入

城市成为市民,出现较为严重的城镇化滞后于工业化问题,同时城市建设质量不高。许多城市郊区化泛滥,许多单位大量占用土地,尤其是各类开发区大规模圈地,土地产出率较低,投资效益差。同时,为促进乡村工业化的发展,乡镇大量批租土地,导致投资密度过低,土地资源开发利用极不合理,资源浪费极大。

(二)我国城市规划建设缺乏系统的科学论证,城市发展合理性不足。我国不少地方领导经营城市、管理城市的冲动超越了客观经济发展规律,热衷于建造劳民伤财的形象工程,从而缺乏综合性的长远观点。政府大楼与宾馆建设规模宏大,与我国国情完全背道而驰。特别是一些超大城市(人口大于 500 万人)每年仍在不断扩大,基本建设到处大量占地,投资失误,造成用地失控,无序蔓延。同时,各地区纷纷提出高指标的城镇化率作为政府的政绩目标。同时一味追求国民生产总值的快速增长,并在开发区、新城建设上互相攀比,因此形成了许多城市新区与新城盲目竞争的发展之势,缺乏科学发展观的指导与监督管理。同时,我国不少城市追求急功近利,在实施过程中经常对城市总体规划进行频繁调整,从而使得城市总体规划的调整过快,缺乏系统的科学论证。城市盲目蔓延现象显著增加。

(三)全球气候变暖,温室效应加大,城市环境质量下降,城市病制约着各地城市发展。近年来由于城市机动车数量大量增加,城市人口与流动人口密度加大。冬季时节,像北京、唐山、天津、石家庄、太原、郑州、济南等大城市的雾霾现象加重,生态环境不断恶化。北方城市沙尘暴天数不断增加。南方城市水灾造成的损失越来越大。2005—2006 年,各城市大气二氧化硫浓度呈上升趋势,特别是工业城市的大气污染较为严重。大规模工业化和城镇化使中国北方 15个省市区的水资源供应出现了紧张。在南方地区的许多城镇也常有严重的水质性供水问题,局部地区曾出现过水危机。同时,许多基础设施与住宅小区建设质量不断出现严重问题,危害人民生活的安全。市政设施质量与住房一时难以解决,工程投资损失与浪费的资金多,加大了社会成本与环境成本,特别是近 10 多年来,许多 100 万人口以上的特大城市,交通拥堵现象严重,造成了时间与能源的极大浪费,同时重大交通事故时有发生(姚士谋等,2014)。

(四)城乡关系不协调,城乡二元经济结构明显。一直以来,我国城乡之间的发展存在着明显的差距。近年来,尽管我国经济有了举世瞩目的高速发展,但是这种高速发展并没有真正缩小城乡差异。我国城乡居民收入差距比在 2012 年是 3.10∶1。和改革初期相比,城乡居民收入差距呈上升趋势。从 1978 年到 2012 年间除 1982 年到 1985 年城乡居民收入差距比降低到了 2 倍以下外,其余时段都在 2 倍以上。自 2002 年以来城乡居民收入差距比更是一直保持在 3 倍以上,呈缓慢上升趋势。根据国际劳工组织的调查,世界上只有少数几个国家城乡居民收入差距比大于 2,我国便是其中之一。同时,我国的城乡差距还表现在农业和非农业比较劳动生产率造成的发展差异上。从 2000 年到 2007 年我国农业和非农业比较劳动生产率分别为 0.30∶1.70;0.27∶1.73;0.29∶1.63;0.27∶1.59;0.27∶1.57;0.28∶1.50。改革开放以来,我国城乡二元结构除了 1985 年到 1996 年有所缓解外,其他时段一直在持续缓慢增强。由于二元比较劳动生产率的差异造成资金、人力、科技生产要素流出农村,进一步拉大了城乡差距。从制度根源来看,城乡二元户籍制度、城乡二元就业制度、城乡二元土地制度、城乡二元福利制度等是当前城乡发展不协调的制度根源。当前我国农民在迁徙、就业、土地流转等方面都存在明显的制度约束(何玉霞,2014)。

以上四个方面的问题正是城市更新需要解决的问题。如何将存量土地进行盘活,将大量低效用地进行再开发显得至关重要。对城市而言,城市更新是城市功能提升与再造的系统工程,也是消除安全隐患、治理城市顽疾的民生工程,还是盘活土地资源、促进产业转型的治理工程,需要政府、企业和金融机构各方面共同协调与努力。

三、城市更新成为新型城镇化发展的重要内容

2012 年,中央经济工作会议正式提出"把生态文明理念和原则全面融入城镇化全过程,走集约、智能、绿色、低碳的新型城镇化道路"。2013 年 12 月 11 日,我国召开了中央城镇化工作会议。会议提出了推进城镇化的主要任务,强调了要以人为本,推进以人为核心的城镇化,提高城镇化发展质量。2014 年 3 月,我国正式出台了《国家新型城镇化规划(2014—2020 年)》。规划中明确提出要"遵循城镇化发展规律,走中国特色新型城镇化道路"。自此,我国开始进入了全面推动新型城镇化建设的新征程。各省、各地市均针对自身城镇化发展的实际情况出台了相应的新型城镇化规划或城镇化发展规划。在《国家新型城镇化规划(2014—2020 年)》实施两年后,为总结推广各地区行之有效的经验,深入推进新型城镇化建设,国务院印发了《国务院关于深入推进新型城镇化建设的若干意见》(国发〔2016〕8号)。《意见》提出"牢固树立创新、协调、绿色、开放、共享的发展理念,坚持走以人为本、四化同步、优化布局、生态文明、文化传承的中国特色新型城镇化道路。以人的城镇化为核心,以提高质量为关键,以体制机制改革为动力,紧紧围绕新型城镇化目标任务,加快推进户籍制度改革,提升城市综合承载能力,制定完善土地、财政、投融资等配套政策,充分释放新型城镇化蕴藏的巨大内需潜力,为经济持续健康发展提供持久强劲动力"。我国新型城镇化主要有强调民生、强调可持续发展和强调质量三大核心内涵。其核心目标可以归纳概括为6 点:平等城镇化目标、幸福城镇化目标、转型城镇化目标、绿色城镇化目标、健康城镇化目标和集约城镇化目标(单卓然等,2013)。

表1—1　新型城镇化的内涵

新型城镇化三大内涵	不同层面	具体内容
新型城镇化内涵框架		
内涵一:民生的城镇化	经济层面	收入差距、农村人均纯收入、城镇居民人均可支配收入
	社会层面	福利水平、社会保障能力、医疗服务水平、教育水平、老年群体及弱势群体关注度
	体制制度层面	户籍制度、土地制度、行政管理体制、城乡统筹、收入分配制度
	城镇建设层面	生态建设、公共服务均等化、基础建设覆盖水平、收入分配制度
内涵二:可持续发展的城镇化	经济层面	产业转型与升级、现代农业、现代服务业发展、产业结构调整
	社会层面	文化事业、社会网络、非政府团体机构
	体制制度层面	服务型政府、民营发展、民间投资、政务及财产公开
	城镇建设层面	低碳理念、自然环境、历史文脉、绿色建筑、垃圾回收与利用、新能源、新材料
内涵三:质量的城镇化	经济层面	区域协调与一体化、低污染、低耗能、低排放
	社会层面	文明及综合素质、受教育能力与水平、食品安全、市民健康
	体制制度层面	门槛调整、准入制度、监管制度
	城镇建设层面	速度与质量、土地节约集约、空气及水环境质量、公共服务便捷程度、品质生活

资料来源:单卓然、黄亚平,"'新型城镇化'概念内涵、目标内容、规划策略及认知误区解析"。

表1—2 新型城镇化核心目标体系

核心目标	对应内涵基础	关键内容	主要表现
平等城镇化	民生内涵	统筹与一体	农民工市民化、公共服务均等化、户籍与土地制度、收入分配制度创新
幸福城镇化		收入与安居	城乡居民收入普遍提高、城乡居民收入差距缩小、贫富差距缩小
转型城镇化	可持续发展内涵	结构与升级	链条高度和梯度层次化、结构优化、农业现代化、现代服务业规模化
绿色城镇化		环保与低碳	气候及生态优化、区域排放量下降
健康城镇化	质量内涵	生态与安全	污染与耗能降低、环境质量提升、食品安全水平和市民健康水平提高
集约城镇化		节约与高效	城乡土地利用节约集约、城乡各类设施高效利用

资料来源:单卓然、黄亚平,"'新型城镇化'概念内涵、目标内容、规划策略及认知误区解析"。

2017年,国家发展改革委组织编写的《国家新型城镇化报告2016》正式出版。报告对2013年以来我国新型城镇化的各项工作进行了系统回顾,并认真总结了2016年我国新型城镇化的30项重点任务。报告指出目前我国新型城镇化建设取得了重要进展,主要体现在以下5个方面:

(一)农业转移人口市民化有了新突破。近年来,我国相继出台了一系列关键性政策来推动农业转移人口市民化,包括推动1亿非户籍人口在城市落户的总体方案,以及支持农业转移人口市民化的财政、土地、住房等配套政策,基本形成了农业转移人口市民化"四梁八柱"政策框架。2016 年,我国进城落户的农业人口约 1 600 万人,常住人口城镇化率达到 57.35%,户籍人口城镇化率达到 41.2%,分别比 2015 年提高 1.25 和 1.3 个百分点。

(二)城市群主体形态建设呈现新亮点。我国印发并实施了长三角、长江中游、成渝、哈长、中原和北部湾 6 个城市群规划,启动了国家中心城市布局建设,新生中小城市培育和美丽特色小(城)镇建设有了新进展。城市群作为城镇化主体形态的空间格局更加清晰。

(三)城市可持续发展能力实现新提升。聚焦补齐城市基础设施、公共服务、生态环境"三块短板"。我国继续加大了县城和重点镇基础设施建设力度,累计开工地下综合管廊 2 000 多公里,新增城市轨道交通里程 535 公里,开工改造各类棚户区住房 604 万套。

(四)新型城镇化综合试点和体制改革取得新进展。目前,我国已开展了三批新型城镇化综合试点,试点扩围至 2 个省 246 个市(镇),并对第一、第二批试点和典型案例的经验进行了评估总结进而向全国复制推广。农村土地三项制度改革试点、城乡建设用地增减挂钩、城镇低效用地再开发、农村土地"三权分置"等改革试点稳步有序推进。

(五)城镇化国际务实合作再结新成果。成功举办首届亚太经合组织城镇化高层论坛,发布"宁波倡议"。举办"2016 中欧城镇化伙伴关系务实合作项目签约仪式",推进中欧城镇化伙伴关系示范区建设,中欧城市结对达 30 对(中国经济导报,2016)。

尽管我国已在城市更新方面展开了众多实践,在城市更新中积累了一定的经验,初步设计了城市更新制度,发布了一定的政策举措,但我国的城市更新活动仍存在诸多问题,包括城市更新目标未能很好地识别未来发展问题;城市更新的多方参与协商机制尚未形成;城市更新的政策设计仍需改善等。伴随着经济全球化深化与新一轮技术创新周期的到来,在资源约束、环境问题的制约下,我国新型城镇化的建设对城市更新提出了新的要求,具体体现在以下几个方面(中国经济导报,2016):

(一)从单纯物质层面的更新走向物质、社会、经济相融合的综合更新;

(二)从大规模推倒重建走向小规模渐进式谨慎更新;

(三)从政府主导走向政府、私有部门、社区三方合作的更新治理;

(四)从地产导向到公共要素导向转变;

(五)从住区更新扩展到工业用地转型、历史城区保护、景观风貌维护、公共设施改善等(匡晓明,2017);

(六)注重更新过程中的生态环境问题、能源问题,强调绿色改造(匡晓明,2017)。

在过去的几十年中,我国各地以追求经济增长为主,往往忽视了对资源、环境、社会等问题的重视。过去的发展模式以土地供应换取经济增长,忽略了用地扩张、人口膨胀对资源和环境的破坏。近年来,随着土地资源紧缺问题日益严峻,我国各地普遍意识到以往以增量扩张为特征的发展方式不可持续。《国家新型城镇化规划2014—2020年》文件指出"城镇化必须进入以提升质量为主的转型发展新阶段",同时还提出了优化城市内部空间结构,促进城市紧凑发展,提高国土空间利用效率等基本原则。2015年12月召开的中央城市工作会议强调,"城市工作是一个系统工程,要树立'精明增长''紧凑城市'理念,推动城市发展由外延扩张式向内涵提升式转变。"因此以旧城镇改造、城中村改造、旧厂改造等为主的城市更新运动在我国各地轰轰烈烈的开展。国家相继出台《国务院关于加快棚户区改造工作的意见》(国发〔2013〕5号)、《国务院办公厅关于推进城区老工业区搬迁改造的指导意见》(国办发〔2014〕9 号)、《国务院办公厅关于进一步加强棚户区改造工作的通知》(国办发〔2014〕36 号)等重要文件。同时,我国还在 2014 年政府工作报告中提出"三个一亿人"的城镇化计划,其中一个亿的城市内部人口安置就针对的是城中村、棚户区及旧建筑改造。

新时期下,我国各大城市均在新一轮城市总体规划中将愿景式终极目标思维转变为底线型过程控制思维,并推动土地利用方式由增量规模扩张向存量效益提升转变。如上海市在《上海市城市总体规划(2016—2040)》中提出"实现规划建设用地总规模负增长,做到规划建设用地只减不增",并提出"内涵发展",即实施创新驱动,激发城市活力,推动城市更新,转向存量规划,提升城市品质,塑造城市精神,推进城乡一体,引领区域协同。北京市在《北京城市总体规划(2016—2035 年)》中提出要实现城乡建设用地规模减量,在以国有低效存量产业用地更新和集体产业用地整治改造为重点促进产业转型升级的同时,有序推进城镇棚户区改造,推进老旧小区综合整治和有机更新。

第二节　理　论　进　展

一、经济转型内涵

1985 年 12 月 13 日,《人民日报》提出:对于新进来的项目要筛选,对于已经建起的工业也要进行调整以适应转型的要求。转型一词就此出现,并在 1992 年以后开始流行,经济转型对于社会学界和经济学界有不同的认识。经济转型(Economic Transition)是一个内涵丰富的概念。社会学界认为经济转型在中国主要体现在两个方面,其中一方面是社会体制的转变——中国从社会主义计划经济体制转变到社会主义市场经济体制;另一方面是社会发展阶段的转变——中国从传统社会转向现代社会,从生存型阶段转变到发展型阶段。经济学界对转型的认识,主要认为中国经济转型是中国经济改革具体过程中的一部分。经济转型的目的是完成社会主义的自我发展和完善。中国的经济转型是体制转轨、社会转型和社会制度创新三方面互相融合所形成的改革过程。

经济转型是指一种经济运行状态转向另一种经济运行状态。具体地讲,经济转型是经济体制的更新,是经济增长方式的转变,是经济结构的提升,是支柱产业的替换,是国民经济体制和结构发生的一个由量变到质变的过程。"城市经济转型"主要包括三个方面:一是经济体制改革,由传统计划经济体制向社会主义市场经济体制转变;二是产业结构优化与升级,即产业增加值结构由"二、三、一"结构向"三、二、一"结构转变,三次产业内部结构向中高端提升;三是经济发展方式转变,即经济增长过程中,除产业结构之外的需求结构、要素投入结构以及经济发展质量的提高。

二、经济转型相关理论

(一) 经济体制改革

党的"十四大"第一次明确提出我国经济体制改革的目标是建立"社会主义市场经济体制"。"十五大"明确提出了实现经济体制与经济增长方式的根本转变。"十七大"指出转变发展方式的本质要求是加快经济体制改革。全面深化经济体制改革是加快形成新的经济发展方式的关键。"十八大"提出全面建成小康社会和全面深化改革开放的目标,明确了经济体制改革的核心问题是处理好政府和市场的关系,必须更加尊重市场规律,更好发挥政府作用。十八届三中全会确定了全面深化改革的总目标是完善和发展中国特色社会主义制度,并指出要紧紧围绕使市场在资源配置中起决定性作用的深化经济体制改革,坚持和完善基本经济制度,加快完善现代市场体系、宏观调控体系、开放型经济体系。当前,我国经济体制改革的内涵包括:

第一,核心问题是处理好政府与市场的关系。在现代社会生产进程中,资源配置有两种方式:一种是以政府为主导的计划配置,即计划经济;一种是以市场为主导的市场配置,即市场经济。计划经济是对生产、分配、交换、消费等环节预先拟定经济的发展方案,从而对社会经济活动进行宏观调控的经济组织管理形式。计划经济具有预先性、自觉性、宏观性以及可调节性等优点,但过分地强调计划经济,也会使市场主体的积极性、主动性和创造性受压抑,产生决策随意性和资源配置低效率等弊端。市场经济是由自由价格机制调节并在自由市场环境下生产与交易的。现代市场经济具有资源配置市场化、经济行为主体权责明确、以市场竞争为基础等特征。市场经济在资源合理配置效率、个体积极性、竞争公平性等方面具有明显的优越性。但由于市场行为的自发性与外部性,过度市场化容易导致宏观经济结构失衡,生态环境失控,贫富差距不断扩大等问题。

计划经济与市场经济并不是完全对立,现代复杂的经济体系必须由市场经济和计划经济结合,取长补短,才能实现合理控制。在传统计划经济体制中建立社会主义市场经济体制,其核心路径是推进经济体制改革,推动生产关系同生产力、上层建筑同经济基础相适应,让市场在资源配置中起决定性作用,同时更好地发挥政府作用,让市场决定资源配置,同时着力解决市场体系不完善、政府干预过多和监管不到位问题。具体措施包括:完善主要由市场决定价格的机制。重要公共事业、公益性服务在接受社会监督的前提下由政府定价；健全优胜劣汰市场化退出机制，加快形成企业自主经营、公平竞争，消费者自主消费、自由选择，商品和要素自由流动的现代市场体系；转变政府职能，实现政企分开、政资分开、政事分开、政社分开，建设职能科学、结构优化、廉洁高效、人民满意的服务型政府；进一步简政放权，优化政府机构设置，优化行政区划设置，提高政府工作效率。

第二，坚持和完善基本经济制度。所有制结构是各种所有制经济成分在社会经济活动中所占的比重及相互关系。其决定了一个社会或一个国家的基本性质。我国社会主义初级阶段所有制结构是以公有制为主体，多种所有制经济共同发展。这也构成了我国社会主义初级阶段的基本经济制度。公有制经济在社会主义市场经济中占据主体地位，而非公有制经济富有活力与创造力，是社会主义市场经济的重要组成部分。

现阶段，公有制基本形式包括全民所有制、劳动者集体所有制以及混合经济中的国有与集体经济成分。多种所有制经济共同发展是巩固社会主义制度、发展社会生产力、促进经济社会可持续发展的必然要求，其内涵包括：健全归属清晰、权责明确、保护严格、流转顺畅的现代产权制度；保护公有制经济财产权与非公有制经济财产权不可侵犯；允许更多国有经济和其他所有制经济发展成为混合所有制经济，允许混合所有制经济实行企业员工持股，形成资本所有者和劳动者利益共同体；进一步深化国有企业改革，推动国有企业完善现代企业制度，健全协调运转、有效制衡的公司法人治理结构；支持非公有制经济健康发展，坚持权利平等、机会平等、规则平等，鼓励非公有制企业参与国有企业改革，鼓励发展非公有资本控股的混合所有制企业。

第三，构建开放型经济新体制。在经济全球化的大背景下，随着信息技术、交通技术的发展，以及国际贸易、投资自由化、企业经营国际化的逐步深入,我国实行对外开放是社会主义协调发展、加速社会主义现代化建设、利用国际分工提高经济效益的必然要求。我国对外开放的形式主要包括:一是国际贸易,同其他国家和地区进行商品交换,参与国际分工,实现比较利益,转换使用价值,调剂商品余缺,作为国内流通的延伸和补充;二是利用国外资金,有计划地吸收国外直接投资或吸收国外贷款,可以弥补国内积累资金的不足,扩大国内市场和开拓国际市场,推动产业结构升级,增加就业;三是引进技术,通过各种方式从他国获得先进设备、先进技术等科学技术成果,加速国民经济的技术改造,提高我国的科研水平和管理水平,缩短与发达国家的技术差距。

2010 年,中国经济规模跃升为世界第二。中国在国际经济中也需要扮演新的角色,不能再延续传统的简单推进外资主导下的低端国际分工模式,应该不断增强国际竞争力,深入到全球化、区域一体化的经济分工中。新的对外开放战略包括:一是改变价值链低端分工的发展模式,改变对资源高消耗、劳动力低成本的依赖,促进加工贸易转型升级,由"中国制造"向"中国创造"和"中国智造"转变,由低成本向高效率优势转变,变"人口红利"为"人才红利"。二是推动机制体制创新,改革市场准入、海关监管、检验检疫等管理体制,形成面向全球的高标准自由贸易区网络;扩大企业及个人对外投资,开展绿地投资、并购投资、证券投资、联合投资等。三是形成全方位对外开放新格局,推动内陆沿边开放,加快同周边国家和区域基础设施互联互通建设,推进丝绸之路经济带、海上丝绸之路建设,形成横贯东中西、联结南北方的对外经济走廊。

(二) 产业结构优化

产业是具有同类属性的企业经济活动的集合。企业的属性有不同的分类标准,国民经济中的产业分类也有所不同。按照三次产业分类法,可分为第一产业——农业、林业、牧业、渔业和采集业,第二产业——工业与建筑业,第三产业——服务业及其他不涉及物质生产的行业。根据国家统计局最新的分类标准,产业又可分为 20 个大类(包括农、林、牧、渔业,采矿业、制造业、电力业、批发零售业等)、96个种类以及更多的小类。产业结构主要指的是产业之间以及产业内部间的关系。一般包括三个方面:一是产业组成,表现为一个国家或地区产业的类别与数量;二是各产业所处的发展阶段(成长期、扩张期、成熟期和衰退期);三是产业比重,各产业在国民经济中所占的比重,哪些产业是主要产业,代表了该国家或地区产业发展的高级化程度,一般用各产业的就业人口比重或产值比重进行衡量。产业结构优化包括以下内容:

第一,把握产业结构演进的一般规律:产业结构的演进与变化是产业结构由低级状态向高级状态转化、各产业协调发展、国民经济整体效益不断提高的过程。产业结构演进有以下相关定律:

一是配第—克拉克定律。克拉克通过对多个国家各个部门劳动投入与产出的数据研究得出,随着经济的发展,产业间存在着收入弹性差异与投资报酬差异。高级产业的劳动报酬将逐渐高于低级产业,促使劳动力从第一产业依次流向第二产业、第三产业,从而使第一产业的劳动力比重逐渐下降,第二、第三产业的劳动力比重相对上升(Clark,1940)。

二是二元结构理论。刘易斯将不发达经济划分为两个部门——资本主义部门和自给农业部门,即所谓二元结构。资本增长将更多的劳动者从自给农业部门吸收到城市工业部门中来。当剩余劳动完全吸收到资本主义部门中后,二元结构转变为一元结构,实现不发达经济的发展。经济结构转变的关键是资本积累,资本积累越多,吸收农业转移劳动力的速度就越快(Lewis,1954)。

　　三是库兹涅兹产业结构论。他论述了国民收入变化与工业结构变化之间的关系。在经济发展过程中,第一产业的国民收入与劳动力比重不断下降;在工业化阶段,第二产业的国民收入与劳动力比重都会提高,但由于工业部门资本有机构成的提高降低了投资于劳动的份额,所以国民收入比重的提高会大于劳动力比重的提高;在工业化后期,第二产业的国民收入与劳动力比重都会下降;而第三产业在工业化阶段、工业化后期国民收入与劳动力比重都在持续增加,因此必然取代第二产业在财富创造与吸收劳动力方面成为经济的主体(Kuznets,1941)。

　　四是霍夫曼定律。他通过研究得出工业发展是消费资料工业比例不断下降与资本资料工业比例不断增长的过程,并将工业化进程定义为四个阶段。第一阶段,消费资料生产在制造业中占有统治地位,此时霍夫曼系数(消费资料工业生产与资本资料工业生产之比)在5左右;第二阶段,资本资料工业发展较快,消费资料工业增速减缓,此时霍夫曼系数降至2.5左右;第三阶段,消费资料工业与资本资料工业在规模上大致相当,此时霍夫曼系数达到1;第四阶段,资本资料生产工业增长速度大大快于消费资料生产工业,并在比重与净产值方面大于后者,此时霍夫曼系数小于1(Hoffmann,1958)。

　　五是钱纳里工业化阶段理论。他研究了多个国家制造业内部各部门地位与作用的变动趋势,他将从不发达经济到发达经济整个变化过程划分为三个时期六个阶段。第一个时期是初级产业时期,特征是第一、第二、第三产业结构的次序,包括不发达经济阶段,其产业结构以农业为主;工业化初期阶段,以初级产品生产为主,现代化工业刚刚出现。第二时期是中级产业时期,特征是第二、第三、第一产业结构的次序,包括工业化中期阶段,其重型工业与第三产业迅速发展,以资本密集型产业为主导;工业化后期阶段,第三产业开始成为区域经济增长的主要力量。第三时期是后期产业时期,特征是第三、第二、第一产业结构的次序,包括后工业化社会阶段,制造业内部结构由资本密集型主导向技术密集型主导转换;现代化社会阶段,第三产业开始分化,知识密集型产业开始从服务业中分离出来,占主导地位(Chenery,1986)。

第二,加快产业结构优化升级进程。主要是处理好三次产业之间以及三次产业内部的各种关系。在计划经济体制下,我国模仿苏联模式,政府投资与资源配置向重工业倾斜。在生产水平较为低下的阶段,轻重失衡的工业化发展,导致了第三产业发展滞后,以及工业发展速度快但效益低的状况。工业增长主要靠资金与劳动力的追加,造成了巨大的浪费与资源配置的严重失调。改革开放后,我国进入了全面工业化发展阶段,纠正了错误的工业发展战略,逐步调整工业结构,扶持轻工业发展,改造重工业。工业结构合理化,推动经济快速发展,使得消费市场日益繁荣,居民生活水平大幅提高。

现阶段加快我国产业结构优化升级主要应处理好以下关系:一是加快发展第三产业。主要是提高服务业在国民经济中的比重,优化服务业的结构,提升服务业水平和层次;加快发展生活性服务业,大力发展生产性服务业,完成由传统服务业向现代服务业的转变。二是优化升级第二产业。加快信息化与工业化的融合发展,改造提升传统工业,大力发展战略型新兴产业,推进更高水平的再工业化进程,实现工业环境友好的绿色化、高标准高质量的精致化、高附加值高回报的高端化发展。三是大力发展现代农业。以工业化促进新型城镇化,以新型城镇化促进农业现代化,提高农业产业化水平与可持续发展能力。

(三) 转变经济发展方式

第一,全面把握转变经济发展方式的内涵。"经济增长"与"经济发展"概念不同,经济增长是一定时期内包括物质产品和服务生产总量的社会总产出与前期相比所实现的增长;经济发展是指一个国家或地区经济的整体演进和改善。经济发展相对经济增长涵盖面更广。经济发展包括三方面含义:一是经济总量的增长;二是经济结构的优化,经济结构包括产业结构、需求结构、要素投入结构和人口结构等;三是经济质量的提高,即经济增长过程中所体现的经济效益水平、社会效益水平、生态环境效益的水平提高。

转变经济发展方式,在经济总量增长方面,由粗放式增长向集约式增长转变。在经济结构调整方面,重点实现需求结构由主要依靠出口、投资拉动向消费、投资、出口协调拉动转变。产业结构由第二产业带动向一、二、三产业协同带动转变。要素投入结构由依靠增加要素与资金投入向依靠科技创新、机制体制创新以及劳动者素质提高转变。在发展质量和效益方面,降低能源物质消耗,增加经济效益,实现城乡统筹发展、经济社会和谐发展、人与自然和谐发展。

从要素投入结构的变化区分,转变经济发展方式可以划分为 4 个阶段,不同阶段推动经济增长的要素组合与方式不同,增长效率由低到高,不断增加。第一阶段是要素驱动阶段。根据古典经济理论,经济增长与产业发展主要依赖于自然资源、劳动、土地等初级要素的投入,产业技术水平低,资源利用效率低,属于粗放式增长。如一些不发达国家依靠丰富的自然资源或优越的自然环境,以及大量的廉价劳动力发展相关优势产业,获得外商直接投资,产品得以进入国际市场,参与国际竞争。第二阶段是投资驱动阶段。不发达国家在通过大量初级要素投入实现经济增长、具有一定竞争优势后,国家和企业的投资意愿和投资能力不断增长,企业也拥有了一定的对引进技术消化、吸收和升级的能力。在投资规模不断扩大的推动下,企业生产规模、生产效率不断提高,竞争优势得到强化。投资驱动时期,往往是低消费率、高储蓄率、高投资率并存,家庭与企业的财富增长带动了投资和经济起飞,经济增长进入良性循环。根据世界银行的《东亚经济发展报告(2006)》,东亚地区经济高速增长,依赖于这一地区的高储蓄率。高路易测算,1990—2003 中国储蓄率一直维持在 40％以上,为经济发展提供了资金保障(Louiskijs,2005)。第三阶段是创新驱动阶段。新经济增长理论将知识和专业化的人力资本引入增长模式,认为知识和专业化的人力资本积累可以产生递增收益;技术进步是经济增长的核心,大部分技术进步是出于市场激励而导致的有意识行为的结果。因此,知识和科学技术成为最重要的生产资源。技术创新能力成为推动经济增长的最重要动力。企业在技术引进、技术改进的基础上,逐步具备了较强的创新意识与独立的技术开发能力和科技成果转化能力。市场适应能力不断增强,形成较强的竞争优势。具有创新能力的企业在市场化与经济一体化的作用下,形成产业集群,创新能力不断强化,并成为经济发展的核心驱动力。目前美、德、日等发达国家都处于此阶段。第四阶段是财富驱动阶段。在此阶段,国家通过长期积累的物质财富维持经济运行。在要素驱动阶段和投资驱动阶段,政府具有巨大的影响力,通过生产要素的合理分配,政策引导,基础设施建设等手段,提高要素驱动与投资驱动的效率。在创新驱动阶段,企业成为发展的主角,是技术进步的主体,政府对经济增长的推动作用相对减弱。

第二,转变经济发展方式的必然要求是适应、把握、引领新常态。

在经历了多年 8％以上的经济高速增长之后,中国经济转向中高速增长,固然形成以速度变化、结构优化、动力转换为特点的新经济发展方式。速度变化指发展速度放缓,增长速度将维持在 6％—7％的合理区间,由注重增速转向注重质量与效益。结构优化包括改善城乡结构,推动城乡一体化发展,健全体制机制,形成以工促农、以城带乡、工农互惠、城乡一体的新型工业城乡关系;优化区域结构,深入实施西部开发、东北振兴、中部崛起、东部率先的区域发展总体战略,改善中、东、西三大区域及其区域内部不平衡;调整产业组织结构,充分发挥新兴产业、服务业、微小企业作用,促进生产小型化、智能化、专业化。动力转换指由要素驱动和投资驱动向创新驱动转变,经济增长将由依赖投资与土地粗放利用转为更多依靠人力资本质量提升和技术进步得以实现:必须深入实施科技创新与体制创新驱动战略,培育创新型人才,增强自主创新能力,全面提升科技核心竞争力。

此外,转变经济发展方式必须实现可持续发展,除了经济可持续发展之外,还包括社会与生态的可持续发展。其内涵有:发展必须以改善民生为主要目的,发展成果由人民共享,实现充分就业,提高城乡居民收入水平,健全公共服务体系与社会保障体系;以建设"两型"社会(资源节约型社会、环境友好型社会)为着力点,形成节约资源、保护环境的经济发展方式,促进土地节约集约利用,促进城市空间由增量扩张向存量增量并重转变,同时推进生态文明建设,实现绿色发展、循环发展、低碳发展。

三、经济转型研究进展

(一) 国外研究进展

城市经济转型研究始于 20 世纪中叶。二战后,通信技术和交通工具的大幅改善,改变了工业生产的方式与空间选址模式。传统大规模流水线的福特生产模式向更加注重顾客感受的后福特生产模式转变。同时欧美发达国家苛刻的劳工制度与高昂的劳动力和原材料成本,将工业企业推向了成本更为低廉的发展中国家。原工业城市也因此改变了产业发展轨迹,制造业急剧衰落,服务业迅速崛起,高科技行业快速发展,生产性服务业地位不断上升,经济转型持续进行中。美国经济学家罗斯托(Rostow)提出经济发展进化的序列模型,将经济的发展分为传统经济阶段、经济发展阶段、经济起飞、持续发展阶段和经济持续发展、高消费阶段(Rostow WW,1959)。而随着经济发展的不同阶段,使得城市经济功能得以转型。罗特曼斯等人对转型做了比较全面的界定,即指技术、经济、社会和制度相互作用,多尺度、多阶段社会子系统的结构变化过程(Rotmans *et al.*,2000)。克拉克(Clark)认为经济和文化是城市发展的两种核心动力,传统意义上文化为经济服务,后工业化和全球化使文化成为城市经济的关键因素。他以芝加哥为实证研究对象发现,城市娱乐和休闲功能不断加强。在此过程中,城市文化与艺术空间则出现重组(Clark,2003)。塞勒-弗莱格(Sailer-Fliege)指出,尽管东欧国家正在推进的城市转型仍是新近才开始的过程,后社会主义城市的发展已经表现出物质性重组过程的特征(Sailer-Fliege U,1999)。第三产业的起飞、CBD的扩展、商务和服务功能的空间分散化及增值的街头贸易应受到特别关注。布罗切(Brotchie)认为技术进步促进城市转型,城市资源从以能源为基础的产业向以知识为基础的产业转移,前者投入不断减少且失业不断增加,而后者投入不断增加,同时空间资源在两者之间的分配发生改变,对城市空间结构带来了影响(Brotchie Jetal,1985)。戈斯的迪尼(Gospodini)对后工业化时代的城市空间结构进行研究发现,城市中心应布局繁荣的经济活动,内城应聚集高水平的金融服务业、技术密集型企业和知识型的公共机构,使其成为创造性的"中心岛",并伴随新的城市管理战略而发展(Gospodini *et al.*,2006)。

20世纪中后期,城市经济出现了以全球化和信息化为核心的突出变化。卡斯特尔(Castells)提出信息的传输和生产服务业取代了商品传送而成为城市经济的主要活动,城市经济功能也发生了新的变革;很多城市得益于产业结构成功转换而迅速发展,成为世界经济的控制中心;这种新的城市经济现象,引发了城市经济转型的理论研究热潮(Castells,1989;1996)。世界城市和全球城市(Global City)成为研究的热点。弗里德曼(Fridemann)提出了"世界城市假说",认为世界城市是新的国际劳动分工和全球经济一体化背景下的产物,世界城市的本质就是拥有全球经济的掌控能力,其判断标准有两个:一是城市与世界经济体系联系的形式和程度,二是城市所控制资本的空间配置能力(Fridemann,1986)。萨森(Sassen)通过对纽约、伦敦和东京这三大城市生产性服务业的实证研究发现,当把世界城市看成世界金融中心,这三个城市就是主要的全球城市,位于全球城市体系的顶端,具有清晰的全球城市形态(Sassen,1991)。彼得·霍尔(Peter Hall)将世界城市的概念进一步完善,他将世界城市定义为在全球范围内具有经济、社会和文化影响的国际第一等级城市,其具体功能包括国际组织所在的政治、权利中心,全球交通网络支撑下的国际金融贸易中心,信息和传媒中心,高收入人口及专业人才集聚中心,娱乐中心等,按这个定义世界城市主要包括伦敦、巴黎、纽约、东京、莫斯科、兰斯塔德和莱茵—鲁尔工业区等城市或区域(Peter,1996)。斯科特(Scott)提出了国际城市区域的概念,即指在高度国际化前提下,以经济联系为基础,尤其国际城市与其腹地内经济实力比较雄厚的二级城市通过扩展联合形成的一种独特的空间现象(Scott,2001)。杨月满(音译,Yueman Yeung)指出,亚洲的沿海大城市扩展迅速,并正经历大规模的物质和社会经济转型,造成了这些城市及其腹地资源利用和滥用的严重问题(Yeung,1993)。

进入 21 世纪以来,知识资本与技术资本成为最重要的生产要素,关于创意城市的研究开始盛行。罗贝克(Robeek)认为,城市集中了所有有利于富有意义的社会科技进步因素：城市产生了社会和技术革新的真正要求，随后又是城市确定了这些革新的真正作用和价值；城市提供了那种保证创新的条件及鼓励推广采用的信息和经验传递的必要社会途径（Robeek，1991）。卡斯特尔（Castells）认为全球城市是全球网络的节点（Castells，1996）。兰德里（Landry）认为创意城市的基础是人员品质、意志与领导素质，人力的多样性与各种人才的都市空间与设施、发展机会、地方认同、组织文化、网络动力关系七大要素（Landry et al.，2000）。里查德（Richard）把经济发展分为农业经济时代、工业经济时代、服务经济时代和创意经济时代四个时期，他归纳了创意经济发展的"3T"理论，即技术（Technology）、人才（Talent）和包容（Tolerance）（Richard et al.，2004）。

（二）国内研究进展

景维民认为，转型最初是指一个新制度代替旧制度的过程，是实质性的改变和引入全新的制度安排。随着经济和社会的发展，转型的内涵也在不断地丰富和充实，涉及的领域也越来越广泛（景维民等，2003）。罗建怡认为，转型是传统产业的发展方向，是产业面对外部环境变化，调整自身发展周期所必须采取的应对措施。

1. 工业化前期的城市经济功能

城市经济功能的改变，推动了城市经济转型。在城市形成的初期，经济功能主要是由生产要素的集中而带来的规模经济和范围经济。张曾芳、张龙平认为，真正意义上的城市表现为以一定的空间为界限，以非农人口为主体的集约人口、集约经济的一个极其复杂的社会综合体，城市经济史由此揭开了序幕（张曾芳等，2000）。周一星认为一个城市不仅对它直接吸引范围内的下层次城镇和区域有吸引力和辐射力，同时也受到这个城市直接吸引范围以外更高位次城市和更发达区域的吸引和辐射（周一星，1998）。饶会林认为，城市经济的发展是由成本效益为调节杠杆的经济合作与聚集而产生的自组织现象(饶会林,1999)。吕玉印将城市经济概括为企业聚集经济、产业聚集经济、城市化经济三种聚集经济类型(吕玉印,2000)。城市通过不同层次聚集经济的相互联系、影响和促进,强化着城市聚集经济特征,为城市企业带来诸如分工与专业化、规模经济、外部性经济、市场效率提高等方面的聚集经济利益。

2. 工业化中后期的城市经济功能

随着城市规模的扩大,城市的经济功能也由单一向多元化转变。冯云廷认为城市产业发展最初比较单一,城市职能也比较简单。随着产业分工分异,不仅城市产业系统内部会越来越复杂,而且产业系统之间也会组成更为复杂的多相系统(冯云廷,2001)。在这个过程中,产业之间形成横向或纵向的相互联系,产业系统的整体性功能也得到不断加强。陆军认为城市间借以维系的是区域内在的经济与地理的客观联系,其结构是区域内多个不同等级的空间子集内在经济联系的反映(陆军,2001)。城市间通过输出型产业或服务的互补性,即通过城市之间基础产业关联链交互作用。这种互补经济的空间联结是通过产业贸易,尤其是借助产业内部对中间产品的贸易形式加以实现。

在工业化中后期阶段,知识和技术逐渐成为最重要的生产要素。城市也被赋予了新的经济功能。汤培源、顾朝林总结出在以人才、知识、技术、信息、投资等生产要素为竞争对象的背景下,获得新的竞争优势的关键是吸引这些新的生产要素(汤培源等,2007)。蒋慧认为城市创意产业发展的基础是领导素质、人力的多样性、发展机会、城市基础设施与服务设施、组织文化等要素。创意城市的发展分为停滞、萌芽、起飞以及自我更新的完整创意系统等四个阶段(蒋慧,2009)。

基于对生态环境重要性的认识,低碳城市的概念也被提出来。仇保兴认为我国在低碳城市建设方面具有很大的优势:一是城市空间结构具有较大的可塑性,引入低碳城市建设模式的成本相对发达国家要低;二是传统农耕文化中的原始生态文明理念有益于低碳生态城的建设;三是正在推行的园林城市、山水城市、历史文化名城等城市发展形态为低碳生态城奠定了良好的基础;四是地形复杂、国土辽阔的特点决定了低碳生态城发展模式的多样性(仇保兴,2009)。毕军认为根据我国目前的情况,建设低碳城市需要将低碳经济和低碳社会的理念侧重于实践;建立国家和地区碳排放数据库,量化指导碳减排工作;明确低碳城市内涵,建立科学的低碳城市评价指标;积极开展技术创新,引导低碳发展;合理引导产业发展,预防低碳泡沫;政府、企业、居民等多方参与建设低碳城市(毕军,2009)。

3."世界城市"的经济功能

在经济全球化和信息化的过程中,出现了世界城市。闫小培认为知识经济通过知识产业生产区位的集中、分散相互作用,推进了经济全球化进程,促进了新的国际劳动地域分工格局的形成,最终在新产业空间构架的基础上,形成了跨国网络化城市体系和世界城市体系(闫小培,1995)。顾朝林、孙樱认为,管理的高层次集聚使得某几个城市成为全球经济的节点城市,并越来越控制和主宰着全球的经济命脉,这类城市被称为"全球城市"或者"世界城市"(顾朝林等,1999)。李青认为全球城市形成以后,城市的经济社会形态就发生了深刻变化,城市的空间集中倾向更加明显,少数城市在全球经济发展过程中的控制能力日益突出(李青,2002)。张贤、张志伟认为,在20世纪70—80年代,作为国际商务中心的纽约集聚了面向全球市场最先进、最完备的生产性服务业,保持了在快速发展的全球经济中的神经中枢地位,并优于生产性服务业的推进,使经济再度扩张与繁荣(张贤等,2008)。

4.城市经济转型的动力

　　何流和崔功豪认为南京市经济转型的动力主要由内部动力和外部动力的合力组成,内部动力包括城市经济总量的增长、城市产业结构的调整,外部动力包括国家或区域的宏观经济发展状况、政策的变动、外部资金的投入、城市规划的制度和实施等(何流,2000)。姚世谋、朱振国等认为促进香港经济转型的动力是有限的生存空间、密集的资本、全球化以及信息产业高度发展,新技术、新思潮在香港创造的空间离散经济,以及政府实施的对资本和区域分散化的诱导政策(姚世谋,2002)。吴宏安、蒋建军通过对西安市的实证研究论证了经济和政策对城市经济转型的重要性,同时他们还认为人口和交通因素也是促使城市经济转型的动力因素(吴宏安等,2005)。陈本清、徐涵秋认为,在经济全球化的背景下,外商投资的不断注入和地理环境也会影响城市经济转型速度和方向(陈本清,2005)。康艳红认为经济全球化和经济转型一方面给我国城市发展带来了新的发展机遇,注入了新的活力;另一方面城市之间的竞争也空前激烈。面对激烈的竞争环境,城市土地与空间成为一种获得竞争优势的资源(康艳红,2006)。城市普遍采用城市空间重构来增强城市竞争力。郑国通过对1996年和2001年北京市基本单位普查资料的分析,将城市经济转型的动力分为内生、外生和衍生三种,其中政策因素包括城市经济体制和企业制度的改革,这是内部动力;经济因素包括经济全球化和技术的革新,这是外部动力;空间因素,例如开发区的建设为衍生动力(郑国,2006)。张振龙、李少星、张敏(2007)分析论证了开发区和新城区的建设对城市经济转型起到了推动作用。

四、城市更新内涵

　　产业革命以前,城市基本上是以一种自发、缓慢的状态更新。现代意义上的有组织、有计划的城市更新是伴随着工业革命、人口集中引起的"城市病"而产生的。1958 年 8 月,在荷兰海牙市召开了城市更新第一次研究会,会上对城市更新作了以下的阐述。"生活于都市的人,对于自己所住的建筑物,周围的环境或通勤、购物、游乐及其他的生活,有各种不同的希望与不满。对于自己所住房屋的修理改造、街路、公园、绿地、不良住宅区的清除等环境的改善,有要求及早施行。尤其对于土地利用的形态或地域地区制度的改善,大规模都市计划事业的实施,以便形成舒适的生活、美丽的市容等。有关这些都市改善,就是都市更新"。

二战后,西方国家的城市发展中出现了各种各样的特殊问题,开始了各种类型的城市更新活动,且呈现出与当地发展背景和地方区域特色紧密联系的特征。城市更新的相关概念也发生了多次明显的变化,有城市复苏(Urban Revitalization)、城市更新(Urban Renewal)、城市再开发(Urban Redevelopment)、城市再利用(Urban Reuse)、城市再生(Urban Regeneration)和城市复兴(Urban Renaissance)等多种称谓。

1977 年,英国公布的关于城市更新的《内城政策》白皮书中则明确表示,城市更新是一种综合解决城市问题的方式,涉及经济、社会文化、政治与物质环境等方面,城市的更新不但在物质环境部门,亦与非物质环境部门联系密切。

1990 年,克里斯库奇(Chris Couch)将城市更新定义为:在经济和社会力量对城区的干预下所引起的基于物质空间变化(拆除、重建、修复等)、土地和建筑用途变化(从一种用途转变为另一种更能产生效益的用途)或者利用强度变化的一种动态过程。该定义透过传统的物质空间领域,把城市更新看成物质空间、社会、经济等诸方面共同作用的结果(Couch,1990)。

1992 年,伦敦规划顾问委员会的利歇菲尔德在她的《为了 90 年代的城市复兴》(Urban Regeneration for 1990s)一文中,将"城市复兴"一词定义为:用全面及融汇的观点与行动为导向来解决城市问题,以寻求对一个地区得到在经济、物质环境、社会及自然环境条件上的持续改善。

1992 年,普瑞莫斯(Priemus)提出了一个关于城市更新的更为广义的理解:为了保护、修复、改善、重建、清除行政范围内的已建成区而采取的作用于规划、社会、经济、文化等领域的一种系统性的干预,以使该区域中的人们达到规定的生活标准。这一定义不仅把城市更新理解为传统的物质空间规划、住房政策以及建设领域的一部分,更描述了一个来自社会、经济、文化等多领域的背景,同时还将研究对象扩大到大城市、大都市、小城镇乃至乡间的集镇、村落(Priemus et al.,1992)。

英国彼得(R. Peter)认为,城市再生(Urban Regeneration)是一项旨在解决城市问题的综合整体的城市开发计划与行动,以寻求某一亟须改变地区的经济物质、社会和环境条件的持续改善。

2000 年,法国颁布的《社会团结与城市更新法》则将城市更新解释为:推广以节约利用空间和能源、复兴衰败城市地域、提高社会混合特性为特点的新型城市发展模式。随着城市更新在城市规划及发展中的地位加重,各国学者对于城市更新也有了更为深刻的认识与理解。

在美国,城市更新一般是指社区环境较差、标准偏低、规划落后,物质贫困的地区或是落后的景观进行自我改造的过程(倪慧,2007)。

可见,西方国家的城市更新活动不仅包括在应对工业城市向后工业城市转型过程中对旧工业用地的再利用,以及对已污染"棕地"的可持续再开发;还包括在促进中心城区经济复兴的过程中,使被剥夺社区及边缘化弱势人群重返社会主流,对衰败地区城市形象的再塑造；在快速城市化过程中的各种旧城改造、历史遗存的保护式再开发；以及城市发展能级提升过程的自上而下、自下而上的多种更新活动（吴冠岑，2016）。

在我国，与城市更新类似的词语还有城市改造、旧城改造、旧城更新、旧区更新、旧区改建、城市再开发、城市再生、城市复兴、旧城整治等。

《现代城市更新》研究指出"城市更新政策的制定，需要注重本国或地区的具体问题和条件。应本着有效推行城市更新计划的原则，探索适合本国和本地区实情，具有本国或地区特色的更新政策。

城市更新不仅仅是物质性的再开发，更重要的是要注重城市更新的综合性、整体性和关联性，应在综合考虑物质性、经济性和社会性要素的基础上，制定出目标广泛、内容丰富的城市更新策略。

城市更新不能仅停留于表面形式的更新改造，仅解决一些物质和社会性表象问题，而应探寻其深层结构性问题，彻底解决城市衰退的根本矛盾。

城市更新既要注重城市物质环境的改善，同时也要注意社区特有意向和性格以及区域特色的保护与创造，维持好原有城市空间结构和原有社会网络和社区。"

文国玮认为，更新就是为适应现代城市生活的需要，在保留传统建筑风格特色的前提下，对建筑进行更新改建（文国玮，1999）。张京祥认为，城市更新（Urban Renewal）是涉及物质、经济、社会空间结构变动与功能重组的持续性系统工程，有别于简单意义上的"旧城改造"（张京祥等，2013）。它的更新主体更为广泛：几乎所有的城市形成之时即伴随着有机体的更新；它的更新范围更为全面：从物质性老化的建筑空间到机能衰退的社会经济区域；它的更新内容更为深刻：从表象的景观环境到内在的社会文化网络；它的更新手段更为丰富：

从单纯的保护或大拆大建到政策、法规引导下的更新改造。

可见,城市更新的概念发展是一个动态的过程,每一概念都包含丰富的内涵和时代特征,并具有连续性。20 世纪 50 年代,城市更新主要是对战争中城市遭到损坏部分的重建和对贫民窟的清理,并改建市区老化的基础设施,改善交通状况。改造中用的是推倒重建的方法。这时期的城市更新用的是"Urban Reconstruction"(城市重建)。到 60 年代,人们对以物质形体改造来解决城市问题的方式进行反思,于是转向了"Urban Revitalization"(城市振兴)。70 年代以后,如何解决内城的衰退成为主要问题。城市更新的重点转移到增设就业岗位和强化中心城市成为可能,改造中公共空间加强了物质环境建设。社区的改造方式从"自上而下"转向"自下而上",这个阶段城市更新是"Urban Renewal"(城市复兴)。到了 90 年代,在可持续发展理念的影响下,尊重自然生态环境日益得到重视,"以人为本"的理念提到了前所未有的高度,在吸收以往成功经验的基础上,城市更新内容也更加丰富、全面,即"Urban Regeneration"。

在落实到某一具体的街区或建筑物上时,城市更新包括保护、修复、改建、整治、拆除重建等多层次的内容。保护(Conservation):针对文物建筑、名胜古迹和历史性地段而言,对文物建筑和名胜古迹的保护,要坚持文化遗产保护的"原真性"原则;对历史性地段的保护,因涉及面较大,应着重保护其形态和肌理。修复(Restoration):对尚可使用或具有保留价值的城市建筑物和构筑物进行保护、修缮、改造。改建:针对某一建筑或街区在原有基础上加以改造,使之适合新的需要。整治(Renovation):是指对城市的某一完整地段的综合治理,剔除不适应的部分,增加新的内容,达到提高该地段环境质量的目的。拆除重建:对某个建筑或建筑群,对质量低劣且确实没有保留价值的旧房子进行拆除并重建;如果大范围地采取拆除重建方式也可以称之为城市再开发。

"城市更新"是在过去半个世纪以来，在总结对待城市问题的经验与教训的基础上逐步发展起来的，其内涵可以表述如下：从价值观来说，以公共利益为重，维护社会公平；从目标来说，提高城市的综合效益，寻求经济、物质环境、社会及自然环境的可持续发展；从工具来说，强调改造主体的多元性（政府、开发商及公众三方参与），改造手段的多样性（保护、整治或大规模拆建）（张其邦，2015）。

五、城市更新相关理论

（一）制度经济学理论及其应用

制度经济学从制度视角来讨论经济问题。虽然涉及内容十分丰富，但其基本逻辑的核心却非常简单，可以用两个词来概括，即"产权"和"交易费用"。产权制度既涉及对产权的界定，又涉及对产权的保护；产权界定与否，以及如何界定产权，直接影响到成本和收益，而由于对成本和收益的计算是人们进行经济决策的基础，因此产权制度是否完善直接影响人的经济决策。交易费用是指人与人之间的交互行动所引起的成本，在较为狭窄的意义上，交易费用则是指达成合作契约和保证合作契约执行的费用。

解释城市更新问题产生的原因和制定城市更新问题的解决方案都可以借鉴一些制度经济学理论。

城市更新过程中，不论是城中村改造，还是旧工业区、旧城改造，一个最突出的问题就是拆迁难。而拆迁难的一个根源就是产权不明晰。政府先后出台了若干城市更新相关的政策法规，试图通过界定产权的方式处理城市更新中出现的问题。但正如制度经济学理论所一直探讨的，产权界定并不是轻而易举的事情。双方需要谈判和争论最终达成双方认可的处理办法。事实上，政府先后出台的政策法规只是政府的一厢情愿,被改造方并不完全接受这些决定。近年来的实际情况表明,被改造方认可的政策法规确实被执行了(比如城中村每户一栋宅基地政策)。而被改造方不认可的政策法规,他们一概不理会。也就是说,在产权界定过程中,政府和被改造方并没有达成双方共识。除此之外,由于政府在制定产权和实施产权监督工作中,并没有十分明确和坚决的态度,也总是吝惜投入成本,因此缺失了很多本应履行的职责,这就加深了被改造方与政府间的矛盾,甚至出现被改造方钻空子的情况。

实际上,正像制度经济学理论所探讨的一样,只要产权制度明确,资源配置必然得到改善。因此,制度经济学理论可以帮助解决城市更新中的产权问题,即要使城市更新可以更加顺利地推进,需要根本解决产权的问题,并得到政府和被改造方双方面的认可。在这一过程中,政府作为制度改革的施动者,应该认可花费一定的交易费用与被改造方谈判,力求达成共识,也必须考虑被改造方在改造中能够获得的利益。

(二) 城市管理理论及其应用

城市管理学科是关于城市管理的理论和方法的学问,属于中观层次的管理理论。城市管理的目标是实现城市经济、社会、环境三大综合效益的最优配置,为城市规划与设计、城市管理活动提供理论和方法论指导。城市管理职能可以概括归纳为以下五大职能:城市导引、城市规范、城市治理、城市服务和城市经营。

城市管理的五大职能是融为一体的。在逻辑关系上,五大职能前后承接递进、有机关联。人们常喻市场为"无形的手",喻政府为"有形的手"。五大职能恰似政府"有形的手"的五个手指,而导引在五大职能中的首要而特殊的地位,正如拇指在五个手指中的首要而特殊作用。五大职能之间互为犄角,又密切相关,且融为一体;这"一体"的共性就是"协调",也就是通过疏通信息、化解矛盾,使事物能够和谐、平衡、平稳地发展。协调是各种管理职能的一种综合,是管理职能的公共职能,或说是管理的中心职能。城市管理的五大职能都包含了协调:导引是对方向的协调,规范是对行为准则的协调,治理是对运行过程的协调,服务是对发展的协调,经营是对实现效益的协调。

根据城市管理学理论,对涉及城市更新的城中村、旧工业区和旧城的管理也应从引导、规范、治理、服务和经营五方面展开。

首先,城市管理部门应通过计划及其他引导方式,在充分认识更新地区发展现状的基础上,确定改造目标,并创造一切有利于更新地区向着既定目标发展的条件。事实上,政府一直在试图通过法律法规引导城市的良性发展。但政府仅仅实现了政府"看得见的手"的作用,而忽视了市场"看不见的手"和建立在道德力量基础上、通过社会舆论有利揭露、鞭挞各种丑恶行为,来实现社会监督机制的"第三只手"的作用。政府引导和市场引导的力量悬殊太大,加上并没有形成有力的社会监督机制。

第二,从政府规范角度看对更新地区的管理。以城中村为例,近二十年来,政府出台的所有关于城中村改造的政策法规都是有力的规范行为,但是这些规范存在一些缺陷和漏洞,特别是政府对城中村在行政管理制度方面的不规范。首先,在进行农村城市化时政府将几乎所有的转制负担都转移到村股份公司身上,使村股份公司从一开始就没有完成"政企分开"的状态;其次,政府将本应由政府承担的计划生育、治安维护、社会保障等工作转嫁到了村股份公司的头上。如今村股份公司拥有如此强大的实力和权力一定程度上也是由于政府在城市化之初为了推卸责任而让渡了过多的权力;第三,政府的管理职能部门混乱,目前几乎没有明确的部门管理城中村事务,对城中村的管理权责混乱不堪,造成对城中村的管理困难重重。

第三,城市更新地区的治理工作是通过监督、调研、稽查以及根据市民反映的情况,对更新地区内各类无序和违法行为采取的经济、行政和法律手段,是管理的中心环节。实际上,如果在开始整治更新地区问题时,政府就能态度坚决,抓几个违章的典型,拆掉一些违章建筑,从气势上威慑住那些违法现象,今天的情况也不会这么恶劣。

第四,对城市更新地区进行管理的服务功能,应是政府主动帮助更新地区解决一些其自身难以解决的问题,比如市政基础设施、外来人口管理等工作。但实际上,政府的这种服务职能处于严重缺失的情况。以深圳城中村为例,自1992年特区实行农村城市化改革以来,虽然城中村已经纳入了城市管理体系,但一直以来,还是处在"村"的管理之下。城中村的管理呈现出了换汤不换药的情况。虽然特区政府在进行城市规划时,已经把城中村区域纳入考虑范围,但十几年来,并未对城中村进行实质上的改造和建设。像样的基础设施投入也基本没有。福田区2003年对城中村的调研报告显示,在过去的12年间,福田区的城中村股份合作公司共累计投资超过8亿元用于本应由政府投入建设的市政基础及公共配套设施。在对外来人口的管理方面,更是表现出了政府的服务职能缺失。目前居住在福田区城中村的外来人口总数有近80万,而这些人几乎处于无人管理的状态。他们缺失合法的政治权利,几乎是被政府遗忘的人群。

(三) 城市政体理论及其应用

城市政体理论是从政治经济学的角度出发。对城市发展动力中的三种力量包括市政府代表的政府力量、工商业和金融集团代表的市场力量以及社区代表的社会力量之间关系的分析,以及这些关系对城市空间构筑和变化所起的影响提出的一个理论框架。该理论认为,城市空间的变化是政体变迁的物质反映。谁是"政体"的成员,谁是"政体"的主导者,会引起城市空间结构的不同变化。该理论涉及中央、地方和非政府组织多层次的权力协调,其中政府、公司、社团、个人行为对资本、土地、劳动力、技术、信息、知识等生产要素控制、分配、流通的影响是其研究的主要内容。

结合城市更新看,城市更新中各类地区的改造实质上也是不同政体力量对比的物质反映:当政府力量占据主导地位时,政府主导的改造拆迁就不可避免;当企业(市场)力量占据主导地位时,改造就会朝着企业的意愿发展;当业主(社会)力量足够强大时,改造就会最大限度地满足业主的利益。可以这样说,这三个利益主体之间对于更新地区的改造是有机组合还是彼此分离相应构成了城市更新的动力或是屏障。城市更新政策的制定必须在这三个利益主体:政府、改造单位和业主的利益需求方面达成平衡。

首先,对于政府和改造单位而言,二者最关心的是更新地区的改造规划以及地价收取这两个方面的内容,政府需要在确保规划要求的情况下来合理考虑改造单位的开发强度,而改造单位则需要考虑在自身需求的开发利润下,政府可能在地价方面给予的补贴或优惠,这两者之间需要达成平衡。

其次,对于政府和业主而言,主要是土地(房屋)产权确认的问题。

最后,对于改造单位与业主之间的关系,则涉及拆迁安置补偿的制定。改造单位以何种方式、何种补偿标准对业主给予补偿不仅和政府对更新地区的土地(房屋)权属关系的确定之间存在密切的关系,而且还和城市总体的房地产供求平衡之间相互影响。而业主对自身房屋改造的需求很大的方面在于既得利益不损失以及未来收益的保证。其实,目前各研究机构对改造中拆赔比、拆建比和容积率的详细分析也说明这一利益平衡关系的重要性。

从以上对政府、改造单位和业主利益关系的分析可见,城市政体理论指导政府在制定城市更新政策的过程中必须考虑不同政体改造意愿和改造动力的组合效应和协调机制,在合理的平衡水准之上切实推进城市更新。

(四) 级差地租理论及其应用

级差地租是由经营较优的土地而获得的,归土地所有者占有的那部分超额利润。马克思的地租理论认为级差地租的存在需要有三个条件,一是由自然条件和投资不同而产生的生产率差别;二是土地经营权的垄断;三是以土地所有权与经营权分离为前提的所有权的垄断,并且这三个条件是缺一不可的。由城市土地位置的差别带来的收益的差别以及在同一块土地上连续投资带来的收益差别都是客观存在的;由位置较好土地的稀缺性产生的经营权垄断也是客观存在的。因此,城市级差地租的存在具有客观必然性。

地租作为一个经济杠杆,对城市土地的利用可起到多方面的协调作用。首先是对土地利用量的调节,还有对土地利用性质和利用强度的调节。级差地租存在的结果就是促进城市土地利用朝着最优化的利用方向发展,提高土地利用率。

城市更新工作事实上是城市原有土地资源利用模式和途径不断改变,利用效率不断得以提高的过程。城市更新成为城市土地优化利用的有效选择,积极而有效的城市更新将有利于提高城市土地资源的利用效率。城市更新的顺利推进能够优化城市土地资源配置,提升城市土地资产的整体价值,而土地升值又能为城市更新提供巨大的资金支持。

要改变城市更新存在的一系列土地利用问题,就要在发挥级差地租指导作用的同时,加强对城市更新的调控,具体可归结为以下几个方面。

　　调整旧城区用地功能,优化产业布局结构。根据级差地租原理,调整旧区用地结构应充分发挥市场经济体制下中心区土地的区位效应。商业、服务业需要在中心区聚集形成规模经济效益,同时商业和服务业也有能力支付中心区高额地租。而处于市中心或繁华地带的居住区和工厂应调整到中心区以外。在住房商品化条件下,中下收入的家庭难以负担中心区昂贵的地租,因此会转移到市内租金较低的非中心区。工厂(尤其是污染性)应通过改、并、迁等方式空置出其用地,迁到城市外围,那里地价较低,空间回旋余地大,更适宜工厂的发展。通过调整旧城区用地结构,可以极大提高旧城区的环境效益。

　　完善旧城区基础建设,改善旧城区环境。旧城改造应采取统一规划,统一建设的综合开发方法。把基础设施建设放在首位,这有利于改善居民生活条件和投资环境。特别是要搞好道路交通设施的建设。只有交通运输发展上去,才能分散城市工业,实现工业合理布局。交通是实现城市更新的前提和基础。其次要注重对文物古迹、景观特色、历史文化传统的保护,在追求经济效益的同时兼顾社会效益和环境效益。只有这样才能保证城市建设的健康发展,保证经济效益的长期稳定实现。

　　因此,级差地租理论应用于城市更新领域重点是解决城市更新中的土地利用问题。级差地租理论可以指导城市更新地区土地的利用量、利用方式以及利用强度,促进城市更新中土地的最优化利用。同时,级差地租理论应用于城市更新也关注更新地区基础设施的建设和环境的改善。

(五) 可持续发展理论及其应用

　　可持续发展 (Sustainable Development) 是 20 世纪八十年代提出的一个新概念,最初源于生态学。它指的是对于资源的一种管理战略。其后被广泛应用于经济学和社会学范畴。在《我们共同的未来》报告中，"可持续发展"被定义为"既满足当代人的需求又不危害后代人满足其需求的发展"。它是一个涉及经济、社会、文化、技术和自然环境的综合动态概念。

城市更新也应走可持续发展之路。城市需要更新的地区经常是各种城市问题与冲突的交汇点，牵涉到城市社会稳定、民族矛盾和社会平等性。这是当代各国城市发展中的共性，解决难度很大。其能否得到妥善解决，很大程度上影响到整个城市的可持续发展。可持续发展理论在城市更新中的具体应用主要表现为以下几个方面：

（1）保护恢复旧城系统多样性。城市是人类聚居的产物，成千上万的人聚集在城市里，而这些人的兴趣、能力、需求、财富等千差万别。无论从经济或社会角度来看，城市都需要尽可能提供多样性的功能和服务来满足人们的生活需求。当前在许多城市的旧城地区，那些简单按照新区建设方式进行的大规模旧城改造，对城市的多样性造成了不可弥补的破坏。

（2）促进旧城系统整体功能新陈代谢。根据可持续发展熵增原则，旧城区需要不断调整和更新城市功能，改善原有环境设施条件来适应现代化生活需求。改进旧城基础设施，降低人口密度，改善老城区住房条件和交通环境，重组经济结构，为旧城系统打开瓶颈，向旧城注入新的活力，老城区才能焕发新的青春。

（3）历史街区的保护更新。历史街区由于保存了城市在某个历史阶段的生活区域格局，最能集中反映城市的风貌和特色，整体展现城市的历史文化价值。因此，历史街区保护的意义远远超过了历史性建筑单体的保护。同时如何在保护与发展之中寻求平衡也是需要着重解决的问题。对历史文化街区形态、结构内涵以及生活环境内涵的保护和延续，是旧城更新与改造的关键，也是使旧城的结构形态及历史文化得以保护和发展的重要途径。

　　在旧城的更新改造中,西方国家十分注重原有街区环境意象与生活内涵的延续,强调更新地区的历史归属感及地方标识性,保存原有的空间氛围和居民的同质性,使改造后的街区仍体现原有旧城环境中的一种"场所精神"。这种"场所精神"作为一种极有价值的环境特质,不但可以营造和谐的人际关系和富有凝聚力的社会组织结构,增加居民对生活环境的亲切感、满意度和支持率,还加强了社会的组织性与有序性,成为住区安全和居民的精神依托以及促进社会安定和进步的宝贵要素。

　　因此,可持续发展理论可以帮助解决城市更新中的和谐问题,指导城市更新向可持续方向发展:要保持更新地区的多样性,促进更新地区整体功能随着时代的变化而转变,从而保护历史街区。

(六)"拼贴"理论及其应用

　　"拼贴"的概念来源于罗和凯特(Rowe and Koetter) 的《拼贴城市》(Collage City) 一书。他认为西方城市是由小规模现实化与许多未完成目的所组成。因此城市形态总是以一种小规模渐进的方式变化着。传统街区的文化正是由不同时期的文化积淀和多元文化相互"抵触"而形成一种拼贴性,所以其发展也应该采用逐步推进的方法,在注重有效利用既有文化价值的同时,有机地置入新时代的特征。

　　在旧城区中,通过功能的"拼贴"实现功能的复合化,通过形态的"拼贴"实现结构的延续,通过文化的"拼贴"实现文化的多元化,从而实现城市的有序更新。

　　因此,"拼贴"理论指导城市更新应该以小规模、逐步推进的方式进行,注重文化价值和时代特征的因素以及城市多元化和多样性的形成。

（七）城市有机更新理论

我国比较著名的城市更新理论当属旧城更新中的"有机更新理论"。吴良镛在其《北京旧城与菊儿胡同》一书中总结道："所谓'有机更新'，就是采用适当规模、合适尺度，依据改造的内容与要求，妥善处理目前与将来的关系——不断提高规划设计质量，使每一片的发展达到相对的完整性，这样无数相对完整之和，就能促进北京旧城的整体环境得到改善，达到有机更新的目的。"北京菊儿胡同工作作为有机更新理论的试验田，在国内已获得七次嘉奖，还获得两次国际奖。在菊儿胡同试验工程中，通过成片整治，成片建设，保持"这一片"的完整性，严格限制住宅建筑的高度（三层为主），同时保持建筑灰白的淡雅色调以及原有的棋盘式道路和街道胡同体系，使得改建后的菊儿胡同成为旧城区中新的有机体，融合到城市的肌理中。

（八）小结

综上所述七种理论，从不同角度探讨了城市更新各个方面的内容，从理论层面上为城市更新各类问题的解决指明方向，为城市更新顺利有序的推进提供理论指导。

制度经济学理论应用于城市更新主要是由于该理论可以有助于解决城市更新中的产权问题，以及明确政府花费交易成本用于改造各方谈判的必要性。城市管理理论对于城市更新的指导意义在于政府如何提高全市城市更新的管理能力和协调能力，包括：导引（城市更新方向的协调）、规范（城市更新实施准则的协调）、治理（城市更新过程的协调）、服务（城市更新发展的协调）、经营（城市更新效益实现的协调）五个方面。城市政体理论指导政府在以后制定城市更新政策的过程中必须考虑不同政体改造意愿和改造动力的组合效应和协调机制，在合理的平衡水准之上切实推进城市更新。级差地租理论应用于城市更新领域重点是解决城市更新中的土地利用问题，包括土地的利用量、利用方式以及利用强度三个方面,从而可以引导土地的最优化使用。同时,也关注更新地区基础设施的建设和环境的改善。可持续发展理论可用于解决城市更新中的和谐问题,是城市更新的最终发展方向——可持续发展。"拼贴"理论指导城市更新应该以小规模、逐步推进的方式进行,应该注重文化价值和时代特征的因素以及城市多元化和多样性的形成。城市有机更新理论是具体指导城市更新如何进行的理论,有机更新关注更新地区目前和未来的关系,注重原有肌理的保存和延续,是一种成功的更新方式。

六、城市更新研究进展

(一) 国外研究进展

1949 年美国《住宅法案》(The Housing Act)的颁布,标志着城市更新运动在西方全面拉开。目前,国外在城市更新方面取得了巨大成就,城市更新的概念已经远远超出了最初的建筑改造、环境整治、土地开发建设等单纯的物质空间改善,而成为涉及物质、社会、经济等众多方面的综合性社会工程。国外对于城市更新的研究主要集中在城市更新模式研究、城市更新机制和组织形式研究、城市更新效果研究、城市更新具体操作途径及策略研究、棕地再开发研究等方面。

1. 城市更新模式的研究

目前,国外的城市更新模式主要有企业化城市更新、文化主导的城市更新和可持续发展的城市更新三种类型。

在企业化城市更新模式方面。麦克拉伦(Maclaren)指出自 20 世纪 90 年代初开始,随着经营城市的理念逐渐在欧美城市得到广泛运用,私人企业得以被允许承担部分城市公共服务职能或负责城市标志景观的建造。以城市发展公司等形式为主体的公私合作机构也可以负责更新的实施(Maclare,2001)。随着公私合作更新模式的广泛推广,雅各布斯(Jacobs)对公私合作更新的各种策略演化做了详细研究,包括对以激励商业投资为导向的更新政策的评述和分析、私人企业在更新决策中的角色以及对城市营销商业化手段的归纳、从制度演化的角度研究影响投资的决策因素,分析资金的可流动性以及空间的外部性在更新实施中的作用等(Jacobs,2004)。杜罗斯(Durose)等指出随着城市更新的不断深入,企业化经营的城市更新模式中也不可避免地出现了一些负面社会效应。为应对这些负面效应,英美国家的企业化城市更新策略也出现相应的转向和调整,在城市更新中逐步融入了更多对实现地方经济持久复兴及更新公平性的思考(Durose,2010)。

文化主导的更新模式主要有以大型的更新改造项目建立城市旗舰式地标建筑来重构城市文化形象,以及从文化产业的角度出发,研究以创意阶层融入城市,在旧城或历史街区形成创意产品与创意消费相结合的创意街区。在文化主导的城市更新模式方面的研究主要体现在安德鲁(Andrew)等人和诺尔玛(Norma)等人均对英国衰退旧工业区发展会议旅游塑造新城市形象的研究(Andrew et al.,2002;Norma,2006);波拉德(Pollard)对伯明翰旧珠宝产业集聚区的更新(Pollard,2004);麦卡锡(McCarthy)对比研究各地文化更新策略的演化背景、操作模式及实施效果(McCarthy,2006);马萨尤基(Masayuki)对创意城市需要更广泛的创意产品生产和消费体系作支撑等理论的再思考进行了研究(Masayuki,2010),这是对文化导向策略适用性的具体研究;格罗达赫(Grodach C)和庞齐尼(Ponzini)等人对单纯依靠大型旗舰文化更新项目重建城市形象和过分依赖创意阶层复兴城市经济进行反思和批判,认为城市景观的文化复兴没有促进社区自建和社会网络的形成,也并未在本质上解决社会的融合(Grodach,2010;Ponzini *et al.*,2010)。而林政逸(Lin)提倡基于本地化的社区参与和有效的制度支持(Lin *et al.*,2009),夏普(Sharp)等提出利用文化特别是公共艺术在改善城市纹理的同时实现社会的融合(Sharp *et al.*,2005)。

在可持续发展更新模式方面。布罗姆利(Bromley)等和科卡巴斯(Kocabas)主要是针对内城衰退等问题,提出通过发展住宅提高城市生活多样性,尤其是利用夜晚的休闲、娱乐产业促进城市中心夜晚经济活力,使城市中心更新呈现社会生活多样化的可持续复兴(Bromley *et al.*,2005;Kocabas,2006)。萨拉·威克菲尔德(Sarah Wakefield)等认为滨水地区的开发要走向本土化才具有竞争力和可持续性(Wakefield,2007)。

2. 城市更新机制和组织形式的研究

国外有关城市更新机制和组织形式的研究主要探讨的是西方城市更新实践遵循的动力机制,社会群体和组织参与及其互动机制的问题。

萨加里(Sagaly)认为1970年代后期西方城市更新政策逐渐从以往关注大规模的更新改造转向较小规模的社区改造,由政府主导转向公、私、社区三方伙伴关系为导向,更新周期长、需要庞大资金支撑的更新项目越来越难以实施。这种政策转变使城市更新项目不仅取得经济上的成功,同时也改变了城市更新机制的根本价值取向,淡化了政府和私人在城市更新中的权利和义务分界(Sagaly,1990)。米科恩(Mee)和费尔南多(Fernando)指出早期的城市更新是以政府主导的,房地产开发为主,由于当地居民参与环节和途径的有限性,造成其更新中利益空间的损失(Mee,2002;Fernado,2007)。杜罗斯(Durose)等人侧重对社会动员、居民自建和社区参与式重建、邻里更新的关注(Durosec *et al.*,2010)。罗西(Rossi)利用多元城市主义理论,分析城市各利益阶层在自上而下及自下而上更新中的权力分配(Rossi,2004)。除对公众参与多元化的研究外,亨普希尔(Hemp-hill)等对代表性参与主体的角色分析,如地方社团领袖的领导力在社会资本、权力关系以及协同网络等方面的重要性,以及非政府组织在更新过程中的沟通作用(Hemphill *et al.*,2004)。

在更新参与主体的决策能力和权力关系方面,吉德龙(Gidron)等按民间部门与政府部门间互动关系的强弱,可划分为政府主导、二元模式、协作伙伴以及第三部门主导四种模式(Gidron *et al.*,1992)。拉科(Raco)和亨德森(Henderson)等认为不同层级政府主导的城市更新将产生不同的更新效果。地方政府积极的更新成果会吸引更多来自中央政府的政策和资金倾斜,而强化中央集权的更新将边缘化地方政府的决策权(Raco,2002;Henderson *et al.*,2007);马克(Mark)和乔纳森(Jonathan)研究指出城市更新中的管治及合作关系仍然受到中央集权的有力干涉,是一种制度等级化高于市场网络化规则的政府管治(Mark,2003;Jonathan,2003);戴维斯(Davies)对受到执政党更替的影响和理论界对邻里更新进行了强调,认为地方政府和当地企业之间新的合作制度正处于路径形成期(Davies,2004);马基林·斯潘(Marjolein Spaans)对荷兰国家政府参与地方的重建项目所产生的影响进行了评估(Spaans *et al.*,2013)。自 20 世纪 80 年代以来,在改善政府效能、提高政府生产力的目标下,公私合作伙伴模式逐渐成为各国整合社会资源、执行公共政策的主要政策手段之一(Peters,1997)。金佶里(Kim)认为在传统城市中心区,经济的损失和社会活力的丧失对政府当局者和规划师是非常具有挑战性的难题。他通过以韩国东大门商业区再开发为例展开的研究,证实了在旧城复兴的过程中社会组织所起到的重要作用,也展示出社会组织潜在的力量能够被保存且可以被应用于振兴旧商业区(Kim *et al*.,2004)。

3. 城市更新效果研究

对城市更新效果的研究主要集中在对地方经济的复兴效果研究、公私合作的城市更新项目中的公共职能部分私有化程度和对城市剥夺等社会效应的研究(John *et al*.,1992;Vivien *et al*.,1998)。如威格利(Wrigley)和洛维(Lowe)采用访谈式调研的方法,认为大型购物中心的建设对再造城市形象,提升地方身份识别以及创造就业机会,提高市中心区低收入人群获得生活必用品的机会等方面发挥巨大作用,但也存在更新效果未能波及城市更广泛地区,未产生地区可持续经济增长等缺陷(Wrigley *et al*.,2002;Lowe,2005);埃文斯(Evans)研究文化力量对更新地区社会、经济和环境造成的影响(Evans G,2005);加尔文(Calvin)探讨大型体育文化活动推动的城市更新对地方经济的影响(Calvin,2001);同时,米尔斯(Miles)认为基于已有"地方感"特色,并具有联系未来"时代感"是文化主导更新成功的关键(Miles,2005);森(Seo)采用文化策略推动城市更新后吸引的新居民及创意阶层的社会结构特点进行了分析(Seo,2002)。

4. 城市更新具体操作途径及策略研究

城市更新的具体方法由早期单一的房地产主导型,逐步演化出旗舰项目激励型、大型赛事推动型、产业升级改造型以及其他多元化的更新形式。伊卡(Ika)和赛弗坎(Severcan)针对城市低效利用土地和旧工业建筑的再开发途径,从可持续利用的角度进行分析,建议城市低效用地和旧工业建筑再开发可置换为个性化和社会化的城市公共空间、城市绿地以及发展文化创意经济的城市休闲娱乐场所(Ika *et al*.,1997;Severcan *et al*.,2007);克里斯蒂安(Christian)指出在新经济的带动下,特色都市新产业集聚区成为内城旧制造业改造升级的重要手段。以约翰内斯堡为例,说明约翰内斯堡利用服装产业对大都市区内城的经济复兴作用(Christian M R,2001);在世界性体育和文化活动也是推动城市更新,提升城市形象重要途径的趋势下,理查德(Richards)和利德尔(Liddle)分别以鹿特丹和希腊为例,分析了鹿特丹 2001 年欧洲文化展览会(Richards *et al.*,2004;Liddle,2009),和希腊 2004 年奥运会推动的城市更新的巨大意义。

此外,还有学者专门针对城市更新中的财政、税收进行了研究。如麦克格雷尔(McGreal)等对比分析不同税收激励的模式对城市更新项目结果的评估(McGreal *et al.*,2002);盖伊(Guy)等研究不同投资者在城市更新中的投资行为,分析影响其投资决策的因素等,制订相应的吸引投资的更新政策(Guy *et al.*,2002);杨艳茹(Yang)等运用制度理论分析当地政府和海外资本联合开发的可操作途径(Yang *et al.*,2007),进一步丰富了城市更新的运作模式研究。

城市更新策略研究主要包括对城市中心的重建、城市更新中以市场为导向的开发策略、转型、绅士化、公众参与等方面。如巴斯(Bas)分析了购物路线缺失环节的修复,并且从创业城市的理论方面提出了荷兰城市中心重建的战略。其目的是在于批判性反思如何协作的地方政府、房地产开发商、建筑师和零售商组织概念化城市内部边界或缺失的环节,以及为了提高城市中心的经济效益他们是如何处理他们之间的矛盾(Spierings,2012);索金伦(Sau Kim Lum)等对新加坡城市再开发中市场导向的政策措施进行了研究,主要关于刺激新加坡的城市土地再开发私人房屋的改造的两种市场导向的政策措施,及其所带来的效益和影响(Sau *et al.*,2004);厄比拉(Erbil)描述了土耳其卡拉港口的转型以及相关问题。根据港口的条件和环境及将来发展的困境,需要一个新的规划方法,包括当地政府和公众的参与。在改变中寻求新的方法,使伊斯坦布尔卡拉港得到再利用(Erbil *et al.*,2001)。

贤邦信(Hyun Bang Shin)等以韩国首尔为例,分析了韩国城市在快速城市化和经济增长的时期,城区改造是大规模再开发的主导方法。这导致了再开发诱导下的绅士化(Hyun,2009);欧文·卡尔本(Erwin van der Krabben)等以荷兰经验作为反思,提出将公共土地作为土地再开发的战略性工具(Krabben et al.,2003);王浩(Hao Wang)等人展示了一种基于地理信息系统的辅助决策工具(称为LUDs)。该工具由一个关于适应性分析的模型与一个关于住宅、商业、工业、政府、机构、社区及开放空间的土地利用信息数据库组成。经过的论证,LUDs可以帮助规划者制定土地利用决策,并且可以辅助评估再开发土地利用适应性的规划过程。此外,它还可以在核心利益相关者对于规划者意图有着明确理解的基础上,促进公众参与(Wang et al.,2013)。

5. 棕地再开发研究

棕地再开发是当代西方国家重要的城市可持续发展策略之一。其在理念上紧密贴合了可持续发展思想,在实践上得到了欧美各国政府的支持和推广。棕地一词首次出现于20世纪90年代初期美国联邦政府的官方用语中,用来指那些存在一定程度污染且已经废弃或因污染而没有得到充分利用的土地及地上建筑物。

国外对棕地再开发方面的研究主要体现在对土壤污染的治理与修复技术的研究、棕地再开发价值评估研究、棕地再开发的利益相关者矛盾冲突研究、社区参与棕地再开发研究、棕地再开发策略及新技术在棕地再开发中的应用研究等方面。

(1)棕地再开发中对土壤污染的治理与修复技术的研究

棕色土地污染修复技术研究在污染土壤的化学修复、生物修复、植物修复和物理修复等方面已经取得了较大的进展。如1983年美国科学家钱尼(Chaney)(Chaney,1983;Chaney et al.,2013)首次提出了利用能够富集重金属的植物来清除土壤重金属污染的设想即植物修复技术。英国谢菲尔德大学的贝克（Baker *et al.*, 1983）提出超富集植物具有清洁金属污染土壤和实现金属生物回收的可能性。同时，一些学者注意到由于待修复土壤养分缺乏、重金属活性低，以及已发现的超积累植物生物量较小、生长缓慢等原因，单纯使用植物修复技术效率通常很低。因此有必要采取一系列化学与工程措施，从土壤环境和植物两个方面来提高植物修复的效率。麦卡锡（McCarthy L.）通过分析近十年美国联邦政府、州政府及地方政府出台有关轻污染地区土地再利用的规划政策文本，以跨学科的角度，结合俄亥俄州托莱多市（该市的环境整治在美国中西部及东北部地区堪称典型）在城市环境保护及污染地区再开发方面的经典案例，探究出一种公众参与和个人开发双轨并行的土地再利用新模式（McCarthy, *et al.*, 2003）。

（2）棕地再开发价值评估研究

在棕色土地再开发价值评估方面，德索萨（De Sousa）从环境、社会和经济方面对棕色土地开发进行了成本和效益比较，并以加拿大多伦多地区四个开发项目为例，建立定量模型，计算各种费用及所取得的各种效益，帮助决策者评估棕色土地再开发的可行性（De Sousa, 2002; 2003）；麦卡锡（McCarthy L.）认为棕色土地开发需要进行价值评估，并指出再开发的七个评估步骤，衡量其再开发价值与经济上的可行性（McCarthy, *et al.*, 2003）；杰克逊（Jackson）和凯特卡（Ketkar）等人均在棕色土地的财产价值、棕色土地开发成本和效益、再开发是否具有可行性等方面都做了比较深入的研究（Jackson, 2002; Ketkar, 1992）。

（3）棕地再开发的利益相关者矛盾冲突研究

棕色土地再开发中利益相关者矛盾冲突的研究主要包括对棕色

土地再开发过程中所涉及的利益相关者类型及其相互关系和不同利益相关者间的冲突问题等方面。戴尔(Dair)等分析并确定了棕色土地开发利用不同阶段,即规划阶段、开发建设阶段和最终使用阶段三个阶段所涉及的主要利益相关者类型,不同阶段的主要利益相关者有的对棕色土地开发利用起决策作用,有的涉及经济利益而直接参与其中,有的为开发建设提供意见和建议等(Dair *et al.*,2006)。

棕色土地再开发中的这些利益相关者在不同的开发阶段之间存在各种复杂的关系,主要体现在相互依存或者存在冲突等方面。狄克逊(Dixon)指出包括国家、区域和地方的贸易商或投资商等开发商和包括合作伙伴、区域开发机构、公司和环境机构等政府代理机构组成某种联盟或团队,将其他行为者引入开发进程,推动了棕色土地的重建,体现出这些利益相关者之间是相互依存的关系(Dixon *et al.*,2005)。韦恩斯泰特(Wernstedt)认为不同利益相关者因各自目的不同而使开发过程存在各种利益冲突。如责任方急于降低清理费用;市政府设法恢复衰退的土地和增加税收;健康部门侧重于保护人类健康和环境等(Wernstedt *et al.*,2006)。从棕地再开发中利益相关者之间的关系可以看出利益相关者参与开发涉及不同的驱动力因子,同时为解决这些利益冲突,也需要加强利益相关者之间协调机制的研究。

(4) 社区参与棕地再开发研究

社区居民是棕色土地再开发进程中重要的参与者。社区居民积极参与会使棕地再开发顺利进行。反之,会使棕地再开发进程变得困难和迟缓。如巴茨奇(Bartsch)指出社区对棕色土地再开发商的开发活动产生重要影响。同时,周边的居民也会从中受益,如增加就业机会、税收、附带的商业机会和改善社区基础设施等(Bartsch,2003)。但索丽塔(Solitare)研究发现目前很多棕色土地再开发重建项目都只是依据技术专家的意见和建议，而社区参与非常少。他指出在未来的规划中需要加强社区居民的参与意识（Solitare，2005）。格林伯格（Greenberg）等均通过案例分析，解释了公众参与棕色土地再开发的偏好和冲突等问题（Greenberg *et al*.，2000）。韦恩斯泰特（Wernstedt）等研究了公众参与棕色土地再开发的价值问题等（Wernstedt *et al*.，2006）。

（5）棕地再开发策略研究

在棕地再开发策略方面，斯图尔特（Stewart）和罗宾逊（Robinson）等人均认为通过协同制作重建方案、混合土地利用、提供交通选择、降低贸易壁垒并提供奖励和采用高品质的设计技术等方式，可以有效开发棕色土地，促进现代城市社区的发展（Stewart，2004；Robinson *et al*.，2008）。韦恩斯泰特（Wernstedt）等人研究认为，土地信托和土地银行可以帮助解决棕色土地再开发的资金问题，进而实现棕色土地的再开发（Wernstedt *et al*.，2003）。特里戈宁（Tregoning）、谢尔曼（Sherman）和拉福特扎（Lafortezza）均认为通过政府税收减免、财政支持和金融刺激等手段，可以有效振兴受污染的地区，恢复社区活力（Tregoning *et al*.，2002；Sherman，2002；Lafortezza *et al*.，2004）。

工业用地再开发策略研究主要体现在案例研究中，如克里斯托弗（Christopher）以多伦多废弃工业基地再开发为例，分析了九十年代多伦多废弃工业基地再开发的类型和形成这些类型的主要因素。他认为多伦多城市内部废弃工业基地再开发的经验对其他正在重建的且社会文化和社会经济性质类似的城市产生了明显的影响。同时它还被认为是废弃工业基地再开发的典型范例（Christopher，2002）。常江（Chang J.）以贾汪矿区工业废弃地再开发为例，分析了工业废弃地的特征和时空的发展规律以及工业废弃地在未来发展中所存在的问题及影响因素,并从土地开发、产业结构调整、空间布局整合、生态环境恢复以及矿区工业遗产保护五个角度,讨论了矿区工业废弃地再开发利用的策略和方法(Chang et al.,2009)。阿鲁尼塔(Aruninta)通过调查泰国居民对不同地区发展模式的满意程度,得出社会、经济与生态环境是影响居民对土地再利用模式满意程度的三个主要因子,也是保证城市闲置土地可持续发展的三个主要因素(Aruninta et al.,2009)。

(6)新技术在棕地再开发中的应用研究

对于新技术在棕地再开发中的应用研究方面,维丁(Wedding G. C.)分析了测量站点级别在棕色土地再利用方面的成功示范(Wedding et al.,2007)。克莱索霍(Chrysochoou)运用GIS技术和索引方案筛选出用于区域重建规划的棕色地带。在研究中,为达到基金分配和再开发的目的,制定了最初规划策略,并提出了一种索引方案以便在一片较广的区域内(包括市、县、州或其他类型的地区)筛选出大量的棕色地带。这个方案包括了三个维度,即社会经济、精明增长和环境。每个纬度都是建立在具体地点的最基本变量上(Chrysochoou et al.,2012)。陈烨(Chen Y.)确定了棕色土地再开发的一个具有战略意义的分类体系。他认为现在可运用于棕色地带再开发的战略决策辅助体系是可以被调查与评估的。此分类对于政府而言,将是他们在制定棕色土地再开发工程和项目时的有效依据(Chen et al.,2009)。

新技术在工业用地再开发中的应用,主要体现在GIS决策支持系统在工业用地再开发中的应用。GIS决策支持系统是基于土地利用的应用模型,被称为智慧城市综合的专业地理信息系统。如托马斯(Thomas)将一个在废弃工业基地再开发过程中帮助人们更好地理解问题并做出更好选择的决策支持系统进行了研究,它能够提供国家的、区域的、地方的地理信息数据,也含有一些信息化和可视化的工具,即 GIS 决策支持系统在废弃工业基地再开发方面的应用(Thomas,2002)。

(二) 国内研究进展

最早的这方面研究主要包括介绍国外的城市更新经验(汪蕙娟,1987;吕俊华,1995;阳建强 1995;戴学来,1997;方可,1997;叶耀先,1986),以及对我国主要城市的城市更新和旧城改造的实践工作进行探讨。最初,有关城市更新的学术研究和实践工作仅局限于对城市物质空间的改造,其关注对象由较为宏观和宽泛地关注整个城市到逐步具体化、细致化,深入到街区、社区和具体的某种城市功能空间。根据研究对象,我国城市更新研究工作可划分为以下几大部分:1)对老城、历史文化街区的保护和改造(范耀邦,1981;吴良镛,1982;祝莹,2002;戎安等,2003;严铮,2003;梁晓丹等,2008;赵海波,2009;管娟等,2011;周军等,2011;朱懋伟,1986);2)城市滨水区的改造(方煜,2002);3)工业建筑改造利用与用地置换(胡晓燕,2008;邓位,2010;刘英等,2012;陈云,1996);4)创意产业园的建设(余翔等,2009);5)城市形象提升整治工程(赖寿华等,2010);6)老城、中心城区的复兴(管娟等,2011;王婳等,2012)等。

此外,在地理学制度转向和文化转向的影响下,我国的城市更新研究也出现了社会—人文转向。学者们逐渐开始关注城市更新的社会、历史、文化等方面,对其研究从物质空间实体的改造拓展到对非物质层面的探讨。城市更新的主要研究领域包括城市更新中的土地再开发模式研究、城中村问题研究、城市更新中的利益平衡与制度建设、有关城市更新的社会、文化方面的探讨等。同时,近年来,在低碳城市理念背景下,也有学者开始对城市更新中的低碳目标、设计和策略进行探讨(伍炜,2010;赵映辉,2010)。

1. 城市更新中土地再开发模式

以房地产开发为主导是我国当前城市更新最为主要的一种模式和特征。张更立指出上世纪 90 年代初期以来随着房地产业的迅猛发展,我国几乎所有大中城市的老旧居住区都在经历以房地产开发为主导的更新过程(张更立,2004)。黄晓燕、曹小曙通过对城市更新土地再开发的模式及机制的研究指出以经济增长为主要诉求的房地产开发导向的土地再开发是我国城市更新中的主要模式。同时,他们还指出当前我国城市更新过程中还存在多元化主体利益角逐造成利益冲突强烈,以及土地再开发规划调控失灵等现象(黄晓燕等,2011)。严若谷、周素红通过研究指出,深圳市将土地再开发模式分为综合整治、功能转换和拆除重建三类,并构建了多元激励、公众参与及利益共享等机制。深圳市在城市更新中建立了利益共同体的开发模式。该模式以产权为纽带,以外部性成本内部化为基础,通过合约安排使政府、开发商和原住地居民组成利益共享、风险共担的共同体。由此,城市土地再开发不再是单一的政府或市场行为,而是一个兼顾公共利益和私人利益的社区集体行为(严若谷,2010)。

2. 城中村改造

城中村是我国城市化过程中,由于城乡二元制而出现的特殊问题。因此,城中村发展中存在的问题、城中村出现的原因、城中村的改造等内容(王晓东等,2003;杨安,1996;房庆方等,1999;马航,2007;廖俊平等,2005)也受到了国内学者的广泛关注。王晓东、刘金声提出了城中村改造具有思想观念、经济利益的制约以及政策、体制与管理方面的难点,推动城中村改造需要政府、城中村居民及开发商三方的努力,其中政府的领导是城中村改造成败的关键(王晓东等,2003)。

对于城中村改造模式的研究是城中村研究中的热点问题。陈洁指出城中村改造的模式按照改造的方式可分为全面改造型、整合改造型和保留治理型；按照改造项目主体分，可分为城市政府主导型、村集体自主改造型、开发商主导型和股份合作改造型（陈洁，2009）。陈清鋆将城中村的改造模式分为城中村组织与开发商联合、城中村组织独立开发改造、开发商独立开发改造三类。在这些模式中，政府都作为管理者和监督者的身份参与其中（陈清鋆，2012）。程家龙将深圳市城中村的改造模式归纳为四类，并对之进行利弊分析（程家龙，2003）。

　　还有学者对城中村改造中的利益主体与利益关系，以及城中村改造的价值取向展开了深入研究。张侠等利用利益相关者分析的方法，对城中村改造中政府、开发商、城中村村民三个主要利益相关者的利益进行了分析，指出政府的利益在于城市发展的新动力和新空间，开发商的利益为恰当的利润分成，村民的利益是合理的安置和长期的社会保障（张侠等，2006）。何元斌、林泉从土地发展权的视角对城中村的形成机制，以及城中村改造中各参与主体的利益博弈展开了分析，其研究结果发现集体土地的发展权属收益是城中村改造中政府与村集体博弈的关键。土地产权制度创新是城中村改造的首要前提（何元斌等，2012）。贾生华等在研究中将外来暂住人群也视为一大利益相关者，从城市规划的角度探索了城中村改造核心利益相关者"四位一体"的利益协调机制（贾生华等，2011）。在探讨城中村改造的价值取向中，陈双等基于人居环境理论视角提出认为城中村改造不能忽视其所承担的特殊城市社会功能与大量弱势群体的公平发展机会。城中村改造应以人居环境可持续发展为目标，适时调整其改造策略及规划技术（陈双等，2009）。汪明峰等指出城中村为众多外来务工人员提供了廉价的住房，城中村改造还应重视为外来人口提供临时住所的功能（汪明峰，2012）。

3. 工业用地再开发

近年来,我国逐渐重视起工业废弃地的再开发和工业遗产的再利用,例如中山岐江公园旧船厂的改造、广州红砖厂的改造等。具有经济产出价值、历史文化价值、生态景观价值和科学教育价值的工业废弃地有较大的再开发潜力。常江、冯姗姗对矿业城市的工业废弃地再开发策略进行了研究,认为政府的政策支持是其再开发的基础保障,同时应构筑多方合作平台和设计良好的融资机制。城市也可以借此契机进行土地置换和产业升级,同时也应注重区域及城市环境的综合整治,做好采矿文化延续及工业遗产保护,以塑造矿业城市的品牌(常江等,2008)。

我国目前正处在工业化中期阶段,工业用地再利用以工业生态化为主。工业用地产业生态化的改造方式是城市管理工业用地的一项重要策略,并应纳入规划。这除了需要政府提高管理能力,还需要非营利组织、社区的参与者及当地居民的响应(丁宇,2008)。俞剑光等以包头市华业特钢搬迁区域为例,从工作方法与流程探索了基于生态理念的城市棕地再开发规划的编制(俞剑光等,2011)。吴左宾等以西安高新科技产业开发区一期用地改造规划作为探索土地再开发导向的用地改造规划研究,为未来的实践和研究提供有益参考,进一步推进土地再开发规划方法的拓展与完善(吴左宾等,2010)。袁新国等则讨论了开发区的再开发,并从宏观、中观和微观三个层面提出了再开发的策略(袁新国等,2013)。

随着可持续发展理念的深入,可持续性评价工具大量应用于工业废弃地再开发中。艾东等把工业废弃地再开发的可持续性评价方法分为目标驱动型和过程驱动型两大类型:目标驱动型可以分为单项和综合方法。过程驱动型可分为制度性和参与性框架。参与性框架又可以分为自上而下型和自下而上型;过程驱动型包括 SEA 驱动型和 EIA 驱动型。SEA 驱动型往往与相关的土地规划有关。EIA 过程驱动型主要应用在项目层面上(艾东等,2008)。为更好地对棕地再开发进行评价,朱煜明等利用结构方程模型从社会经济、财务、环境健康、潜力 4 个维度出发,构建了棕地再开发评价指标体系(朱煜明等,2011)。

4. 城市更新中的利益平衡与制度建设

在城市更新过程中,政府、开发商、原住民及其他相关利益者间的关系既是学界讨论的热点,也是实践工作中的关键。王春兰指出城市更新中的利益冲突与博弈表现为:政府与商业利益群体间冲突与合作并存;政府和民众间的冲突与依赖并存;开发商与居民间的冲突与不信任并存(王春兰,2010)。任绍斌则将政府、开发商、产权人间的利益冲突归纳为三种类型,即规则性冲突、分配性冲突和交易性冲突。不同的城市更新模式中,其利益冲突的重点不同,政府主导的更新模式的利益冲突主要是分配性冲突。市场主导和混合主体更新模式的利益冲突主要是交易性冲突。自主更新模式的利用冲突主要为规则性冲突(任绍斌,2011)。张微、王桢桢指出界定公共利益,是解决城市更新合法性问题的关键和基础。因此,他们将界定"什么是公共利益"的思路转化为"由谁来界定公共利益"的思路,以"公众受益性"与"受益人的不确定性和多数性"为标准,指出公共利益的界定主体比较合适的组织是人民代表大会。同时公共利益还需要以一系列的司法程序作为保障(张微等,2011)。

此外,公众参与和城市更新利益平衡机制的设计也是城市更新研究中的热点。在城市更新中,公众参与具有旧城文化延续、功能塑造、利益分配等内在需求,以及与舆论监督力量、动迁产生的正、负两面的影响等外在推力。因此,与城市更新项目利益相关的群体应参与到项目的立项、规划编制、审批和执行管理的整个过程之中。龙腾飞等提出交互式参与是城市更新中利益相关者参与城市更新的最合适方式。交互式参与要求政府在城市更新过程中为公众参与创造提供所需的参与渠道(平台),使政府、专家、公众可以在方案设计、实施、运营等城市更新的整个过程上采取协商的互动模式(龙腾飞等,2008)。董慰、王智强对政府与社区主导型城市更新公众参与中的输入制造者、参与者、政策经纪人、决策者等内容展开了比较研究。他们指出全面提高城市更新中的公众参与层级,需要将这个过程改进成一个良性、有效的博弈互动过程,并需要对参与主体的定位与角色、参与的制度保障、参与的组织形式三个方面展开改进(董慰等,2017)。

在制度建设上,叶磊、马学广指出应建立一个立足于社区组织、居民、政府和开发商通力合作的治理模式,并建立包容的、开放的决策体系,多方参与、凝聚共识的决策机制,以及讲求协调与合作的实施机制(叶磊等,2010)。吕晓蓓、赵若焱指出建设城市更新的法律法规体系、设立城市更新的专职机构、以政府计划引导城市更新有序进行、以城市更新单元统筹城市更新空间范围以及改革城市规划体系以适应城市更新规划管理要求等是城市更新制度建设的有效策略(吕晓蓓等,2009)。刘昕指出深圳构建了以城市更新单元为核心、以城市更新单元规划制定计划为龙头、以更新项目实施计划为协调工具的城市更新计划机制(刘昕,2010)。

5. 城市更新研究的社会人文转向

21 世纪后,受结构主义、人本主义等各种思潮的合并影响,我国的城市更新研究出现了社会—人文转向,呈现多元化、多视角的趋势。对于城市更新中的社会、历史、文化等方面的关注也成为学者们的研究重点。何深静等对社会网络在城市更新过程中的保存和发展展开了研究。他们指出传统大规模的城市更新对社会网络造成了破坏,应重视社区自建,运用渐进式小规模有机的更新改造模式,并倡导规划师应与居民双向交流、共同合作,以保存原有完善的社会网络(何深静等,2001)。目前,我国城市更新项目普遍急功近利、大拆大建,缺乏对文化要素的考虑,因此对城市的文化体系造成了无法挽回的损失和遗憾,受到了学界的广泛批评。姜华、张京祥以南京市评事街历史风貌区为例,提出了相关构筑社会网络和场所精神,有利于文化传承与回归的相关对策(姜华等,2005)。王纪武也指出城市更新中存在"泛文化"现象,认为其本质是全球化、"中国化"下的文化观念和价值观念的混乱与错位。在城市更新中应深入地研究地域文化的特质,构建和弘扬地域建筑文化和人居环境(王纪武,2007)。

第二章 城市更新政策与实践

第一节 城市更新政策

一、土地政策

土地是城市更新中一个争议较大的问题,土地相关政策也是城市更新顺利进行的保障之一,以下分别介绍几个典型的土地政策。

(一) 土地登记——英国完善土地登记促进未利用地有效流转

英国的土地登记制度历史悠久,至今已经有 140 多年的历史。土地登记处成立于 1862 年,作为一个独立的政府部门,在法令规定的框架范围为英格兰和威尔士的土地登记和转让登记提供服务。

英国由环境省实施和管理的公有地土地登记制度,记载了土地使用的经过和开发管理的有关事项,并由环境部保管,再通过计算机送到可能使用者的手里,并且公众可以免费阅览。这个制度的目的是政府把闲置地或者利用度低的土地详细情况告诉给企图开发不动产的人,引起他们的注意,或者给这些人一些优惠或援助,让他们取得土地,以推动城市内部土地的再开发,促进土地的有效利用。

(二) 土地分区

1. 荷兰分区位补贴政策促进内城集约开发

荷兰是一个土地面积小、人口密度高的西欧国家。在荷兰,政府通过严格的土地登记使市场成为配置土地的基础机制,实现了土地的高效配置。在此基础上,政府对土地配置中的市场失灵采取一系列强有力的措施加以干预。

土地稀缺的荷兰为了防止城市蔓延侵占开敞空间,根据城市中心的距离划分三种开发区位:内填区(Infilling Location)、外展区(Expantion Location)、外围区(Outer Area)。通过给予不同的补贴鼓励新住区开发尽量邻近中心区,以形成紧凑型的城市结构。

2. 日本土地一分为二的开发许可制

日本 1968 年的《都市规划法》将城市划分为两大区域:市街化区域和市街化调整区域。在市街化区域的开发等有优先权,而在市街化调整区域内的开发是受到严格控制的。同时除市街化区域内的一千平方米以下的开发和在市街化调整区域内医院等公用建设外,任何其他建设项目都必须得到政府的许可。

日本将市区一分为二的开发许可制度,对防止城市土地的无效利用,生态循环的失调,城市公害等问题的发生起了极大的推动作用。日本的这一办法和中国台湾的更新范围划定类似。中国可以借鉴日本的这项办法,结合台湾的政策,在总体规划或者专门的计划中划定更新范围,使全市的城市更新更加有序地开展。

3. 土地开发模式

(1)市地整理模式

市地整理的概念可以描述为:为了提高城市土地的利用效率和促进城市土地布局的合理性,将一定区域内的属于不同所有者的城市土地(有时可以包括农用地)集中起来,进行地块的合并或重新组合。同时,修建和改建道路等基础设施,增加绿地等公共用地,从整体上改善区域内的土地利用结构和环境。然后,再将该区域内的土地或相当于土地的价值按一定的原则分配给原来的土地所有者。其基本的原则是整理区域内的土地所有者要让渡一部分自己的土地所有权,用于发展和改善整个区域内的基础设施、公共设施等。

市地整理的概念起源于德国。19世纪末期开始,市地整理作为城市规划的一种工具,在德国得到了广泛的应用,并有效地推动了城市的发展和重建。从20世纪中、后期开始,市地整理已经成为世界上许多国家城市发展和建设中的一种重要工具,如法国、瑞典、美国、日本、韩国、印度尼西亚等国家。

该模式对于土地产权零散、地块规模小或者财政较为紧张的城市更新项目尤为适用。国外已有不少国家和地区运用该模式进行集中的城市更新,在不同的国家分别有不同的名称,但运行机制是类似的。

①德国市地整理

在德国,一旦一个详细的建筑计划得到批准或者正在进行之中,如果市政当局认为需要的话,它就可以决定发起市地整理程序,并任命一个专门的委员会或者指派地籍或者土地整理管理部门作为执行组织者来具体负责执行。执行组织者可以决定区域范围的划定,以及区域内的功能分区、地上和地下建筑物限制等。所有在这个范围内的土地所有者都必须参与这个市地整理项目。

②日本土地区划整理

在日本的土地开发方式中,区划整理是日本城市开发历史最长的重要手段。通过区划整理,将私有的杂乱不规整的用地进行有规划的重新整理。通过土地所有者一定的土地出让,取得所需的公共设施用地,以达到建设、完善公共设施和提高宅地利用率的目的。

日本的"土地区划整理"(Land Readjustment)也是一种市地整理的方式。它需要政府发挥主导作用。在一定区域内,按照综合的规划,考虑铁路、宅地、公共设施等内容统一全面、有计划地进行开发。日本的城市建设遵循"总体规划—基础设施开发—建筑及公共设施开发"的程序,在地块框架形成后,内部商业和居住房屋建设由地产主或承担人完成,详见图 2—1。

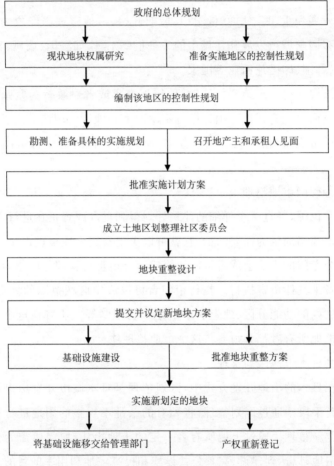

图 2—1   日本土地区划程序

组织"土地区划整理"实施的单位可以是各级政府部门(多为城市重点项目,约占 35%)、社会公共机构,也可由社区居民代表组成的新区协作社来承担。对于政府无暇顾及的地区，为改善居住环境，居民可以成立社区委员会组织实施，包括申报当地政府立项、委托专业部门设计及建设、申请银行贷款、组织土地产权变更登记等工作。

日本"土地区划整理法"规定，项目必须取得用地范围内 2/3 以上居民同意方可立项实施。而最终的规划方案（尤其地块调整方案）往往经过与地产主多次协商后才能确定。

4. 土地获得

（1）美国征地权的建立及下放

征地权是一种为了实现诸如修路和拆除贫民窟等的公共设施建设，而强迫私人将其占有的土地交出的权力。美国联邦政府授权地方政府可以使用征地权来集中成片地获得衰败的私有地产，经过规划和清理后将土地卖给决定计划重建的公、私机构，用于大规模的公共基础设施建设、住房建设和其他城市建设以改造城市中心区。

（2）瑞典推行土地公有政策，法律规范强制性征购土地

瑞典于 1904 年开始，便积极推行土地公有的政策，原则上是市场收买的方式而不是征购。一旦收购了的土地，便永久是公共所有。开始时仅对城市道路、公园、广场、交通设施等公用地才能征购。1953 年以后才允许在市镇村规划区域内的规划居住用地也可以实施征购。1968 年瑞典实行土地优先购买权来有效控制土地并定期公布优先购买权所得利益。1972 年土地管理法规按照土地登记的宗地单元进行申请、公示和确权，不允许每一宗地拆分交易行为。

瑞典政府一般在开发建设以前取得土地，所以尤其是对于郊区的土地，市区政府在开发前便取得其所有权，这样较容易实现城市规划，从而减少土地投机交易，也有利于城市未来的良性发展，控制城市无序蔓延。法律还规定，在编制城市规划期间，区域内的土地在 2 年以内，禁止土地交易和建筑活动，以免影响城市规划的实施。对于

被制定为公共用地的地区,以及除降价出售以外已不能利用的土地,土地所有者具有向市镇村政府请求收购的权利。

对于城市再开发地区和城市环境保护地区,为了实行城市规划,瑞典实行强制性的土地征购措施,并规定以下情况可以征购:再开发地域内的土地,以及再开发地域周边的土地。如果认为再开发地价有增长的可能时,便应该征购为公有地。保存历史性古迹名胜地域内的土地可以征购。不根据城市规划的开发建设地区,在实施城市规划上有妨碍的地区,或者是一部分土地所有者不愿出售土地,影响整个地区的开发建设时都可以征购。

5. 土地出让(协议出让、招拍挂以外的其他方式)

(1) 土地批租

土地批租(The Land Leasehold System)主要内容为:批租只涉及土地的使用权,不改变土地的所有权。业主取得的只是某一块土地在一定年限内的使用权,而当批租期限届满,承租人就要将这块土地的使用权连同附属其上的建筑物,全部无偿地归还给土地所有权人。

新加坡严重缺乏土地资源的国情决定其必须充分利用土地,提高土地利用的效率。新加坡国内大部分为国有。城市土地的开发利用基本上是由政府控制。建屋发展局可无偿得到政府划拨的土地,而私人房地产开发商则必须通过土地批租,有偿获得土地使用权。新加坡的土地批租年期有两种:99 年和 999 年,一般采用 99 年期,在规定年期内,土地可以转让、买卖,使用期满后,连同地面建筑物一并收回。

新加坡土地批租的程序一般为:

①市区重建局综合各方面情况确定批租的具体地段;

②为批租地段拟定建筑概念和发展指南,包括发展用途、发展密

度、道路交通与车辆进出口的安排、市容设计概念、建筑的形象及高度等。同时根据上述条件拟定城市设计概念图,供私人发展商和他们的建筑师参考,鼓励他们发挥想象力和创造力;

③拟定标书,为投标者准备"发展商文件袋",它包括各种必要的图纸和文件;

④公开发布招标消息,给予三个月的投标准备时间,投标者须准备好建筑设计与有关材料;

⑤筛选得标者,先由建筑师组成的评选团对建筑设计加以评选,再由市区重建局会同有关部门官员成立投标鉴选委员会。

（2）建立发展权市场

20世纪中叶,美国在实行土地用途管制制度的基础上,设置了土地发展权。土地发展权是从土地所有权中分离出来的一种物权。它是指所有权人将自己拥有的土地变更现有用途而获利的权利。在现有的土地分区控制制度之下,每一个地方的土地用途都被法定下来。所有人不能随便更改用途。因此建立发展权移转制度及交易市场,对不同区位、现状条件的地块设置不同的土地发展权价值,允许其在土地发展权市场上进行交易,卖给建设用地规划预留区内希望超基准容积率建设的土地使用者,可以有效控制各地区开发强度,促进市场化条件中城市规划的完善。土地发展权在国外有两种模式:

①土地发展权归土地所有权人的模式

当土地发展权归私人所有时,政府可事先向土地所有权人购买发展权,使土地发展权掌握在政府手中。原土地所有人无变更土地使用用途的权利。采用该模式的最具代表性的国家是美国,政府如果想提供如土地保护、古迹保护、环境保护等公共产品,可以向私人地主购买土地发展权,限制私人土地的开发(可购买的土地开发权);如果政府财力不够,也可以在土地利用规划的引导下,通过市场机制,建立土地发展权交易市场,实现鼓励发展地区的土地开发利用目标和控制限制发展地区的土地用途转变(可流转的土地发展权)。

②土地发展权归国家政府的模式

如果土地所有者要改变土地用途或增加土地使用集约度,必须先向政府购买发展权,土地收益的增值部分由政府享有。这种形式下,政府既获得了收益,又有利于国家对土地的用途进行必要的管制。土地发展权归政府或国家所有主要基于社会公平的考虑,英国和法国采用此模式。如 1947 年英国制定的《城乡规划法》规定所有土地的发展权均归国家所有,任何人欲开发土地,均须申请并取得开发许可,以获得土地发展权。土地所有者或土地开发者,必须就因获得开发许可而取得的收益缴纳发展价值税。

两种模式各有利弊。由于在我国国有土地的所有权归国家,发展权必然归国家所有,而归集体所有的那部分土地的发展权应当如何界定就成为了确定土地发展权归属的焦点问题。

6. 地下空间使用权(日本)

日本一些城市积极开发利用地下空间资源,在一定程度上缓解城市交通压力、集约土地资源,实现城市空间立体开发、增加社会经济效应的作用。如名古屋荣森地下街,位于市中心的大通公园地下,解决了公交和地铁换乘过渡问题,使得 20 多条公交终点站设在地下一层,进入中心区地面不见有车辆。

日本针对地下空间资源的法规很多,涉及地下空间权益的有《大深度法》,涉及地下空间建设的有《都市计通法》《建筑基准法》《驻车场法》《道路法》《消防法》《下水道法》等。其《大深度法》中规定:私有土地地面下 50 米以外和公共土地的地下空间使用权归国家所有,政府在利用上述空间时无须向土地所有者进行补偿。

二、拆迁补偿(安置)政策

(一)美国拆迁补偿政策

按美国的法律规定,征用土地权利必须予以合理补偿。根据美国财产法,合理补偿是指赔偿所有者财产的公平市场价格,包括财产的现有价值和财产未来盈利的贴现价格。这里的"合理补偿"至少包括三方面的内容:首先,在可得到补偿主体的确认上除了所有权人外,还应包括与财产相关的其他受益人,例如财产的承租人;其次,在可获得补偿的对象上,除了财产本身的现实价值外,还包括财产由于长期经营或其他原因而存在的无形资产,并且考虑将来存在的增值可能;在对补偿对象价值的估算上,补偿的价金应以完全的市场评估价为基本依据,而不存在按照政府制定的评估规则来进行评估的规定。

在确定补偿方案时,首先由政府部门对欲征收的财产进行评估,然后根据评估结果向被征收方提出补偿金的数额,被征收方如果不同意该数额则可以提出自己的请求。如果政府和被征地方在补偿数额上达不成协议,则通常由政府将该方案提交法院处理。为了不影响公共利益,政府方可以预先向法庭支付一笔适当数额的补偿金作为定金,并请求法庭在最终判决前提前取得被征收财产,除非财产所有人可以举证说明该定金的数额过低,法庭将维持定金的数额不变。法庭要求双方分别聘请的独立资产评估师提出评估报告并在法庭当庭交换,双方最后一次进行补偿价金的平等协商,为和解争取最后的努力;如果双方不能达成一致,将由普通公民组成的民事陪审团来确定"合理补偿"价金数额。

(二)加拿大拆迁补偿金额的"法律出价"

在加拿大,对不动产权利征用的补偿可以由征用机构与被征者先进行非正式谈判来解决。如果非正式谈判不能达成一致,则在取得土地前的一定时期内,征用机构必须为被征者提供"法律出价"(Statutory Offer)服务。法律出价是指不动产权利人在行使其权利要求得到更多赔偿的情况下,而有权保留的一种"没有偏见"的补偿出价。法律出价需要征用机构对征用财产权益进行正式评估。

三、优惠奖励政策

英国在城市更新中采取基于税收的奖励措施,通过公共支出和补贴来支持和促进城市更新。英国通过设立城市工作小组,制定减税规定以鼓励物质更新过程中主要参与者的广泛介入。同时也考虑到消除税收上的障碍,使房地产发展重心从敏感的绿地转移到内城社区的棕地建设上来。

英国把税收作为城市更新政策推动力的尝试,设立了企业区。企业区实验期为 10 年,目的是"检测是否能够通过撤消和简化某些行政管理和行政控制刺激工业和商业行为",其中三个最重要的政策工具是免征地方税,实行资本补贴,放宽有关土地使用的规划控制。这些措施将对企业区地产市场参与者的决策和行动产生影响,并将以此确定它们在促进以地产为主的更新中发挥作用。官方对企业区实验的评估结果显示,对划定企业区的经济和物质改善做出贡献的主要措施是财政奖励措施。

四、城市更新的主管机构与实施主体

(一) 城市更新的主管机构

1. 英国城市开发公司

英国城市更新的主管机构是城市开发公司,隶属政府环境部。环境部在极度衰退的内城区划出指定区,成立开发公司。一个开发

公司对应着一个特定的城市区域,担负着吸引私人投资,改造内城地区,实现内城复兴的重任。城市开发公司与各级政府的关系为:开发公司是由中央政府拨款的企业性机构,直接隶属于环境部。环境部统筹管理全国的开发公司。公司的管理层是由环境大臣任命的官员构成。公司实际上是环境部在地方的派出机构,公司每年度的发展计划必须经环境部批准后方可实施,并提供公共资金的支持,而且任命顾问小组评估公司的业绩。

城市开发公司的权利:1. 区域管理权,开发公司可以通过环境部赋予的合法权利获得有价值的国有土地。地方政府不得不将土地以较低的价格转让给公司,由公司负责经营。地方政府不得干预其经营活动。2. 在城市更新运作中规划制定的权利仍属于地方政府,但公司有权审批开发商的规划申请。

城市开发公司的资金来源:一是中央政府的拨款,二是通过向私人发展商转让开发土地。政府拨款的目的是用一定额度的公共资金来启动城市更新,并以此来吸引更多的私人资金。

城市开发公司作为城市更新的主管机构,根据环境部赋予的权力实施对更新地区的管理、规划、审批,促进更新地区更新工作的推进。

城市开发公司于 20 世纪 80 年代初期开始创立,从 1981 年到 1993 年,在英国已成立了 13 个城市开发公司,被划分为 4 个阶段,其中最为著名的是伦敦码头区开发公司(LDDC)。

2. 荷兰城市重建公司(历史建筑的保护更新)

城市重建公司(Stadsherstel,属于社会住宅机构)组建于 1957 年,是经住宅法审定授权的组织,但独立于政府。它致力于对城市发展的过程中面临消失的传统住宅进行保护。该公司领导重建那些历史环境中最无人问津和濒危的建筑,将它们转变成室内现代化的社会住宅,并尽力维持原有租户和邻里与生俱来的美和特色,使街区得以再生。

3. 美国城市更新的主管机构

(1) 国家层面——住房与城市开发部

1965 年 6 月国会批准成立了统一领导城市建设和更新的住房与城市开发部(Houseing and Urban Development Department),主要负责政府中的住房、家庭住房贷款、城市更新和社区开发等事项,它合并了原有的住房和家庭住宅信贷局、联邦住房署、公有住房署、城市更新署和社区设施署等机构。其具体的机构和职能如下:

表 2—1　美国住房与城市开发部机构设置及职能划分

下属部门	职能
住宅局	管理公司住宅并制定和投资有关的计划
联邦保险局	对由骚乱、内战或自然灾害而造成的损失提供保险
社区计划和开发局	城市开发、模范城市计划与社区计划
公平住房和平等机会局	推进民权运动发展,增加住房和与住房及城市开发相关的就业
新社区局	对有计划的和经济稳定的新社区提供援助

(2) 地方层面——三种不同形式的机构设置

地方政府设立专门的公共机构负责具体规划的制定和实施。由于各州立法不同,有关城市更新的机构也不尽相同,具体有这样三种形式:第一种是成立独立机构,由市长任命该机构成员并经市议会批准;第二种是将更新工作纳入现有的地方住房局中;第三种是市政府本身被指定作为城市更新的机构,而具体工作则是通过市政府的某个部门来实施。

4. 新加坡城市更新的主管机构

从 1989 年 11 月 1 日开始,原来的规划局并入城市重建局(URA),形成统一负责发展规划、开发控制、旧区改造和历史保护的规划机构。城市重建局的最高行政主管是总规划师(Chief Planner)。除了各个职能部门以外,还设置两个委员会,分别是总体规划委员会(MPC-Master Plan Committee)和开发控制委员会(DCC-Development Control Committee),由总规划师兼任主席,成员则由部长任命(见下图)。

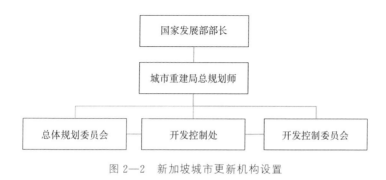

图 2—2　新加坡城市更新机构设置

MPC 的成员主要包括公共建设部门的代表,每隔两周召开例会,讨论政府部门的公共建设项目,提交部长决策。MPC 的作用是协调各项公共建设计划的用地要求,使之尽快得以落实。DCC 的成员包括有关专业组织(新加坡的规划师协会和建筑师协会)和政府部门(公用事业局和环境部)的代表,同样每隔两周召开例会,讨论非公共部门的重大开发项目。DCC 可以修改 URA 的开发控制建议,参与制定或修改与私人部门开发活动有关的规划标准、政策和规定。

与城市更新规划实施有关的其他政府部门包括住房发展部(HDB)、裕廊工业区管理局(JTC)和公用事业局(PWB),分别负责居住新镇、工业园区和公共道路的规划、建设和管理。这几个政府机构根据国家发展的目标和经济政策,拟定土地发展的指南,提供必须的基础设施和公用事业设施,而私人发展商则提供资金、人力、经验和构想,双方密切合作促进城市更新的顺利进行。

(二) 城市更新项目的实施主体

伴随着城市更新理念的不断转变,城市更新的实施主体也发生着变化,即政府(或公有部门)、私有部门以及社区公众三个主要利益集团在城市更新决策过程中的地位、作用及其相互权力关系不断转变。西方城市更新政策经历了从 20 世纪 70 年代政府主导、具有福利主义色彩的内城更新,到 20 世纪 80 年代市场主导、公私伙伴关系为特色的城市更新,向 20 世纪 90 年代以公、私、社区三向伙伴关系为导向的多目标综合性城市更新转变。

1. 德国城市更新的两类实施主体

德国城市更新具体的实施主体有两类,取决于城市更新项目的委托方式,分为一般方式和柏林方式。一般方式是指受委托者只是再开发事业的代办者,事业的风险由政府(公共)负担,发生的利益也全部归政府(公共)所有。柏林方式可以说是引进民间企业举办的再开发事业,风险由再开发企业承担,利益也归再开发企业所有。柏林方式目前只限于柏林个别地区运用。

2. 英国基于社区的三方合作模式

英国在具体的更新项目中,实施主体是多种多样的,包括当地居民、社区、私人开发商等。

1992 年开始,英国先后引入"城市挑战计划"及"专项再生预算(SRB)"这两项机制,鼓励地方政府通过与私人部门、自愿团体、当地社区合作,针对各项城市更新预算基金与其他城市或区域展开竞投。获胜者可用所得基金发展他们通过伙伴关系共同策划的城市更新项目。基金覆盖的项目很广,包括更新改造、学校、培训、就业机会创造、环境保护等。

英国的项目竞争机制是值得借鉴的经验之一。因为这种基于本地社区的三方伙伴关系使得长期被忽视的弱势社区居民成为城市政策的主流,使他们有机会在更新决策过程中参与方案的制定和实施。同时,这一竞投政策提高了投标方对项目的"自我"负责意识,也使得项目的实施更加富有成效。

五、城市更新的资金来源

(一) 英国从私人投资、政府财政以及城市竞标等方面解决城市更新的资金

建立基金鼓励私人参与更新。为了鼓励私人部门参与内城的再生发展,英国政府分别建立了"城市开发基金""城市再生基金(URG)""废弃地开发基金(DLG)"以及综合性的"城市基金(CG)"予以支持。

财政补贴措施。财政补贴是英国政府推行更新改造计划的重要举措。从 20 世纪 30 年代大规模拆迁重建提供住宅客体补贴,转变到 60 年代为有需要的市民提供住房整修帮助。1993 年,英国国家环境部提出专项再生预算(SRB),希望能够跨越传统部门界限,充分协调,有效聚拢各方预算,对已经存在的 20 项预算进行了合并。

通过竞标分配城市更新的资金。1991 年,英国发起城市挑战,鼓励地方权力机构与公共部门、私营机构和自愿团体建立伙伴关系联合投标。这种方式自上而下地分解了原来内城区更新计划和住宅建设的资金,也剥夺或削减了其他城市更新计划的资金,在实质上是对地方政府机构资金的重组。政府的城市更新资金主要投向综合性、整体性的城市开发,而城市挑战给予中央政府更强大的调控其他城市更新计划资金的能力,加强了中央对计划实施的控制(倪慧、

2007）。

（二）美国城市更新资金的多渠道来源

1. 国家层面——各项财政补助及抵押贷款

国会根据美国的住房法确定了联邦政府所应承担更新费用的比例和年度拨款额，再由联邦通过住房与国会资金署向负责城市更新的地方机构提供财政补助及贷款，用于工程规划的制定、征地动迁、建设补贴等事项。联邦政府授权并资助地方政府，通过专门设立的更新机构来研究制定详细的城市更新规划，并在广泛听取市民意见的基础上依法完善和实施这一规划。另一方面联邦政府根据 1977 年的法案，提供抵押担保，鼓励金融机构利用抵押贷款资金来资助城市开发项目。

2. 地方层面——税收增值筹资以及社区开发资金分配

税收增值筹资（TIF），是目前美国各州和地方政府在城市更新中使用非常广泛的资金筹措方式，就是将开发前与开发后固定资产征收额之差充当开发资金。一般是把这个差额作为财源，由公共部门发行公债来充当。税收增值筹资通过发售城市债券，筹得的资金可以用于购买土地，修建基础设施，改善公共设施，也可用于向私人开发商贷款进行划定区域的建设。而一般城市债券通过 20—30 年期的地产税收入来偿还。

社区开发资金按照一个公式进行分配，公式中计算了人口、房屋的年限以及贫穷程度。资金使用范围包括获得（建设）不动产，建设和完善公共设施、公园和游戏场、残疾人中心、邻里设施、固体废物处理设施、停车设施，完善道路、给排水设施、步行商业城和人行道、泄洪设施、清洁设施、公共服务、公共房屋复原、解决财政困难、临时选址辅助以及一系列的经济开发。在公共财政术语中，社区开发资金是起"刺激"作用，而不是起"代替"作用。

六、公众参与制度

城市更新应该是对社区的更新,而不仅仅是房地产的开发和物质环境的更新,应该强调本地社区的参与。总结西方城市更新过程可以发现,20世纪90年代以来的城市更新主体结构试图改变市场主导机制下对社区问题的忽视。这倾向于加强社区在更新中的作用,使社区成为公、私两大角色之外的第三极。

法国土地公示、听闻制度、法国规划编制手续中的事先公布、召开听闻会等居民参加的制度,目的是认定公益性质,确定有无征购的必要。公示、听闻手续应由市(镇、村)长在全国可信赖人名单中指名选任调查委员,重要事业要选派人员组成调查委员会。公示、听闻时间由市(镇、村)长决定,一般为两星期前。听闻结束后,把听闻记录返回到调查员处,然后连同调查委员的意见书送交市(镇、村)长。

第二节　城市更新实践

一、国外城市更新历程

自城市诞生之日起,城市更新就作为城市自我调节机制存在于城市发展之中。然而,现代意义上的城市更新则是始于18世纪后半叶在英国兴起的工业革命。尽管不同国家社会经济条件和历史背景不同,在城市更新实践中遇到的问题各异,但其城市更新的基本发展趋势却大致相同。西方城市更新发展历程大致可分为5个阶段(表2—2),每个阶段都有独特的历史发展背景、参与对象、更新途径和更新结果。

表 2—2　西方城市更新历程

时期 政策类型	20世纪50年代 城市重建	20世纪60年代 城市复苏	20世纪70年代 城市更新	20世纪80年代 城市再开发	20世纪90年代 城市再生
主要策略倾向	根据总体规划设计对城镇旧区进行重建及扩展；重建及城郊区的生长。	延续20世纪50年代的主题；郊区及外围地区的生长；对于城市修复的若干早期尝试。	注重旧地更新与邻里计划；外围地区的持续发展。	进行开发与再开发的重大项目；实施旗舰项目；实施城外项目。	向政策与实践相结合的形式发展；更加强调问题的综合解决处理。
主要促进机构及其作用	国家及地方政府；私营机构的发展商及承建商。	在政府与私营机构间寻求更大范围的平衡。	私营机构角色的增长与当地政府作用的分散。	强调私营机构与特别代理；"合作伙伴"模式的发展。	"合作伙伴"模式占主导地位。
行为空间层次	强调本地与场所层次。	所出现行为的区域层次。	早期强调区域与本地层次，后期注重本地层次。	20世纪80年代早期强调区域所的层面，后期注重本地的层次。	重新引入战略发展观点；区域活动的日渐增长。

时期 政策类型	20 世纪 50 年代 城市重建	20 世纪 60 年代 城市复苏	20 世纪 70 年代 城市更新	20 世纪 80 年代 城市再开发	20 世纪 90 年代 城市再生
经济焦点	政府投资为主，私营机构投资为辅。	20 世纪 50 年代后私人投资的影响日益增加。	来自政府的资源约束与私人投资的进一步发展。	以私营机构为主，选择性的公共基金为辅。	政府、私人投资及社会公益基金全方位的平衡。
社会范畴	居住与生活质量的改善。	社会环境及福利的改善。	以社区为基础的活动及许可。	在国家选择性支持下的社区自助。	以社区为主题。
物质更新重点	内城置换及外围地区的发展。	继续自 20 世纪 50 年代后对现存区的类似修复。	对旧城区更广泛的更新。	重大项目的置换与更新的旗舰项目。	比 1980 年代更为节制；传统与文脉的保持。
环境手段	景观美化及部分绿化	有选择地加以改善。	结合某些创新来改善环境。	对于广泛的环境措施的日益关注。	更广泛的环境可持续发展理念的介入。

资料来源：阳建强，"城市更新作为城市发展的自我调节机制"。

（一）城市重建

两次世界大战期间以英国为代表的西欧国家住宅建设突飞猛进，但许多城市内仍遗留有大量的非标准住宅以及大量贫民窟，存在城市内过分拥挤的现象。为解决突出的城市问题，英国政府于1875年和1890年分别颁布《公共卫生法》(Public Health Act)和《住宅改善法》(Dwelling Improvement Act, 1975;1890)。这是第一次提出关于清除贫民窟的法律规定。同年，皇家工人阶级住房委员会颁布了《工人阶级住宅法》(the Housing of the Working Class Act)。其中要求地方政府采取具体措施改善不符合卫生条件的居住区的生活环境。

二战结束后，鉴于战争对各国城市极为显著的破坏，毁于战火的城市与建筑亟待重建与再开发。大量住宅的破坏和人口在大城市集聚和迅速增长引起城市快速膨胀，因此战后"房荒"问题严重。这一阶段城市更新的特点是推土机式推倒重建。通过大面积拆除城市中的破败建筑，全面提高城市物质形象。虽然在某些地区有一部分私有企业资金参与，但更新资金大部分来源于政府公共部门，政府对搬迁者提供补贴，对更新区域和更新过程有很高决定权（董玛力等，2009）。在百废待兴的情况下，西方各国开始拟定实施雄心勃勃的城市重建计划。为改善城市破旧房屋和住房紧张以及基础设施落后等物质性问题，西方许多城市开始大规模清理贫民窟运动，国家与地方政府、私人开发承包商共同参与，公共部门和私人联合投资，以新建购物中心、高档宾馆和办公室对内城区土地进行置换，改善住房和生活条件。

英国的重建工作侧重于对城市内两类特殊土地的再开发。其一是"大面积被战争破坏的土地"，另一为"城区内不能再利用的土地"。再开发重点是重建遭受战争毁坏的城市和建筑、新建住宅区、改造老城区、开发郊区以及城市绿化和景观建设等。英国消灭贫民窟的办法是将贫民窟推倒，并将其居民转移走，然后以能够提供高税收的项目取而代之。1930 年，英国工党政府制定《格林伍德住宅法》，采用当时颇有影响的"建造独院住宅法"与"最低标准住房"相结合的办法解决贫民窟问题。此种做法在曼彻斯特这类贫民窟较多的大城市比较普遍。

法国主要集中于生产性经济实体——市政基础设施、道路、交通通信设施和住宅区重建。法国公共机构对新建建筑群体的选址与布局进行了直接干预，并于 1953 年颁布了《地产法》，对特定地域范围内土地的征用获取、设施配套、销售等方面提出了一系列规定；1958 年又颁布法令，提出了"优先城市化地区"（Zoned Urbanisctpar Pfiofitd，ZUP）的概念。

德国则是将重建工作集中于市中心和已有城市街区。应对住房短缺的大规模住宅建设和城市基础设施如交通、供水、学校、医院的恢复在一定程度上扭转了城市的衰退，城市功能亦得以部分恢复。而意大利在城市重建的同时，更为强调对历史建筑的恢复和对历史保留下来的城市形制的恢复（倪慧，2007）。

美国于 1937 年出台了《住宅法》，在联邦政府统一指导下开展了全国范围的大规模城市更新改造运动，城市更新运动初期的主要内容也是清理贫民窟，即简单推倒贫民窟，代之以政府提供补助的公房（刘建芳，2010）。

（二）城市复苏

20 世纪 60 年代，战后过渡性的城市重建措施——单纯地铲除城市中心的贫民窟并同时向郊区扩散人口。这已不能解决城市发展所面临的交通拥堵、人口膨胀、空间品质下降、地价控制等实质性问题。城市开发策略急需进行调整。这一时期，城市经济振兴被看作是解决城市贫困、就业和冲突的根本性措施。而城市振兴的主体——公共部门和私有部门也在努力寻求某种平衡来加大私有部门的作用和影响，提高整体社会的福利水平。于是，福利色彩的社区更新逐渐取代了推土机式的重建。此时的城市更新制度注重对弱势群体的关注，强调被改造社区的原居民能够享受到更新带来的社会福利和公共服务。

英国出台了优先教育区（EPAS）、城市计划（Urban Planning）和社区发展计划（CDP）等内城发展政策。以内城复兴、社会福利改善及物质环境更新为目标的住宅整修、改善和中心商贸区的复兴，更新过程中的环境保护、文化继承，以及保留历史悠久的街区和社会生活特色等问题逐渐成为人们关注的焦点。针对住宅改善，英国政府采取了多种形式，1964 年版的《住宅法》提出设定"改善地区"（Improvement Area），集中对非标准住宅进行改造；1969 年版的《住宅法》又进一步扩大范围，提出了"一般改善地区"（General Improvement Area，指有成片非标准住宅的地区）的概念；同时规划决策的权力由中央政府下放到地方政府，强调规划的民主性，要求公众参与。

为实现区域经济协调发展，法国政府先后确定了西部、西南部、中央高原和东北老工业区等经济发展比较落后的区域为优先整治地区，并先后制定了布列塔尼亚公路网建设规划、中央高原开发计划、南方滨海地区旅游开发和生态保护计划、科西嘉地区整治与开发计划、东北部诺尔—加莱和洛林老工业区结构改革计划等区域经济发展远景规划。

德国政府则借助住宅工业化和继续大规模建造新住宅的政策，以高密度聚居的生活方式来实现理想中的都市文明，同时在大城市边缘地带兴建大型的城郊住宅区；1967 年前侧重于集中修复现有的传统式住宅,1967年后开始制定修复和翻新大片住宅,包括整个街坊和街道的全面改建。而在荷兰,住宅、形态规划和环境部于1966年发表了《第二次空间规划报告》(Second Report on Physical Planning,1966),针对当时居住环境恶化的现状提出"有集中的分散"原则。面对"城市化"的主要难题及矛盾,又提出了城市郊区化的概念,并针对由此带来的问题做出了相应的对策(倪慧,2007)。

1954年,联邦政府通过了一个住房修正法《城市重建计划》,对城市更新的目标做了部分调整,将清理贫民窟和中心城市再开发结合起来。20世纪60年代,为了向城市贫穷开战,美国政府下拨大量的专款用于城市重建,试图通过城市更新来重振城市雄风,恢复城市中心功能作用,同时也恢复市民的信心(刘建芳,2010)。此外,20世纪60年代中期,美国还实行了现代城市计划(Model Cities program),在大城市几个特定地区制定了一套综合方案以解决贫穷问题(董玛力等,2009)。

(三) 城市更新

进入20世纪70年代,人们逐步意识到城市问题的复杂性:城市衰退不仅缘自经济、社会和政治关系中的结构性原因,也源于区域、国家乃至国际经济格局的变化。因此,这一时期城市更新转向更加务实的内涵式城市更新政策,力求从根本上解决内城衰退,更加强调地方层次。一系列城市更新政策由此纷纷展开,诸如制定优先教育区域,设立城市计划基金,资助社区发展工程等。保留城市结构、更新邻里社区、改善整体居住环境、恢复城市中心活力、强调社会发展和公众参与成为这一时期城市更新的主要目标。

针对内城日趋恶化的荒废现象,英国政府采取了一系列强有力的干预政策,其中包括:制定强制性的法律和条例,加强对城市更新、恢复内城功能工作的监督管理;对内城功能衰退严重地区实行特殊的政府资助和税收政策,帮助内城开发经济;由中央政府或地方政府组建专门机构,进行内城的专项开发或专项课题研究。1977 年,英国颁布了《内城政策》,该政策将过去鼓励的城市扩散化转向城市内城更新,提出在内城区域中一些严重萧条的工业或商业区域建立产业改善区,以优惠政策吸引投资,活跃经济,增加就业机会。同时,各地方当局亦开始编制非正式的内城更新规划,以此作为控制内城开发的依据;而中央政府也在经济资助上给予内城更新以额外的资助优惠和免除部分税收的优惠。

法国政府更注重城市管理和城市发展的关系,优化城市设施、控制道路用地、旧区改建、住宅更新、保护自然环境、限制独立式小住宅蔓延成为其城市更新中的重点。1972 年的《行政区改革法》、1975 年的《土地改革法》、1976 年的《自然保护法》都分别提出了环境质量评价的概念,要求对全国各种形态规划增加关于环境保护的内容。1977 年,法国设立了城市规划基金,专用于传统街区和城市中心改造。

德国提出了"保留周边、推倒内部"的旧城改造主题,重点关注由住宅、邻里环境及居民之间社会联系共同组成的社区单元。住宅恢复和住宅内部现代化运动成为其城市更新的目标和任务。1971 年的《城市更新和开发法》《城市建设促进法》以及 1977 年的《住宅改善法》分别针对住宅和旧城改造等相关问题提出了相应的更新政策与措施。同时,传统的居住与工业用地混合布置的方法亦被重新采用,提出了生活综合区的概念(倪慧,2007)。

1974 年,美国开展了富有人文色彩的住宅与社区开发计划。社区开发计划注重两大内容,一是多目标性,二是公众参与。多目标性就是提供社区开发的固定津贴,使地方政府开展广泛的活动,不仅限于以往城市更新的内容。固定津贴资金还可以实现房地产征收、公共设施建设及改善、公园及嬉戏场地、残疾人中心、邻里设施、街道美化、公共服务、过渡安置等各种经济发展目标。与城市更新计划最大的不同是该计划注重人文环境,在对建筑的环境进行更新、改造与修整的过程中,强调社会精力投入,注重城市人文环境的保护、城市复兴等内容,因此具有强烈的人文色彩(刘建芳,2010)。

(四) 城市再开发

20 世纪 80 年代,西方国家在部分延续了 20 世纪 70 年代城市更新政策的同时,出现了一个明显的政策转向,从政府导向的福利主义社区重建,迅速变为市场导向的以地产开发为主要形式的旧城再开发。究其原因,首先从 20 世纪 70 年代开始全球范围的经济下滑和全球化经济调整,对西方国家经济增长造成极大冲击。政府工作重点转移到如何刺激地方经济增长上来;其次,政权更替是城市更新政策转变的催化剂。强调自由市场作用的新古典主义发展模式与自由市场政策体系构成 20 世纪 80 年代西方城市更新政策体系的基石(董玛力等,2009)。这一时期,西方国家的城市更新政策还表现在强调私人部门和部分特殊部门的参与,培育合作伙伴,以私人投资为主,政府有选择地介入;空间开发集中在地方的重点项目上,大部分为置换开发项目,对环境问题的关注更加广泛。公共参与的规划原则在此时已广泛地渗入城市更新运动之中,由社区内部自发产生、规模较小的"社区规划",成为当时城市更新的主要方式。其主要目标为改善环境、创造就业机会、促进邻里和睦。

在英国,地方权力机构的作用被中央政府藉由财政、立法和行政等多种手段大为削减,私营企业慢慢成为城市开发公司的"旗舰"。各种商业、办公及会展中心、贸易中心等地产开发项目成为地方主要更新模式。1980 年的《地方政府规划及土地法》(Local Government Planning and Land Act,1980)提出,地方规划局对内城现存的空地和废地实行土地注册政策，从侧面对内城的荒废地、空地加以数量控制，同时设立城市开发公司，建立土地情报制度和城市开发援助金制度。1982 年的企业区（Enterprise Zone）以及之后相继出现的城市开发项目（UDG，1982）、城市再生项目（URG，1987）、城市补贴项目（City Grant）等更新计划便是此段时间城市更新策略的极好体现。1986 年的《住宅与规划法》赋予了政府设置简化规划区的权力，通过采取与企业特区相同的区划式开发控制方法来检验简化规划程序是否有助于吸引投资并刺激经济发展。

　　在德国，特别是 20 世纪 80 年代中期以后，小范围、谨慎的更新措施越来越受到重视。1984 年德国出台了《城市建设促进法补充条例》，1987 年又颁布了新的《建设法》。德国的城市建设开始侧重"保护性更新"，城市更新实践逐渐从大面积、推平头式的旧区改造转为针对具体建筑的保护更新。因此，其城市改建的目标十分明确，即保护老的城市结构，对建筑进行维修，改造现有城市街区、道路、休憩用地，使之更适于人的居住。

　　针对内城衰落，荷兰则于 1984 年颁布了《城市和村镇更新法》（The Town and Village Renewal Act，1984）。1985 年又重新修订了《形态规划法》，增加了相关法令，修订了建筑规划，以立法的形式提出了更新内城的方针政策。1988 年的《第四次空间规划报告》开始特别强调日常生活环境质量的提高和空间结构的改善。荷兰的城市更新重点在于加强旧城区特别是中心车站和中央商业区的改造，其城市空间规划的主要工作为高层建筑的回归以及重新发现周边式街区的优点。

　　此外，美国实施了"城市复兴"政策，联邦政府取消或减少对"现代城市计划"资助，让州和地方政府对城市计划负责。

（五）城市再生

进入 20 世纪 90 年代,人本主义思想和可持续发展观念逐渐深入人心,高度注重人居环境,强调从社会、经济、物质环境多维度综合治理城市问题和强调社区角色参与,成为城市更新的重要指导思想。在可持续发展理念的影响下,面对经济结构调整造成城市经济不景气、城市人口持续减少、社会问题不断增加的困境,城市再生理论逐渐形成。城市再生理论提出的目的是为了重振城市活力、恢复城市在国家或区域社会经济发展中的牵引作用。城市再生涉及已失去的经济活力的再生和振兴、恢复已部分失效的社会功能,处理未被关注的社会问题,以及恢复已失去的环境质量或改善生态平衡等;建立明确的合作伙伴关系成为其主要的组织形式;更为注重人居环境和社区可持续性等新的发展方式;侧重对现有城区的管理和规划,而非对新城市化运动的规划和开发。

1991 年英国政府开始启动城市挑战(City Challenge)政策,试图将规划及更新决策权交还地方,鼓励地方权力机构与公共部门、私人部门和自愿团体建立伙伴关系联合投标,加强了中央对计划实施的控制以推动部门间的竞争,使更新目标更具社会性。1993 年国家环境部提出专项再生预算(Single Regeneration Budget,SRB)政策,希望能够跨越传统部门界限,充分协调、有效聚拢各方预算。1999 年,英国城市工作组发表一份题为《迈向城市的文艺复兴》,第一次提出了"城市复兴"(Urban Renaissance)的概念。城市复兴注重公共、私人和志愿者三方间的平衡,强调发挥社区作用。

法国于 1991 年通过了《城市发展方针法》(LOV),主要关注居民的生活质量、服务水平、公民参与城市管理程度等;1993 年发起了"城市规划行动"(GPUL),目的在于恢复 12 个最困难街区的活力;1995 年的《国家领土发展规划法》加强了"城市计划"行动,开辟了

"城市重新恢复活动区"。1996 年又颁布了有关住宅多样性和重新推动城市发展的法律文件,鼓励在各个城市化密集区、市镇乃至街区,住宅发展多样化,以扭转社会住宅不断集中的趋势,避免居住空间的社会分化。2000 年颁布的《社会团结与城市更新法》(SRU)以更加开阔的视野看待土地开发与城市发展问题,在探讨城市规划的同时,还涉及了城市政策、社会住宅以及交通等内容,意在对不同领域的公共政策进行整合。

德国针对鲁尔地区的工业衰退危机已于 1989 年制定了一个为期 10 年的国际建筑博览会的宏伟计划——IBA(即埃姆歇尔公园国际建筑展),重点是对鲁尔区核心地区 800 平方公里、共有 200 万人口和 17 个城市进行再造;1998 年为促进工业遗产旅游开发,开展了整个鲁尔区的区域性整治规划,规划内容包括社会、经济、文化、生态、环境等多重整治和区域复兴,试图通过持续、不间断以及务实的区域规划,以新技术革命、多样化、综合化发展来促进区域经济结构的全面更新和提升,重塑区域的全球竞争力(倪慧,2007)。

二、国内城市更新历程

(一) 旧城改造

解放初期直至上世纪 70 年代,为摆脱贫穷落后的状况,在"变消费城市为生产城市""城市建设为生产服务,为劳动人民服务"等方针指导下,我国一直以生产性建设为主。社会经济发展重点在于发展工业生产。城市建设项目集中于城市新区。所谓旧城改造主要是着眼于改造棚户和危房简屋,同时增添一些最基本的市政设施,以解决居民的卫生、安全、合理分居等最基本的生活问题,而并未进行实质性的更新改造(阳建强,2000)。同时,从解放初期到上世纪 70 年代,我国旧城改造还呈现出一定的小阶段性:解放初期,受到连年战争的影响,我国城市问题太多,而且能力十分有限,对旧城的政策只能是"充分利用,逐步改造"。"一五"时期,过分强调利用旧城,致使不得不采取降低质量和临时处理的办法来节省投资;"大跃进"时期,由于国家不顾财力和物力的盲目冒进,我国工业建设速度过快,规模过大,城市人口过分膨胀,加重了旧城负担,加速了旧城的衰败;"文革"时期,城市建筑和旧区改造长期处于无人管理的状态,造成城市布局混乱、环境质量恶劣等严重问题;上世纪 70 年代后期,我国旧城改造的重点逐步转向还清 30 年来生活设施的欠账,解决城市职工住房成为突出的问题,并开始重视对住宅的修建。

总体而言,在 1949 年后的 30 年内,我国城市更新思想主要在于充分利用旧城。更新改造对象主要为旧城居住区和环境恶劣地区。旧城改造工作特点是依靠国家投资,资金匮乏,改造速度缓慢,标准较低且管理条块分割,设施配套不全。同时,由于填空补实、见缝插针,我国还存在着市内兴办街道工厂,旧城建设量不断增加的现象。在众多复杂的社会历史原因的影响下,我国旧城交织存在着结构性衰退、功能性衰退和物质性老化等严重问题(阳建强,2000)。

(二) 城市更新

改革开放以来,受到西方城市更新理念的影响,我国的城市更新理念也逐步发生了一系列的变化。同时,伴随我国社会经济所发生的急剧而持续的变化,城市更新日益成为我国城市建设的关键问题和人们的关注热点。20 世纪 80 年代初,陈占祥先生提出了"城市更新"的概念,强调城市更新是城市"新陈代谢"的过程,突出了经济发展在城市更新中的作用。而更新的方法既包括了对简陋地区的"推倒重建",也包括了对历史街区的保护和历史旧建筑的维护修复。

20 世纪 90 年代以来,随着社会主义市场经济体制逐渐完善和确立,我国整个社会政治经济环境处于大改革的转型期。社会环境逐渐宽松、地方政府利益主体的逐渐确立、国民经济水平的提高、城市居民对生存环境要求的提高、大规模的新区建设等为城市更新提供了较大的社会支持、承受空间和城市物质承接空间。在"两个根本转变"思想的指导下，城市更新成为城市顺应世界经济发展趋势，进行产业结构调整的有效手段。同时，改革开放以来，伴随着我国城市化进程加快，以及土地规模的急剧扩张，城市更新也成为了我国各地解决用地紧张、提升土地节约集约利用水平的必然选择。为此，20世纪90年代以来，我国更新实践和理论都有了较大突破。

在城市更新实践上，我国各地逐渐开展了大规模、快速化城市更新，特别是对一直缺乏更新的城市中心区，更新的规模和力度更大。这一时期我国城市更新与受形体主义影响的西方二战前以卫生设施和城市美化为主要内容的城市更新，以及二战后前期大规模推倒重建的城市更新有许多相似之处。虽然城市空间职能结构、环境等问题得到一些改善，但也产生了大量负面影响，如城市中心开发过度，缺乏活力；社区失去多样性，城市空间出现社会等级分化；各类保护建筑遭到破坏，城市的文脉被切断，城市特色正在消失等。

在城市更新理论方面，20世纪90年代以来，各种关于城市更新的学术会议在国内外陆续召开，城市更新问题得到学者们的广泛讨论。吴良镛教授通过对北京旧城改造实践的思考提出了城市"有机更新"理论，即"采用适当规模、合适尺度，依据改造的内容与要求，妥善处理目前与将来的关系——不断提高规划设计质量，使每一片的发展达到相对的完整性。这样集无数相对完整性之和，可以促进北京旧城的整体环境得到改善，达到有机更新的目的。"也有一些学者如吴明伟教授提出系统性旧城更新思想；张杰认为历史文化保护区的城市更新应该强调小规模改造和整治的思路等。由于特定的社会经济环境的制约，一些理论只是在部分历史文化城市的保护中得到小规模的运用,而在大规模的城市更新中,短期内并没有得到真正全面、系统性的实践(李建波等,2003)。

进入 21 世纪,越来越多的学者给予了城市更新以新的理解与诠释,例如张平宇的"城市再生"、吴晨的"城市复兴"、于今的"城市更新"等。这些理念使城市更新不再局限于物质环境,而是包括了经济、社会、文化、生态等物质与非物质环境的综合整体考虑(张顺豪,2016)。我国各地也逐步在城市更新中展开了众多实践,如广东省在全省范围内开展了"三旧"改造工作;深圳市于 2009 年出台了《深圳市城市更新办法》,并于 2012 年补充颁布了《深圳市城市更新办法实施细则》;2015 年,广州市正式挂牌成立了我国首家城市更新局;上海市人民政府也于 2015 年 5 月下发了共 20 条的《上海市城市更新实施办法》。

表 2—3　改革开放以来我国与城市更新相关的主要会议

时间	组织	地点	会议主题	会议内容
1984.12	城乡建设环境保护部	合肥	全国旧城改建经验交流会	我国建国以来专门研究旧城改建的第一次全国性会议。旧城改建中心须高度重视城市基础设施的建设,采用多种经营方式吸引社会资金是解决旧城改建资金匮乏的有效途径。
1987.6	城市规划学术委员会	沈阳	旧城改造规划学术讨论会	强调旧城改造必须从实际出发,因地制宜,量力而行,尽力而为,优先安排基础设施的改造,注意保护旧城历史文化遗产。

续表

时间	组织	地点	会议主题	会议内容
1992.11	清华大学	北京	旧城改造高级研讨会	就城市中心区、旧居住区改造的规划、建筑设计和实施交流了经验,探讨了在改革开放形势下适合我国国情的城市旧区改造的基础理论、技术方法和相关政策。
1994.5	中德合作	南京	城市更新与改造国际会议	就城市更新与经济发展的关系、城市更新的理论实践、城市规划的管理形式等问题进行了深入讨论,取得了较多共识。
1995.10	中国城市规划学会	西安	旧城更新座谈会	认为城市更新是一个长期持久的过程,涉及政策法规、城市职能、产业结构、土地利用等诸多方面,决定筹备成立城市更新与旧区改建学术委员会。
1996.4	中国城市规划学会	无锡	城市更新分会场	讨论了片面提高旧城容积率、拆迁规模过大等问题,并正式成立了"中国城市规划学会旧城改建与城市更新专业学术委员会",显示了学术界对城市更新研究的高度重视。

资料来源:阳建强,"城市更新作为城市发展的自我调节机制"。

第三章　城市更新主导类型

第一节　旧城更新

根据更新改造的方式和手段,可以将旧城改造大致分为以下三种类型:

维护性改造。指对有较大历史保护价值的旧城区,通过维护住宅正常使用状态,改善区内公共设施,提高住宅经营效益,增加居民就业机会和促进社会发展等方法,维持或恢复其使用功能和居住吸引力,保持土地利用价值。

修建性改造。指保持原有用地功能不变,对旧城区内建筑视改造需要分别采取改建、扩建、部分拆建、维护养护、实施住宅内部设备现代化和公共服务设施完善化等方法,明显改善旧住宅区居住环境质量,保留原有风貌特色,提高土地利用价值。

重建性改造。指对已无保留价值的旧城区地块进行拆除清理后,重新规划设计,调整用地功能或变更住宅形式规模标准,在小区内重建住宅或其他建筑及设施,彻底改善原环境质量,优化土地结构,为旧城发展创造新增长点。

一、维护性改造——修旧如旧,城市历史文化的保护和延续

"历史城区"是国际古迹遗址理事会采用的概念,我国更多采用"旧城区"或"老城区"这些提法,特指在城市中能够体现其历史发展

过程或某一发展时期风貌、历史范围清楚、城区格局保存较为完整的地区。

这些历史街区记载着城市的历史发展，反映出城市的特色和风貌，再加上街区的居民和各种各样的活动，显示了一个城市特有的生命力。对于这样的旧城区，要着重进行维护性的更新改造，重点是进行"整体保护"。所谓整体保护就是要对历史城区的概念进行准确界定，在认真分析特色的基础上，提出相应的整体保护方案。不能只保护好众多文物建筑、文化遗址和历史街区，其余就可以放弃。保护各类文物建筑、文化遗址和保护各片历史街区都只是保护历史城区的重要组成部分之一，而不能取代历史城区整体格局的保护，尤其要从城市格局和宏观环境上保护历史城区。

另外，可以将新旧街区结合在一起开发，通过容积率转移的规划方式，用文化资产带来的土地附加收益平衡容积率的损失，则可以缓解高地价和低容积率间的矛盾，使土地开发首先在经济上获得成功，进而为文化资产的保护提供有力的经济保证。

（一）新加坡城市中心区保护更新

城市经济的快速增长不断要求扩展商业空间供给，进而对城市提出更新和重新开发的要求。这就不可避免地导致具有丰富文化遗产的历史区域，逐渐被高层办公区域、购物中心、酒店和其他现代化建筑等取代。

1. 背景介绍

从 20 世纪 70 年代开始，土地的短缺使得新加坡不能像其他城市一样采取双城的模式。在城市中心区、商业活动的心脏地带，土地短缺的问题更加尖锐。在包含了唐人街、甘榜格南（Kampong Glam）、小印度等历史街区的新加坡中心区，店屋建筑（Shop house）是主要的用地类型。20 世纪 70 年代早期，这类破旧店屋建筑占据的衰落区在城市更新的进程中被拆除,让路于现代化高层建筑。唐人街、甘榜格南、小印度作为历史区域,展现了新加坡人口中三个主要民族的文化遗产。除了有着重要的历史意义和价值以外,这些地区更能展现不同民族的社区生活。然而这些地区却面临着一系列的共同问题:土地所有权零碎、传统建筑结构破旧、传统贸易衰落等。20 世纪 80 年代,政府意识到其蕴含的不可替代的价值,态度发生了转变。正如政府报告中所称:"我们在致力于建立一个现代化的大都市的同时,那些很好的体现于老建筑、传统活动及熙攘热闹的街头活动等之上的东方神秘与魅力也被我们扔掉了"。于是便开始了漫长的对这些历史建筑和民族活动进行保护的努力。

这一保护更新主要有以下几个目的:保留并恢复有历史意义的建筑物;改善总体的物质环境,并适当引入新特色以进一步提升该地区的独特性;在以新活动来巩固该区特色的同时,保留并提升各种具有民族风情特色的活动;让公共和私人部门都参与到保护计划的开展中来。

2. 更新方式

新加坡中心区的更新主要靠政府推动,偏重的是对建筑的修复。其政策和措施基本上可以归结为三个层面,分别是环境层面、经济层面和社会层面。下面将分别进行介绍:

(1)环境层面

城市更新局(Urban Redevelopment Authority)为鼓励私人部门介入遗产保护而制定了一个物质性的框架,提供了关于建筑修复的详尽指引,着力于对建筑物的修复、具体物质环境的改善以及与其他旅游吸引点的沟通连接等。具体采取的方式是在原地修复或重建,而在城市其他地方重建的处理方式比较少。因为人们认为"假古董"无论如何也比不上修复的"真古董"。正是因为如此,新加坡中心区的城市更新中,都是想方设法恢复其原来的特色和味道,"修旧如旧",而不是简单翻新。

(2) 经济层面

对物质环境的投入和修复只是迈出了成果的第一步,新加坡的更新政策重心从 20 世纪 80 年代偏重环境层面向 20 世纪 90 年代偏重经济层面过渡。政府制定政策允许市场运作,行业经营和其他活动基本上交由市场力量和自由竞争来选择,注重对城市经济活力的培养,讲究营造有特色的活动和商业氛围。其中突出的一点就是建立核心—边缘分区政策。

新加坡中心区的更新在政策上不但在很大程度上保护了历史性的旧店屋建筑,还成功的保留了反映唐人街、甘榜格南、小印度等核心地区社区生活的各种活动。在新加坡中心地区对办公、现代商业用地有巨大需求的情况下,传统的生意行业和民族活动得以成功保留,不能不归功于城市更新局制定的核心—边缘分区政策。其保护的关键特征是,在每一个保护区域内会划定一个核心区。在核心区内鼓励经营传统的行业,特别提出把店屋的第一层留作零售商店或者餐饮设施,并重新引入了传统民族特色活动。以唐人街为例,丁加努街(Trengganu Street)和庙街组成了克拉塔(Krata Ayer)的传统活动的中心。这些传统活动的聚集地点就是要复兴的对象。街头活动要重新引入,传统民族的生意买卖,如茶馆、杂货店、酒铺等也要引入进来。

在核心区之外,除了污染性的行业,一般的商业用途(包括办公、普通商业、食品外卖店和非传统的行业等),已得到批准。即在新加坡中心区的保护区域范围内的边缘区,对其他经营性行业或用途是没有硬性规定的。因此对店屋的利用在很大程度上由市场来决定,从而引导土地利用向一个更高秩序变化。

（3）社会层面

通过促进社区参与,借旅游的发展帮助解决街区衰退带来的种种内部问题,达到重建社区的目的。另外,社区介入是对旅游产品进行开发并兼收经济和社会效益的必然要求。目的地居民日益被视为旅游产品的核心,已经成为规划者所普遍接纳的目标。越来越多的城市已经从片面追求经济效益转向了对社区发展问题的重视。但是在实际更新过程中,要注意社区的多样性,避免精英主义,同时在保护历史和迎合需求之间要尽力保持一种平衡,促进社区的自我更新和健康发展。

3. 借鉴

新加坡中心区的保护首先注重物质层面,即保留并恢复有历史意义的建筑物,改善总体的物质环境;其次,通过经济层面的规定,由政府制定政策允许市场运作、行业经营和其他活动基本上交由市场力量和自由竞争来选择,注重对城市经济活力的培养,讲究营造有特色的活动吸引和商业氛围;最后,注重社会层面的建设,让公共和私人部门都参与到保护计划中,促进社区的自我更新和健康发展。

另外,值得一提的是新加坡的"核心—边缘分区"政策。该政策在新加坡中心地区对办公、现代商业用地有巨大需求的情况下,使传统的生意行业和民族活动得以成功保留。我们可以借鉴新加坡的做法,在每一个需要保护的区域内会划定一定区域,在该区内鼓励经营传统的行业,特别可以把房屋的第一层留作零售商店或者餐饮设施,并重新引入了传统民族特色活动,这将有利于城市文化和传统的体现。

（二）中国台湾新竹城市更新案例

1. 背景

位于中国台湾西北的新竹市,有着近两百年的历史,是中国台湾最早开发的城市之一。旧城区竹堑充满了历史人文遗迹,且迄今仍为新竹市民最重要的生活与商业消费中心。但因旧城产业老化,公共设施不足,现代化新区的建设完善等因素使老城逐渐失去活力。问题的严重性在于市民自发的改造更新活动,缺乏对延续历史重要性的认识。旧城肌理与空间形态受到严重侵蚀,恢复历史风貌成为当务之急。台湾未来发展定位是无烟化的科技产业及旅游观光产业,所以城市历史建筑与历史街区成为宝贵的不可再生资源。

新竹市政府经过长期的规划研究,配合竹堑旧城产业与观光的发展,建立了完善的步行交通网络,兴建了大量围绕旧城周边的公共停车场,使之适应现代生活需要;推动具有历史文化特色的公共空间环境改善工程。通过系列措施,恢复了旧城的城市生命力以及古城的质感与风貌。旧城内老店的经营、零售与服务产业都得到复兴,改善了旧城居民的人居环境品质与旧城旅游观光资源的质量。

2. 更新措施与借鉴

(1) 制定历史风貌特定专用区政策

特定专用区政策最早在中国台湾《都市计划法》中明确,在城市规划(中国台湾称为都市计划)范围内的土地视实际发展的状况划定各种特定区如农业特定区、风景特定区、历史风貌特定专用区等,分别限制其使用。专用区分严格控制区和环境协调区。法律规定特定专用区内的土地及建筑物不得违反其特定用途,而且各地对特定专用区内的建筑物使用、基地面积、容积率、建筑高度、交通、景观、消防等都分别加以详细规定。

(2) 推动城乡风貌改造运动

中国台湾的城乡风貌改造运动可以溯源至美国 19 世纪的都市美化运动(City Beautiful Movement)。步入 21 世纪的今天,台湾民众殷切希望改善提升生活品质,能够生活在优质的生活环境中。

1989 年起岛内以政府补贴为经济支撑陆续开展了"创造台湾城乡风貌示范计划"。政府在每个年度的补助策略如经费分配方式、重点补助项目等会依据大环境的转变与趋势做适当的调整,以求发挥政府资金投入的最大效益。补助方式从初始的"通通有奖",逐渐调整为"竞争性为主,政策引导为辅"的补助策略,建立良性竞争体制。鼓励地方政府提出更具突破性和示范性的保护计划,用正确的观念、程序和方法,寻求地方古迹活化再生。城乡风貌改造计划实施范畴涵盖了亲山亲水空间、公园绿地、城乡公共空间、历史文化空间、都市夜景营造及社区生活环境等方面。

中国台湾城乡风貌改造运动亦存在一些问题,比如执行比例偏重于硬件设施,保护范围未很好地从建筑、街区本身拓展到文化层面,生活记忆层面,城市生活历史的层面,当然这很难;还有缺乏一致性的整体规划设计,不过可从制定城市设计准则来加以改进;另外存在民众参与程度不高,利益团体冲突等现象。但城乡风貌改造运动已成潮流,民众开始更关心环境质量,思考地方发展问题,开创了历史建筑、街区保护改造发展的契机。

（3）容积率转移与奖励政策

中国台湾较早引入了容积率转移与奖励办法来取得公共设施用地,有利于历史文化资产保存与开发。1989 年 3 月出台了《都市更新建筑容积率奖励办法》。办法规定奖励容积率可以达到建筑基地法定容积率的 1.5 倍或建筑基地的 0.3 倍法定容积率加上原来的建筑容积率。

容积率转移是一种补偿措施而不是奖励措施。它的对象限于古迹、历史建筑、有意义的公共空间或者城市规划的公共设施。前面提到实施容积率转移与奖励制度是为了历史建筑的保存维护与加速取得公共设施的土地,另外还考虑到土地所有权人及建筑物所有权人的合法权益。

以新竹市为例,"竹堑旧城历史风貌特定专用区都市计划"划定历史街区、历史街道,并对具有历史、文化价值的古建筑物、传统聚落、古街市等指定为"历史建筑"。历史建筑地块可按《竹堑旧城历史风貌特定专用区容积转移作业要点》允许一宗建筑基地将其建筑容积的部分或全部转移至另外一宗土地,以鼓励其配合保存历史建筑。还可以依据"文化资产保存法规"享受税赋减免。"都市发展局"将清代形成的旧城城垣遗址所涵盖范围指定为历史街区,并将该区内尚未开发的街道列为优先实施容积率转移对象,其空间形式定位为步行街,将历史街道构成步行网络,实现步行城市,让市民体验不同时代所遗留的空间轨迹。对沿街立面与形态实施严格的管制。结合持续利用城乡风貌改造补助资金改造市街,修复街面,创造就业机会,促进旧城复兴、发展。

(4) 公众参与和社区规划师制度(中间协调者)

社区规划师体制产生于欧美,台北市于 1989 年创建了第一届社区规划师工作团队,至今社区规划师已逐渐在社区、邻里、互联网及各层会议中崭露头角。社区规划师是一种服务性、荣誉性的角色,一种协调者的角色。一方面让其在保护过程中由下而上地了解民意,另一方面由上而下地传达政府的政策。历史建筑与街区在保护过程中有社区规划师的帮助,在历史建筑指认、调查建筑及街区的人文历史背景,确定容积率转移,帮助历史建筑物产权人申请专项维护资金补助等方面发挥了积极的作用。

台湾在历史建筑与街区保护方面注重公众的参与,尤其在引入城市设计理念以后,在城市设计方案评审中加入民众参与环节,并建立社区规划师制度。新竹市在推动"竹堑旧城历史风貌特定专用区都市计划案"时广泛征求各阶层、民间团体、学术机构的意见。先后召集来自政府部门、学术研究机构、社区规划师组织、商业机构、民间团体的人员举行多次研讨。专家学者系列论坛共有 6 次,大陆学者亦有参加。台中市在拟定城乡风貌改造计划中亦广泛听取民众意见,设计师深入社区调研,阶段成果及时公布,加强规划过程的透明度与决策的民主化。

(三) 香港洗衣街(即波鞋街)更新

1. 背景

波鞋街是香港登打士街至亚皆老街之一段花园街的俗称,位于九龙油尖旺区,是旺角的一个观光购物地点。它是一个自发形成的特色商业街区,是由特色相近的商户及购物人流自发聚集所形成。波鞋街整段长约 150 米,约有 50 多间售卖运动鞋和运动用品的店铺。因为粤语将运动鞋称为波鞋,波鞋街因而得名。波鞋街的商铺自 20 世纪 80 年代开始,因香港掀起了运动服装热潮而开始发展,至今已逐渐形成一个特色的购物区。根据行内人士表示,商铺由五大经营者以连锁店方式经营,其中允记体育用品公司便拥有 10 间以上的鞋店。在寡头垄断下,该处出售的体育用品变相划定零售价格。

2. 更新过程

早于 1998 年 1 月,当时负责市区重建工作的土地发展公司便倡议将旺角洗衣街、奶路臣街及花园街交界作为范围,当中涉及亚皆老街至奶路臣街的一段波鞋街。虽然住户普遍支持重建工作,但商户则强烈反对重建,认为复修便已足够,故重建计划一直未有启动。

2007 年 3 月 10 日,市区重建局终于落实这项重建计划,共涉及 14 幢楼宇及 175 个业权,并包括波鞋街的 16 间店铺。由于香港经济好转,预料需要付出的收购价将超逾 10 亿港元,导致整个重建计划赔本约 9 亿港元。市区重建局提出了两个发展方案,其中一个是商业、住宅两用,另一个则作纯商业发展。商场之上可能发展写字楼或酒店等商业用途。两个方案均会兴建一座面积约 3 万平方尺,楼高 3 层的运动城商场,专门售卖运动鞋和运动用品,并拟保留街铺的设计。

然而,重建计划遭到很多商户及一些区议员反对。前者担心影响其利益,后者则忧虑会令旺角失去一个旅游点。商户亦希望重建完成后,能够以铺换铺的方式作赔偿,以及让现有商户优先选铺。

在将物业视为私有产权的香港,近期也因旺角洗衣街的重建而出现拆迁冲突。而这一案例很有可能对《物权法》通过后的中国内地商业区改造所面临的问题有所警示。

3. 冲突——住户与租户利益分歧

香港特区市区重建局(下称"市建局")表示,将清拆重建旺角洗衣街(又名波鞋街)。局方提议兴建一座约 3 万平方英尺的"运动城"商场,专门售卖波鞋及运动服饰,但遭到不少波鞋街商户反对,认为应继续以街铺形式经营,保留波鞋街的特色。

考虑到波鞋街地铺赔偿金额高昂,市建局过去曾研究以复修代替重建,但最终因技术上难以"拆上保下",维持重建决定。整个重建项目涉及 170 个业权。由于香港经济景气,2006 年铺租上升,光是收购商铺的租金,每平方英尺①就预计要达 2 万—5 万港币,市建局预计整个重建计划要亏损 3 亿—9 亿港币。

但为了照顾一批楼下商铺的利益,市建局在计划开始前召开了集思会研究如何优化重建,以及提出为商务另外觅地重新开张营业的建议。

然而,这一计划却面临楼上住户的集体赞同以及楼下街铺的集体反对,从而形成了鲜明的两派态度。在市建局的审议重建讨论会

---

① 1 平方英尺约等于 0.093 平方米。

议开始后,洗衣街的住户代表和商户代表分别在大厦外示威。住户代表指楼宇有 50 年楼龄,结构已有问题,老人家上下亦十分困难,希望市建局能于月底前落实重建计划。

而商户代表则表示应复修大厦而非重建,以保留波鞋街特色。商户代表认为会议定下重建的大前提,令他们没有发言的空间。不排除采取法律行动,寻求司法复核。商户组成的"K28 波鞋街关注组"并一再重申,坚持不会接受觅地重置波鞋街建议及赔偿方案。

4. 协调——业主及租户权益均需支持

根据香港地区的收回土地条例,被拆迁人包括业主和租户,都可以获得相应赔偿。其中包括:

(1)收回土地房屋补偿(根据收回土地当日的公开市场价值计算)。

(2)地役权及临时占用权补偿(因终止地役权的补偿按收回土地时的地役权价值补偿,临时占用权补偿按占用期间的公开市值租金计算)。

(3)商业损失补偿(因收地而导致商号结束营业或须从收回物业迁往别处经营带来暂时或永久的营业损失的补偿;被迫变卖固定设备、装置、机器及存货损失的补偿;迁往别处所涉及的开支以及发放给受影响雇员的遣散费的补偿;应付或减低封路影响而须支付的开支补偿等)。

(4)特惠津贴。特惠津贴发放给拥有法律权利获补偿的业主或租户,即合法住宅用户。其中租户可获"搬迁津贴"补偿。

5. 借鉴

香港波鞋街更新的案例是一个较新的案例,现仍然处于更新的过程中。它涉及了业主与租户两类群体,具有较好的代表性。它的最终重建结果,可以为深圳借鉴,探索出内地如何有效解决业主与租户利益之间得到协调这一传统难题。尤其在《物权法》出台后,租户也开始像业主一样拥有了对物业损失索取补偿的权利,而且《物权法》出台后北京率先删除了《房屋租赁管理条例中》"住宅禁商"的字眼。这些变化都将对目前存在的大中城市住宅区内商业运营的未来去向产生重大影响。

二、修建性改造——保持用地功能不变,提升生活质量

世界主要工业化国家的城市旧城区更新尤其强调旧居住区的修整和改造。其大体经历了三个发展阶段:从 20 世纪 70 年代大规模的拆旧建新住宅,到 80 年代转为保护性维修改造和内部设施现代化,90 年代,在国际建筑业新建市场日渐萎缩的情况下,以旧住宅为主要对象的建筑维修改造业正发展成为"朝阳产业"。

由于旧城居住区更新涉及面广,矛盾突出,且与广大市民切身利益休戚相关,因此,群众对居住区更新的参与意识尤为强烈。只有立足于民,走公众参与之路,鼓励市民积极而有效地参与规划编制到规划实施的整个过程,居住区更新才可能获得真正意义上的成功。因此在修建性改造过程中,社区的参与、拆迁安置政策以及各方利益的协调等都显得尤为重要。

(一) 日本神户市六甲道站南地区更新

1. 背景

1995 年 1 月 17 日,阪神、淡路发生了 7 级大地震,这是自 1923 年关东大地震以来日本未曾有的城市型大灾难。六甲道站南地区位于神户市的东部,灾前该地区分布着大面积的旧木结构建筑,是住宅和商务等机能复合的低利用地区。地震后,70%的建筑物倾倒,死者有 34 名。

地震后 2 个月内城市规划决定了该地域的更新重建计划,更新

面积为 5.9hm²,包括公共设施(1hm² 公园,5 条地区道路等)以及 850 户住宅。

2. 冲突

规划计划公布后,居民对其中的 1hm² 公园和高层、超高层住宅表示强烈不满,成为当时最大的议论焦点。

3. 协调

虽然该地区采取第二种市区再开发的方式对该地区进行更新,但是为了协调更新过程中居民的不同意见,该项目采取了一些不同于传统第二种方式的措施,主要包括以下几点:

(1) 设立"地区建设协议会",引入咨询公司

通常在第二种再开发方式中,是由再开发主体(公共团体)与居民进行协商,咨询公司作为调查、规划的受托方不直接与居民对话。为了广泛听取居民意见,使更新项目早日付诸实施,设立了"地区建设协议会"(以下简称协议会),并让站在第三者立场上且与居民对话有丰富经验的咨询公司介入,来缓和居民与实施主体之间的对立,向协议会派遣有经验的咨询公司,帮助协议会展开工作。

协议会的具体协调方式:将再开发区域(5.9hm²)分为 4 个单元,分别设立协议会,从各街区中选取居民信赖的干部 20 名左右进行定期的协商会议。两家咨询公司分别协助 4 个协议会的咨询、沟通和协调工作。在该地区的更新项目过程中,对于居民普遍表示不满的几个问题,咨询公司制定了 6 个替代方案提供给各协议会进行讨论,然后召开居民说明会进行民意调查,最后确定规划决定变更方案。

协调结果:咨询公司处于居民与实施主体(公共团体)之间,将居民的意见和要求向其反映,协助协议会制定居民的方案。根据居民制定的方案变更了当初的城市规划决定:对公园的规模、形状以及建

筑物的高度、采光面和朝向进行了调整。

（2）将安置房提前到确定更新规划时进行，建设临时住宅、临时商店，希望取得居民对更新事业的理解和支持。

4. 资金

表 3—1　该地区改造的资金来源及使用情况

地区	收入金(亿日元)		支出金(亿日元)	
	公共设施管理者负担金	163	用地及补偿费	212
	市区再开发事业补助金	350	建筑施工费	605
	保留建筑面积出售金	333	利息及事务费	29
	合计	846	合计	846

5. 借鉴——居民参与的方式方法

在改善地区的居住环境、整改地区内的主要道路、公园等公共设施时，必须尊重当地居民的意向，并以"居民参与"方式进行地区再开发建设，有助于项目的顺利进行。今后，这种方式也将成为城市更新的趋势。

（二）重庆大渡口旧城更新

1. 背景

为了提升城市形象、改善投资环境，重庆市政府出台了一系列条例法规推进旧城更新。重庆大渡口是重庆的旧城区，市政府于 1995 年已经将该地区列为旧城改造地区。凡在这一范围内经区政府批准拆除旧式房屋进行开发建设的项目均属旧城改造项目，其中袁茄路（马王乡至柏树堡段）两侧临街地块和湖榕路、湖滨路、文体支路（西段）东侧地块为旧城改造的重点区域，其他为旧城改造的一般区域。为了配合旧城改造工作的进行，在重庆市《批转市建委关于主城区危旧房改造工程实施意见的通知》（渝府发〔2001〕41 号）的基础上，政府还专门制定了《重庆大渡口加快旧城改造的实施办法》。

2. 目标

整个项目遵循政府主导,市场运作;统一规划,分片实施;突出重点,渐次推进;政企结合,充分发挥驻区企业的积极性和主动性;旧城改造与新城建设相结合,以新城建设促进和回馈旧城改造。

3. 拆迁措施

(1) 实施统一拆迁,加大拆迁安置力度

①凡列入旧城改造的片区,均由政府统一拆迁(开发业主自愿委托拆迁的除外),即区政府指定所属部门或单位为项目拆迁人,并指定具有拆迁资质的单位实施统一拆迁。对旧城改造片区内现有的文化、教育、体育等公益设施的拆迁、安置按有关法律、法规执行。

②严格执行拆迁安置方案,对拒迁户由区政府组织相关职能部门、执法部门依法实施强制拆除。

③旧城改造片区内的拆迁工作应按照"系统包单位、单位包住户"的方法组织拆迁,凡在拆迁公告期内搬迁的,给予提前搬迁奖。

④对旧城改造片区内的居民户,鼓励采用货币安置。居民户较多的旧城改造片区,若开发商要求自行拆迁的,可由开发购买或在新城内另建经济适用住房小区异地安置。

⑤在旧城改造片区内的企、事业单位,原则上不原地安置和回迁,鼓励旧城内的企、事业单位在新城选址迁建。迁建可以采取单位自建或通过市场运作以开发带建设两种方式实施。

(2) 成片改造,严格控制零星改造

旧城改造项目每宗用地原则上不低于 15 亩。对低于止限额且不影响其周边地块开发改造的旧城改造项目,应报区政府审议。对零星的危房拆除,原则上由区土地整治储备中心收购土地,异地安置,待成片改造时再回收所垫支的安置费用。

（3）严格控制新城的经济适用住房项目

除征地拆迁还建房、旧城改造安置房外，一律不审批在新城建设经济适用住房。

（4）加强城市设计、提升城市形象

凡重点区域内的成片旧城改造项目，应进行城市设计，以利于提高城市品位和档次。区规划、建设等相关部门要大力支持并严格把关。

（5）明确职责，加快推进

凡重点区域内的成片旧城改造项目，项目业主在项目立项前与区政府签订框架或意向协议书，框架性或意向性明确双方的职责，并对项目前期工作、拆迁安置、开工、完工等提出明确的时限要求，对"久划不拆、久拆不完、久拆不建、久建不完"的旧城改造项目，按有关规定处置。

（6）加强协调服务

区政府成立旧城改造领导小组，对规模较大的旧城改造项目成立指挥部，负责综合协调解决旧城改造项目的有关问题，协助开发商办理有关手续。

4．奖励政策

为了保证拆迁工作的顺利继续，政府还制定了相应的优惠政策鼓励拆迁的实施：

（1）凡是基本符合渝府发〔2001〕141号、渝建发〔2001〕147号、渝建发〔2002〕170号规定的旧城改造建设项目，区政府及相关职能部门积极支持并大力协助其申报危旧房改造项目，享受市里危旧房改造的优惠政策；确实不能享受危旧房改造政策的，积极支持并大力协助项目业主申报经济适用住房，享受经济适用住房的有关优惠政策。

除此之外,区政府和相关部门再给予以下优惠:

①凡在该区从事旧城改造的房地产企业,除按市地税局《关于房屋拆迁过程中有关营业税政策的通知》(渝地税发〔2002〕156 号)及相关税收优惠政策执行外,区政府将该企业在旧城改造项目上所缴纳的营业税中区财政所得部分的 70% 给予奖励。

②凡在该区注册的房地产企业在区内从事旧城改造的,区政府对该企业在旧城改造项目上所缴纳的所得税中区财政所得部分的 100% 给予奖励。

③城市建设配套费区财政所得部分 100% 返还。

④土地出让金由区财政所得部分 100% 返还。

⑤确因用地限制,其绿地率无法达标的项目,经区规划、建设部门同意,由区建委指定异地建设相应的公共绿地补足,不再收取集中绿化费。

⑥凡区属部门及相关事业单位的行政事业性收费,一律减半征收。涉及区属部门和单位的经营性收费,一律按低限收取。

⑦拆迁单位除必要的工作经费外,免收一切规费和服务费。对违法违章建筑及其附属物,无条件拆除,不予补偿。

(2)对搬迁单位在新城迁建房屋及附属设施所交土地出让金和城市建设配套费区财政所得部分的 50% 返还给搬迁单位。

5. 借鉴

政府通过旧城改造与新城建设相结合,由新城提供改造中的拆迁安置房,同时通过严格控制新城的经济适用住房项目,保障拆迁过程中征地拆迁还建房、旧城改造安置房的充足供给;在拆迁过程中设立提前搬迁奖鼓励住户提前搬迁,保证了拆迁的进度;同时规定改造地块的最小面积,控制零星改造;另一方面,政府通过财政所得返还及税费优惠等措施鼓励开发商参与旧城改造,保证其开发利益。

（三）佛山祖庙—东华里片区改造

祖庙—东华里片区改造项目是佛山市旧城镇改造的示范项目，是佛山市"三旧"改造项目的典型代表。它位于禅城区老城区中部，属佛山古镇的核心区域，占地面积 960 亩，涉及户籍人口 9 635 户，3 万余人，规划总建筑面积 150 万平方米。该片区改造前是佛山文化古迹保存最完整的历史街区，片区内包括 22 处文物保护单位，其中的祖庙和东华里为国家级保护单位，简氏别墅为省级保护单位。2007 年，禅城区委区政府精心组织，倾全区之力，全面展开该项目科学规划、文化传承和和谐拆迁等相关工作，初步形成多方共赢的良好效果，成为禅城建设精品文化和精品城市的示范项目，并将对禅城区乃至佛山市经济社会发展产生积极而深远的影响。

1. 项目背景

祖庙东华里片区，处于佛山老城的核心位置，是一个具有相当历史文化底蕴与鲜明传统风貌特色的地区。片区内有 22 处历史文物保护单位，其中包括祖庙和东华里两个国家级历史文物保护单位。片区内保存下来的明清历史建筑、街巷、民居群在佛山是首屈一指的。这些具有较高价值的历史文化遗产是地区乃至佛山市的宝贵资源。但是由于相应的建设管理措施与发展目标不明确；长时间缺乏整体合理的建设规划；长期近似"冻结式"保护，导致了本地区更新滞后。外加上个世纪八、九十年代大量新建建筑在体量与风格上都未能与片区历史风貌相协调，对传统风貌造成了一定程度的损害。同时，由于旧城改造工作推进较为缓慢，规划区内大量建筑年久失修，已经成为危房，市政基础设施常年得不到维修与完善，严重地影响了该地区居民生活质量的改善与提高以及社会经济的进一步发展。地区发展缺乏活力，影响了城市环境形象的提升。

近年来，广佛都市圈作为珠三角城市群中极具竞争力的城市组合体，随着产业结构、交通联系、社会交往、文化同构等特征条件的日趋成熟，在政治、经济、文化等方面的联动发展势头不断得到加强。特别是城市商业商务旅游等活动功能将形成互补，进一步加强了广佛都市圈作为南粤文化中心的作用力。广佛地铁一号线祖庙站、普君北站和祖庙商业中心的建设，为祖庙东华里地区的改造和发展带来新的机遇。面对地铁、商业、旅游等多种发展动力条件，如何处理好地区传统风貌保护和城市更新的关系成为地区发展的重要议题。该片区虽地处城市中心，但现状已不能代表佛山城市发展水平，祖庙东华里片区改造已迫在眉睫。

2. 改造实施

祖庙东华里片区改造是佛山最大的旧城镇改造项目，其最大特点是将"政府引导、规划引领、属地实施、市场运作、分步推进、各方受益"，创新了政府主导的和谐拆迁、净地出让土地的方式，彻底打破以往单体翻建、小修小补的改造模式弊端。该片区改造拆迁 9000 多户，没有一例上访事件，实现零上访，成为广东"三旧"改造成功的典范。

（1）因地制宜，文化立意

祖庙东华里项目不仅仅是旧城改造，也是一项文化建设工程。城市的竞争，最终是文化的竞争；城市的品位，取决于文化的品位。相反，历史文脉的断裂，意味着城市个性的丧失，城市综合竞争力的减弱。如何在片区改造中展现佛山特有的城市风韵，传承历史，摆脱"千城一面"旧城改造通病，始终是区委区政府决策的重中之重。

祖庙东华里片区改造一方面将结合环境风貌恢复部分古镇历史景观和历史建筑，拆除影响历史风貌的现代建筑物，改善基础设施，并辟出部分街区作原生态保护和展示；另一方面，在引入现代商业元素的同时，鼓励民间手工艺以及老字号进驻经营。通过该片区改造，传承岭南文化精髓,重塑佛山老城辉煌,使该片区成为展现岭南广府文化的窗口,成为独具一格的真正象征古老佛山精神的文化街区,并发挥其在佛山建设"文化名城",以及禅城建设广佛都市圈第二核心区进程中所不可替代的作用。

历史文化保护与弘扬要求,已在指导片区改造的控制性详细规划中进行了落实。2008年6月,该片区控规通过了市政府审批。规划以祖庙、东华里、历史风貌街区为发展主轴,用现代化的手法保护和改造片区内众多优秀历史文化建筑,通过资源价值的空间合理分布来分区保护、利用,营造出一个彰显古镇特色、洋溢着历史文化氛围的城市空间环境。在引入时尚现代生活元素与配套设施的同时,保留好片区丰富的历史文化内涵,充分挖掘佛山岭南历史文化特色,体现融合时尚元素与岭南文化的风情风貌。也正因为此,2009年祖庙东华里片区—佛山岭南天地的总体规划设计一举获得3个国际大奖,其中包括被誉为国际最高奖的"美国建筑师协会——区域及城市设计荣誉奖"。

(2)机制创新,措施到位

祖庙东华里片区改造是佛山以至全省规模最大、涉及面最广的旧城改造工程,项目推进所遇到的问题、困难甚至压力都是前所未有的。禅城区委区政府坚定不移地沿着加快提升中心城区综合竞争力这个方向,扎实推进祖庙东华里片区改造这个重点项目,把项目落实作为贯彻科学发展观的重要抓手,解放思想,积极探索,创新机制,有效保障了该片区改造工程的顺利实施。

①创新旧城改造模式

传统的旧城改造模式一般交由开发商完成动迁、补偿安置与拆迁改造全过程,因各方面限制改造规模和改造效果不尽人意,也易因拆迁问题影响社会稳定。在祖庙东华里片区改造中,禅城区委区政府创新采用"政府主导、统一规划、整体更新"的改造模式,从机制上有效地保障了片区居民的利益,对整个片区的文物保护、资源整合利用发挥了统领性作用。

②创新项目统筹机构

2007年,禅城区成立以区长为组长的"祖庙东华里片区改造工程领导小组",下设办公室和拆迁安置、国土规划、文物研究、政策研究、法律顾问、房屋拆除、管理协调等多个专责小组,全面铺开项目实施各项工作。2009年,根据项目实际进展情况,禅城区委区政府适时对项目组织架构进行了调整。领导小组作为该项目的决策机构,负责制定重大方针政策;设立祖庙东华里片区改造工程指挥部,作为该项目执行机构,具体负责组织、统筹、协调和指挥工程各项工作;指挥部下设办公室、动迁协调部、房屋拆除协调部和房屋建设安置协调部。全区上下形成联动机制,条块互动,实现协调联动、密切配合、运转高效的良好运行模式。

③创新项目动态管理

该片区改造是整体动迁、分期实施。在推进片区动迁工作中进行了许多创新尝试,如建立动迁工作信息化管理平台,实行科学动迁;建立特殊个案审批机制,成立现场决策小组,程序规范、依法公正地解决问题;成立片区改造工程临时党委,充分发挥党组织的先锋堡垒和党员的先进模范作用。随着动迁工作深入,及时部署和提前介入文物保护、治安保卫和房屋拆除管理等工作,并积极开展历史建筑构件抢救性拆卸保护工作,有效保障了项目建设要求。

④创新资金保障工作

为确保项目实施工作顺利进行,禅城区委区政府坚持特事特办,采用创新思维科学调度资金,将所有涉及工程资金的文件加急办理,及时拨付各项工程资金、拆迁安置用房用地款及其他各项工作经费。

同时，主动接受社会各界监督，制定项目资金管理办法，通过政府公开招标引入国际知名的毕马威会计师事务所为片区改造项目提供财务咨询和审计服务，确保资金规范高效和安全运作。

（3）以人为本，阳光动迁

祖庙东华里片区原有 8 个居委会。项目动迁及安置工作直接关系到数万群众的切身利益，也是项目成败的关键一环。正是在"统筹各方利益，群众利益在首；实现多方共赢，民赢为先"的思想指导下，最终确定了符合广大居民利益的《祖庙东华里片区改造项目房屋拆迁补偿安置方案》及《祖庙东华里片区改造工程动迁问题处理指南》等配套政策，并分别就合同、补偿计算方法、安置房、产权、税收政策、委托拆迁手续办理、住宅超基本装修差价补偿方案等九大部分进行详细指引。

为确保祖庙东华里片区改造项目拆迁补偿安置中的公开、公平、公正，维护广大被拆迁户的合法权益，妥善解决拆迁补偿安置过程中的争议，禅城区土地储备中心通过法定程序，确定产生了祖庙东华里片区改造项目土地、房地产及资产评估单位。拆迁区域的产权人如果对拆迁补偿、装修有异议，可以通过抽签的形式选择以上相应评估单位中的一家进行评估，评估后按评估价格补偿，不能享受政策优惠。评估费用由责任方支付，即评估结果小于或等于拆迁补偿安置标准的，评估费用由被拆迁人支付，评估结果高于拆迁补偿安置标准的，评估费用由拆迁人支付。

祖庙东华里片区改造项目房屋拆迁补偿安置方案拆迁补偿实行房屋产权调换、货币补偿、产权调换及货币补偿相结合的方式，由被拆迁人自行选择。选择货币补偿的，面积以房地产权证记载的合法建筑面积计算；选择产权调换的，面积以房地产权证记载的合法建筑面积扣除公共分摊面积后计算。区政府组织相关部门进行了深入细致的调查研究，专门委托有资质、信誉好的中介公司反复进行评估测算,参照禅城区和周边房地产市场的现状,对货币补偿标准作了较大幅度的上调。按照《拆迁补偿安置方案》,住宅货币补偿的基本标准分别为:钢混结构 5 000 元/平方米,砖混结构 4 800 元/平方米,砖木结构 4 500 元/平方米。在此标准的基础上,从入户动迁开始计算,在前 3 个月内签订合同者,每平方米奖励 1 500 元。商铺货币补偿的基本标准最低为 6 000 元/平方米,最高达 62 000 元/平方米;办公用房货币补偿价格为 6 000 元/平方米。在此标准的基础上,从入户动迁开始计算,在前 3 个月内签订合同者,每平方米奖励基本价的 15%。

同时,做好拆迁户周转房或一次性安置房的租购工作,并对低保户、低收入家庭等困难群体采取临时补助和在确保人均住房保障面积前提下分类帮扶、妥善安置,保证他们不会因为拆迁而出现新的困难,同时保证他们的居住条件有所改善。

3. 改造成效

禅城区全力推进的祖庙东华里片区改造工程,不仅为了历史文化资源的保护利用,更为了改善居民生活居住环境,提升城市环境形象,从而实现土地集约、环境改善、完善配套的改造要求。片区改造后,容积率将由改造前的 1.46 提高到改造后的 2.90。建筑密度将由改造前的 70% 下降为改造后的 40%。公共绿地面积将由改造前的 0.53 公顷增加为改造后的 4.58 公顷。公共设施用地将由改造前的 22.59 公顷增加为改造后的 26.04 公顷。

(四) 成都东郊危旧房改造

1. 项目背景

成都市经过 5 年"东调",为城市发展做出突出贡献的大企业已成功搬迁。然而,为现代工业贡献了一辈子的 10 万老工人们却留在了老厂生活区内。为改变这些居民的生活状况,成都市又启动了东郊危旧房改造工程。如果说东郊企业生产区的搬迁改造是东郊第一次"涅槃",那么东郊企业生活区改造工程就是东郊的第二次"涅槃"。通过改造,将不成套房改成套房,将危房改成安全房屋,将条件差的旧房改造为具有良好人居环境的新居。

东郊区的危旧房大多修建于20世纪六七十年代,漫步生活区,只看到墙色斑驳、光线昏暗、几代人挤在二三十平方米的小屋子中。一层楼几家人共用厨房与卫生间。为此成都市政府下决心投入80亿元对其进行改造。目前,在五冶(攀成钢)生活区和川棉厂生活区,已同步启动该项工程,预计11月开建。3—5年内,东郊将建起150万平方米窗明几净的新房。如此大面积的住宅群中,不会出现一间纯商品房。每一间,都将是给"老东郊"们的安置房。

2. 项目目标

项目的改造范围锁定在成华区内万年场片区、府青路立交桥片区、建设路片区、双林路片区、府青路片区5大区域,惠及约1.8万户,6万多人,预计拆迁总面积86.2万平方米,初步预测需要建设150万平方米的安置房。工程概算投资80亿元,成都市政府补贴15亿元。拆迁改造采取一套旧房换一套新房的措施,改造采用4种安置方式:原地安置、就近安置、异地安置、认购政策性住房安置。搬迁安置标准执行一套旧房换一套新房的安置政策。每户适当增加套内建筑面积,具体为原地安置增加10平方米,就近安置增加15平方米,异地安置增加30平方米。从套型面积标准上看,套一型房屋建筑面积不低于48平方米;套二型房屋建筑面积不低于65平方米;套三型房屋建筑面积不低于80平方米。上述增加的套内建筑面积按房屋基准造价购买。超出标准最低只售2 200元/平方米。未超出应安置面积标准部分,被改造房屋所有人按基准造价购买;对超出应安置面积标准部分,被改造房屋所有人按成本价购买。安置房屋基准造价为 2200 元/平方米,原地及就近安置房屋成本价为 4 850 元/平方米;异地安置房屋成本价为 3 216 元/平方米。拆迁住户优先享受套内面积计价。对于放弃安置的住户可购限价商品房。

3. 拆迁协调

通过调研小组对五冶(攀成钢)生活区、川棉厂生活区的入户调查统计,结果表明住房搬迁改造意愿达到 85%,改造业主、成都市政府的全资国有公司——成都市城投集团将调整优化安置房建设方案,以便启动安置房建设。惠民工程的安置房建设,由于规模较大,将分期进行。按照城投资集团的安排,将同时在川棉厂生活区、被改造五大片区和团结、东升村片区,分别修建用于原地、就近安置房和异地安置的房屋达 150 多万平方米。

同时政府为了方便住户了解改造政策,对居民印发了一本《成华区川棉厂、五冶(攀成钢)生活区危旧房改造惠民工程(试点)便民手册》。《便民手册》中,不仅讲述了工程实施的动作模式、背景、安置方式,相关结算办法、补助、奖励、补偿标准,甚至还为居民附上如何计算新房面积、应补差价的范例。

被改造房屋所有人符合成都市公共住房保障制度规定条件,并愿意放弃在改造规定地点安置的,可以认购经济适用房或限价商品房一套。符合条件可申请廉租补贴。被改造房屋所有人符合廉租房租金补贴条件的,可以申请廉租房租金补贴,经审批合格后可领取 5 年租金补贴,物管费补贴 8 年。被改造房屋所有人将改造房屋用于自住用途的,物业管理费由改造业主每月按 0.5 元/平方米补贴,补贴自交房之日起延续 8 年。

4. 奖励政策

政府制定了相关的搬迁奖励政策,搬得越快,得到的奖金将会越高。被改造房屋所有人在搬迁改造工程启动两个月内,签订改造搬迁协议并腾空交付被改造房屋的,一次性奖励人民币 10 000 元整;三个月内完成,一次性奖励人民币 8 000 元整;四个月内,一次性奖励人民币 6 000 元整。过渡补助费被改造房屋建筑面积 40m² 以下的(含 40m²),每户补贴 600 元/月,被改造房屋建筑面积 40m² 以上的,每户按照每平方米 15 元/月补助过渡费。搬家费现房安置的搬家费为 300 元/户,期房安置的搬家费为 600 元/户。附属设施补偿被改造房屋所有人的房屋如有以下附属设施,由改造业主按下列标准进行赔付:天然气初装费:3 200 元/户;电表为户表的:1 200 元/户;宽带移机:320 元/户;电话移机:58 元/户;光纤:340 元/户;空调移机:200 元/户。

5. 借鉴

在东郊危旧房改造中,为让东郊的老百姓真正得到实惠,政府补贴 15 亿元,并出台六大政策惠民。一、可选择原地或就近安置方式,并对其进行不同的面积补偿。二、未超出应安置面积标准部分,被改造房屋所有人按基准造价购买;对超出应安置标准部分,被改造房屋所有人按成本价购买。三、被改造房屋所有人免交公摊建筑面积购房款。四、被改造房屋所有人符合成都市公共住房保障制度规定条件,并自愿放弃在改造规定地点安置的,可认购经济适用房或限价商品住房一套。五、被改造房屋所有人符合廉租房租金补贴条件的,可以申请廉租房租金补贴,经成都市住房保障中心廉租房办公室审查批准,一次性领取 5 年廉租房租金补贴。六、物业管理费由改造业主进行补贴。补贴时间自交房之日起长达 8 年。改造房所有人在过渡期还享受补助过渡费,宽带、电话、空调移机等费用也将按标准赔偿。此外,惠民工程危旧房改造以院落或幢为单位,在征得 85% 以上住户同意后,方可实施改造,成熟一幢改造一幢,成熟一片改造一片。

东郊企业生活区改造惠民工程片区示意图

图 3—1　东郊生活区改造工程示意图

（五）广州越秀区旧城改造

1. 背景

越秀区是广州市最古老的城区,人口密集,商业发达,破损房、危房广泛分布。1990 年越秀区有直管危房 382 幢,建筑面积 9.09 万平方米,私有危房 1 025 幢,建筑面积 12.27 万平方米,其他旧房、破损房更多。1993—2003 年,越秀区维修改造直管危房共 648 幢,建筑面积 16.29 万平方米;维修改造私有危、旧、破损房共 2 299 幢。全区直管危房和私有危房占全市同类危房比例下降至 2003 年的 3.45% 和 11.29%。1996 年越秀区率先在全市完成抢修 1989 年在册出租私有危房的任务;2000年底,提前一年完成1997年在册危房和海珠北路仓前街等三处重点危房维修改造任务;2001年首次实现直管危房"当年发现,次年修复";2003年以来,越秀区按照"以人为本,根治危房,改善社区居住环境,为民办实事"的危改工作新思路,实施7处危改建绿工程,形成了"抽疏旧城区居住密度,结合危改建设绿色小区"的危改工作新模式。这7处危改建绿工程共拆除危、旧、破损房134幢,建筑面积1.88万平方米,建造绿地0.97万平方米,永迁安置461户共1 299人。当然,与广州其他区相比,越秀区城市历史悠久,城市基础设施较差,城市规划、城市配套的历史遗留问题较多。破损房数量仍然很大,其中还有相当部分是属于政策保护的侨房,使得动迁成本更为高昂,破损房改造的任务仍很艰巨。

2. 过程

越秀区的旧城改造主要经历了以下阶段。

首先是采用小修小补的方式修缮危房,局部更新。在原有建筑的基础上加层并进行外装修或是拆除原有的旧建筑进行新建和扩建。这一模式是最初的危房改造零散修补做法,能增加一定的城市容积,一定程度上改善了当地的环境,适度提高了居民的生活质量,且工作量少、影响波及面小,投资少,见效快。但是对城市整体面貌很难改,如处理不当,可能与城市总体规划相冲突,甚至影响城市整体面貌,破坏原有城市环境,增加后期改造工作的难度。这种危改模式只能治标不能治本,缺乏长远的战略规划。且由于房屋改造与市政改造无法同步进行,必然造成顾此失彼,很难做到综合治理。

在随后的旧城改造中,政府引入了开发商。1998—2001年旧城改造由政府与开发商合作融资进行,政策上减免税费,通过房地产开发商滚动开发,达到改造旧城目的。这种模式固然能吸引部分社会资金用于改造,但是成功改造的案例很少,不成功的反而留下了无穷后患。一是合作方拖欠临迁费,被拆迁户多次上访,二是合作者享受了旧城改造优惠政策,但用地手续不完善,贷款、建房售楼都以政府的名义,投资风险极大。与此同时,一些合作者用了政府的安置房,但未能按期付款。此外,有的开发商下落不明,有的开发商已没经济能力,无法安置危房住户或修缮房屋。这种模式不但给政府工作带来被动,也给拆迁户造成严重后果。

鉴于开发商在旧城改造中的种种弊端,政府一度禁止旧城改造中开发商的参与,改为采用政府主导、折危建绿旧城改造模式。2003年越秀区通过分析全区房屋状况,确定了"保护中心城区风貌,抽疏居住密度,结合危破房改造建设绿色社区"的旧城改造思路。根据各自然街地段的人文、商业和地貌特点,采取综合维修与拆平相结合以及零散改造与成片改造相结合的方式,力求维修改造后的城市景观与周边社区环境和谐统一,还致力于把老社区改造成为绿色小区,形成了"抽疏旧城区居住密度,结合危改建设绿色小区"的新模式。同时以创造城市绿色景观为原则,在危房集中地块推行拆危建绿,降低老城区住房密度和人口密度;以综合维修和创建绿色社区为原则,因地制宜地改造零散危房;按照生活居住区与商业区、办公区相对分离的原则,居民居住区内不再开发新的专业街、专业市场,将改造危房、保持古城历史风貌以及显示现代都市气息有机地结合起来,同时积极推进景观工程建设,以凸显越秀区深厚的历史文化底蕴。这种模式主要适用于旧城区高密度危房改造。但是这种模式不是按照市场公平原则进行,市民群众缺乏自愿主动参与意识、与政府不能互动。在拟改造的区域内贴拆迁公告,使得业主没有发言的机会。主管部门与业主之间往往会产生各种的摩擦。同时改造成本较高,资金筹集也有一定难度。

由于改造过程中主管部门与业主之间的摩擦所带来的问题,越秀区的旧城破损房改造转向新的方向——以人为本、政群互动综合改造模式。2004 年以来,越秀区开始积极探索,建立"政府统筹、居民参与、拆旧建新、改善环境"破损房改造新模式。根据生态城区建设的要求,抽疏房屋,增加绿地面积,增建公共配套设施,建设现代都市生活区。采取整治与复建相结合,以小高层建设和绿化、美化为主,总体规划,拆一块改一块,分步实施,滚动推进的方法。

这一模式的具体措施有:一是采取多项鼓励措施,尽可能减轻私房业主的经济负担,调动私房业主参与破损房改造的积极性。对直管房住户实施异地安置,腾出的空地用于绿化、消防通道用地;私房按规划整合重建,私房业主原地安置不少于原房产面积,每平方米补交新房建筑成本和原房屋残值的差价数百元(相当于房改房的价格);其二是建立健全的改造工程实施规范和程序。按照"市、区、个人各出一点"的原则筹措改造资金,市、区两级政府每年制定财政预算,确保资金到位,使改造工程从规划立项、资金筹措、安置补偿、施工管理、财务管理等各方面工作都形成系统的管理规范和程序,实现廉洁高效优质的改造工程。

这种模式最大的优点在于引入了民主机制,为最大限度地实现人民群众的利益创造了互动的平台,真正体现了以人为本的理念。在选择实施旧城改造危破房重建项目前,有关政府部门在拟改造的区域内,通过对业主、住户发放征询调查问卷,公示规划方案,召开业主大会,使得超过 70%的业主同意,政府才与业主共同协商实施改造计划。这种模式的困难在于,对于个别业主拒绝参与旧城改造,目前还没有妥善的解决办法。如何制定救济措施,以保障该地段破损房改造规划如期实施,是一个迫切需要继续探索和解决的突出问题。

　3. 借鉴

广州越秀区的旧城改造几经波折,从一开始的简修解危式改造到后来的以人为本、政群互动综合改造,每一个模式的转变都是改造过程中矛盾激发的结果。在旧城改造中,不能只进行小规模的修葺而缺乏长远的战略思考,同时在引入开发商进行改造时要通过健全条例法规来约束开发商的开发行为;"拆危建绿"式的旧城改造方法值得借鉴,但这一过程中必须充分考虑被拆迁户的安置与赔偿问题,积极取得拆迁户的配合;按照"市、区、个人各出一点"的原则筹措改造资金适度缓解了改造过程中的资金紧缺问题,而通过对业主、住户发放征询调查问卷,公示规划方案,召开业主大会等方式寻求改造业主的同意进行集体改造也是值得借鉴的方法,但是如何制定救济措施,以保障该地段破损房改造规划如期实施,是一个迫切需要继续探索和解决的突出问题。

三、重建性开发——改变使用功能,优化用地结构

(一)新加坡牛车水旧居住区更新

1. 更新主体

在新加坡牛车水旧居住区的商住混合区的案例中,更新主体都是政府,并且在改造的过程中引入了开发商。政府作为更新主体,都主要负责改造地区的规划制定、土地征集和出售以及资金筹措。开发商在其中主要充当开发建设的角色。

2. 更新方式

新加坡政府在住宅建设时避开房屋密集的市中心区,选择在城市边缘地带最先起步。在市区人口减少到一定程度、新区住宅充足的情况下,政府才集中力量改造旧城。为了取得较高的经济效益,组屋以高层住宅为主,一般都是几十层的板式住宅,少数为20多层。每个组屋区都有完善的设施,超级市场、熟食中心、诊疗所、学校、图书馆、购物中心和游乐场一应俱全。组屋区的公共交通也十分便利。

新加坡牛车水旧居住区改造属于将旧居住区改为商住混合区的成功案例。新加坡政府通过控制该地区内建设参与者产权的改造模式实现该地区的更新。

首先,新加坡各层规划涉及牛车水地区时都保持一致。这个做法是维护改造成果促进改造开展的有效途径,即城市各层次规划涉及到同一个改造项目时应该保持规划的一致。新加坡牛车水旧城改造中,1971 年制定的总体规划,1988 年制定的牛车水保护规划,1990 年制定的控制规划,20 世纪 90 年代末制定的牛车水旅游发展规划都对牛车水地区的改造项目做了不同层面的规定和指导,并做到规划的一致,利于改造项目的开展。

其次,通过对牛车水地区城市改造的制度研究,可以看出新加坡政府是如何通过定义产权的方式实现其按照规划目标,通过该地区的更新建设的三大制度的实行,控制了牛车水地区城市建设参与者的产权,并最终决定了城市更新的结果。一是租金管制令。该管制令规定屋主不得向租户收取高于政府规定水平的租金,亦不准驱逐租户。二是土地征用法。1966 年颁布的土地征用法规定:国家出于"公共利益"的需要,随意征用土地充作商业、居住和工业等用途。在此情况下,牛车水地区的店屋就被大量征用。三是土地出售计划。1967 年起,城市改造处推出了土地出售计划。零散的土地在被征用整理成为熟地地块后,通过招标的方式租让、招标时,开发商对于土地的开发权是受到限制的。

3. 借鉴

新加坡牛车水改造旧居住区的改造能够获得成功,首先是由于政府对于该地区的各层次规划都能够保持一致,使该地区的改造成果得到有效维护。我国的城市规划从总规纲要到详细规划同样有多个层次,因此,对于同一个地区,应该在各层次规划中都尽量保持发展目标、建设强度等的一致。其次,政府通过租金管制令、土地征用法、土地出售计划三大制度有效控制了参与者的产权,使该地区的更新在政府的控制下进行。

(二)上海卢湾区太平桥"新天地"里弄改造项目

1. 背景

上海新天地是一个具有上海历史文化风貌的都市旅游景点,它是以上海近代建筑的标志石库门建筑旧区为基础,首次改变了石库门原有的居住功能,创新地赋予其商业经营功能,把这片反映了上海历史和文化的老房子改造成集国际水平的餐饮、购物、演艺等功能于一身的时尚休闲文化娱乐中心。从 19 世纪中叶开始出现的石库门建筑有着深深的历史烙印。它是中西合璧的产物,更是代表了近代的上海历史文化。然而随着城市的不断发展,昔日风光显赫的石库门早已不能满足居住需求而渐渐淡出历史舞台。瑞安集团早在 1997 年就提出了一个石库门建筑改造的新理念:改变原先的居住功能,赋予它新的商业经营价值,把百年的石库门旧城区,改造成一片充满生命力的新天地。该项目总投资约 1.5 亿美元,于 1999 年初动工,第一期的新天地广场于 2001 年底建成。整个项目包括南北两个地块。对原有建筑的改造再利用,比较集中地体现在"一大"所在的北侧地块。方案有选择地在地块中部,拆除部分保留价值比较低的旧建筑,改建成内部步行街。通过周边的小型休闲广场或步行街入口,将主要人流引入。再通过两侧弄堂,将人流从内部的步行街分流到周围建筑群。在对建筑的改造上,由于新的餐饮、娱乐功能需要的是完整、开敞的大空间,因此原有建筑仅保留外墙面,内部结构均重新建造。在基本保留原有空间格局和外形的基础上创造了新的室内空间在外部。所有改造均遵循"整旧如旧"的方针。

2. 更新过程

　　首先项目是政府与企业合作开发。由政府对区域进行文化定位和价值定位,由企业按照市场机制进行经济运作。政府借助有实力的外商大企业的国际渠道和力量为待改造区域做好整体规划。"新天地"原占地 52 公顷的整个石库门建筑旧区被规划为现代综合园区,包括办公、住宅、商业和休闲四个功能区域。又以"新天地"为先行启动项目,利用外商大企业进行整体开发。

　　其次以环境促发展,以人文环境和自然环境带动地区经济增长。由开发商先行投资,为太平桥地区打造人文环境和生态环境。以环境建设提升整个地区的品质和地价,由此在后续发展的办公、住宅和商业项目中获得投资回报。同时在功能定位上,改住为商,多位一体。由于原有石库门建筑基础设施落后,翻新改造后也较难达到 21 世纪居住的要求。为此,原住的 2 300 户 8 000 余人全部动迁。旧石库门的居住功能被改为商业功能。借鉴国际上一些地区的做法,旧石库门被注入了诸多时尚的商业元素,引入了知名餐饮娱乐企业入驻。同时,"新天地"还是各类时尚文化活动的开展地。

　　同时采用现代技术手段,实行"保留性改造"。在改住为商的同时注意保护原有的历史风貌,对原有石库门建筑群实行"保留性改造"。同时采用现代技术手段"整旧如旧",使建筑风貌与"一大会址"保持协调,而内部按照现代生活要求进行翻新改造。传统的对历史街区保护的原则有三条:一是保护历史的真实性,要尽可能多地保护真实的历史遗存,对历史建筑积极维护整修,做法上可以保护外貌、整修内部,即外观按历史面貌保护修整,内部可按现代生活的需要进行更新改造;二是保护风貌的完整性,要保存整体的环境风貌,不但包括建筑物,还包括道路、街巷等各个构成要素;三是维护生活的延续性,维持原有的社会功能,积极改善城市基础设施,提高居民生活质量,促进经济的繁荣。在第一点上,"新天地"采取了保护历史街区的做法。但在后两点上,新天地却与其存在差别,尤其是功能定位上。"新天地"改住为商,从投资方式到经营方式,完全按市场化、商业化方式运作。事实证明以"新天地"为启动项目的太平桥地区改造是较为成功的。在经济效益方面,虽然投资高达 10 多亿元,但由于"新天地"的品牌效应,带动了周边房地产地价的提升。房价从最开始的每平方米 8 000 至 10 000 元,上涨到现在的每平方米 2 万元。此外在 2003 年底新天地荣获国际房地产界大奖。在社会效益上,"新天地"被誉为"张望城市的窗口"而名扬天下。

3. 借鉴

上海卢湾区"新天地"的改造,通过"保持历史风貌,内部功能置换"的方法实现了对历史地段的保护。通过引入开发商完成了街区功能的置换,从而实现街区的更新。在这一过程中,政府的引导、配合和促进是必不可少的。该改造因涉及有关规范的突破,需要规划、文管、消防等部门的协调和相关政策的支持。同时由政府对区域进行文化定位和价值定位,由企业按照市场机制进行经济运作,这样的改造模式在国内堪称典范。

第二节 工业区再造

工业区改造是涉及社会、经济、环境、文化等诸多方面的综合课题。通常,工业区改造一方面需要解决城市景观败落、服务设施匮乏、生态环境恶化等环境建设问题,另一方面必须面对经济职能衰退、失业人员增加、社会矛盾加剧等社会经济问题,同时还必须考虑工业厂房利用、地方特色保护等文化资源问题。面对如此复杂的综合课题,需要从城市乃至区域全面、整体发展的角度出发,战略性地确定老工业区改造在社会、经济、文化、环境、资源以及城市建设等方面的发展目标,努力实现各个方面的共同发展,而不是仅仅关注物质环境建设本身。

从国内外的经验来看,成功的工业区改造大都是与其城市发展综合考虑的结果。例如,在社会方面,应以保持社区活力、维护社会公平、建设安居乐业的和谐社区为目标,努力增加新型就业岗位,促进社会结构重组,避免出现人口贫富分化、居住空间分离、社会待遇不公等新的社会问题。在经济方面,应以优化产业结构、调整产业布局、维持当地经济发展的持久活力为目标,大力发展现代服务业、现代制造业和创意产业等新型产业,促进经济职能转换。在文化方面,应以传承地方历史文脉、保持地方文化特色、提升城市文化品位为目标,积极保护既有地方特色,促进历史文化的有机传承,避免地方文脉的断裂和地方特色的消失。在环境方面,应以环境污染治理达到规定标准、生态系统部分恢复自然状态为目标,努力治理环境污染,保障当地生态环境安全,避免历史遗留的环境污染和生态破坏问题成为未来城市发展的隐患。在资源方面,应以转换使用功能、提高利用效率、完善功能结构为目标,合理利用工业用地和工业厂房等资源,在传承地方文化的同时有效提高多种资源的利用效率,避免因为过分强调资源利用的经济效益而导致出现土地利用性质单一、土地开发强度过大等不合理现象。在城市建设方面,应以美化城市景观、整合城市肌理、完善基础设施、优化空间结构为目标。通过对土地利用的更新改造,形成新的城市街区,避免因为尺度、肌理、形态等方面的巨大差异而成为城市整体空间结构中的"孤岛"。

一、广州 TIT 创意园

(一) 项目概述

广州 TIT 纺织服装创意园位于海珠区新港东路,地处广州新中轴线南端,总占地面积近十万平方米。TIT 创意园以建于 1956 年的广州纺织机械厂为基础 ,进行公园式改造。它是广州向世界展示创新力量的平台和广州新文化设施脱胎于旧厂房的样板 。

(二)改造实施

由于该项目位于《广州市新城市中轴线南段地区控制性详细规划》范围内,用地性质主要为绿地。在市、区政府及"三旧"部门的指导下,该企业充分利用"三旧"政策,采取不改变用地性质、房屋权属和建筑物主体结构,最大限度保留园区老工业厂区有价值的原始建筑体貌特征及原生态环境的方式,对旧厂房"修旧如旧",对周边环境实施整治,临时调整使用功能,改造为 TIT 国际服装创意园。其改造模式可总结概括为"临时改造、修旧如旧、企业运作"。

整个项目分为创意工作区、发布展示中心等六个大片区,以服装创意为中心理念,集聚世界各地最新信息、展示潮流产品、进行商务活动交流等多种功能为目的的新时代服装创新平台。在尊重历史的基础上,以按照原貌进行修复的作为指导原则、大量保留原有有机生态及无机工业痕迹,尽可能重现往昔风貌。总投资约一亿元,投资方为深圳德业基投资控股集团有限公司。

1. 保留厂房,改造出租

TIT 创意园没有把原有旧厂房拆除,而是保留了并加以修复,使之改造用于商业和出租,同时也保留了纺织工业元素,如:新建了纺织工业博物馆。

2. 保护环境,营造氛围

TIT 创意园保留了广州纺织机械厂的生态原貌,使园区内绿树成荫、鸟语花香,成为广州市中心难得的一块原生态创意园区,同时通过营造环境,实现了创意的氛围。

3. 政府牵头,开发商经营

改造中,市政府牵头广州纺织工贸集团与深圳德业基集团有限公司携手对广州纺织机械厂进行改造。改造完成后,将由德业基负责经营管理,纺织机械厂参与分成。

(三) 改造效益

1. 经济效益

改造前连年亏损,改造后租金收入由开园初期的 60 多元每平方米上升到 200 多元每平方米。目前年收入近 1 亿元,带动相关行业产业链年产值 150 亿元。

2. 社会效益

改造后的园区已成为广州市新中轴线南段绿轴上一颗耀眼的明珠。园区一期工程现已吸引到一批国内外时尚界著名设计师、名模、名企、名牌进园发展,包括:著名设计师邓达智、刘洋、屈汀南、知名模特王东等分别在园区设立了设计工作室。爱帛服饰(Mo&Co. 法国品牌)、匹克、美思等 56 家全国著名企业也分别设立办公室。着力打造成为主题突出、品味独特的中国现代纺织服装时尚业的高端服务名片,着力构建涵盖华南地区、辐射东南亚的服装设计、研发、发布与展示的专业平台,最终成为集聚服饰研发、创意设计等高端要素和引领文化时尚的全国知名创意产业园。该项目 2010 年纳入广东省重点建设项目及广东省首届现代服务业集聚区示范项目,现已成为广州市旧厂房改造的成功标杆典范,为其他"三旧"改造项目提供辐射和示范作用。

3. 环境效益

改造后保持整个园区的容积率小于 0.5,确保园区宽敞、开放、舒适、宁静,建筑密度由原来的 60% 降低到 28%,绿化率超过 50%。作为开放式的园区,其休闲、时尚、高雅、舒适的园区环境与新电视塔、赤岗塔公园等景观融为一体,已经成为市民休闲旅游的重要场所。

二、武汉汉正街都市工业园区更新

(一) 背景

古田老工业区位于武汉市硚口西部、汉口城区西部的汉江边下风带。该区域水陆交通便利,自"一五"计划起,在历次城市计划和城市总体规划中,该区域都被作为城市重要的工业区来进行控制,并且一直延续至今。该区域的工业类型以轻工、化工和中小型机械工业为主。自 20 世纪 80 年代起,为避免今后工业用地与生活居住用地失衡,武汉市开始逐渐限制该工业区的无规划扩展。然而,随着多年经济结构的调整,以及市场需求对工业生产的影响,目前该区域内的大多数企业都陷入了困境。古田老工业区内现状建筑以厂房为主,现状总建筑面积为 189.5 万平方米,其中工业厂房占 54%、配套设施建筑占 38%、住宅建筑占 5%、公共服务建筑占 2%。现状工业类型包括医药、化工、机械、印刷等。各个企业虽相互毗邻,却围起院墙自主发展,资源分散,缺乏共享的配套服务设施。古田地区多数企业处于停产、半停产状态,3 万多名工人下岗,47 万平方米的厂房大部分处于闲置状态或被改作临时仓库。

同样位于硚口旧城核心位置的汉正街在历史上是辐射中西部地区最大的日用小商品集散中心。改革开放后一直是闻名全国的个体私营经济发展的排头兵。但由于采用单一的流通模式,交易方式比较落后,特别是近年来缺乏产业支撑,长期处于二级市场的地位,汉正街的综合竞争力逐渐削弱。此外,作为武汉市重要的旧城风貌保护区,汉正街区域内不具备扩大生产规模、建立新型都市工业区的空间。因此,汉正街制造业向外围转移,即向同属硚口的古田老工业区转移成为城市更新的原动力。

　　这种同级行政区内的资源调配不仅能传承原有制造业知名品牌的影响力,而且能通过空间拓展,循环利用闲置的工业资源,为区域经济增长打通渠道。

(二) 更新思路与过程

　　针对传统的老工业基地改造方式主要有两种:"退二进三"和征地新建工业区。征地新建工业区需要利用城市新征用地,基础设施投入大、建设周期长、成本高,且土地一级市场利润低。传统改造方式会导致历经几十年建起的原工业设施和配套设施不同程度的浪费,使数十万平方米的闲置厂房不能得到有效利用,这样,老工业基地改造的历史难题仍然得不到解决。

　　城市更新应重点谋求城市统筹协调、实现多方共赢。因此,工业区改造规划应以盘活存量资源为主,整合区域品牌优势,采用"退二进二""工贸互动"、以都市工业发展带动老工业基地发展的全新模式。

　　首先保留工业文脉,加强产业链,建设特色产业群。改造根据产业分布、发展方向、资源特色等确定工业区空间格局,着力构建节约型产业结构,提升层次。

　　其次是盘活工业存量,统筹发展,集约使用土地。工业区改造采用社会、经济规划与物质形态规划并举的创新模式。在社会、经济规划实施方面,不仅专设管理运作机构,而且分设建设管理和资产运作部门,以土地收购作为筹集前期建设资金的主要渠道,调用社会多方资源,如积极吸引民营资本,部分利用政府解困专款,争取缓交职工部分社保金等,在短期内构建工业区改造平台。在物质规划方面,以基础设施、生产环境、公共服务及人文设施为主要着眼点,根据近期和中长期不同的改造时限,对地块进行有效细分,形成便于启动和推进实施的模式。近期改造选择 $1km^2$ 区域作为建设启动区,集中发展优势企业。由土地资产经营部门负责分期、分批收购土地,使土地权属与经营权分离;建设管理部门负责根据规划整理现状土地,完善基础设施和环境设施。中长期改造以城市上层次规划为导向,严格控制沿江景观带、城市主干道沿线及未来居住生活用地的发展空间,限制在控制带内做较大规模的工业投资,鼓励产业类型相近的企业聚集。同时为节约成本,改造确立了以改建、扩建为主,最大限度利用现有工业设备、营销渠道等资源的设计原则。根据外部环境等对现有厂房和各类建筑进行分类,采用保留翻新、改建、新建三大方式,以保留翻新为主(约占工业园区总建筑量的45%),对建筑外部立面、屋顶、门窗进行装饰翻新,对建筑内部根据工艺流程和客户需要进行平面或竖向分割。同时改建类不能完全利用或需要调整使用规模以及使用功能的建筑及设施(约占工业园区总建筑量的40%)。此外整理原工业区内的零星用地,新建工业厂房,建设科技楼、接待楼等各类配套服务设施(这类建筑占工业园区总建筑量的15%)。

最后改造还运用城市设计手法,塑造园区整体特色,设置主题公园;利用线性绿化串联危房拆除后留下的零星用地,强化各园区门户和节点设计;为加强对外交流和宣传,根据园区的分期建设,滚动开发厂房、绿化、市政、道路。在汉正街都市工业区按照规划进行建设的过程中,地方政府还积极制定了一系列产业优惠、人员安置的政策,不仅实现了工业企业的顺利转型,而且安置了大批下岗职工,发展形势良好。

(三) 借鉴

武汉汉正街都市工业园区改造以工业区为更新主体,事实上是两个工业区的联动改造。这种通过区域内不同工业区产业资源整合来实现的资源调配不仅能传承原有制造业知名品牌的影响力,而且能通过空间拓展,循环利用闲置的工业资源,为区域经济增长打通渠道。

三、武汉锅炉厂老厂区更新

(一) 项目背景

武汉锅炉厂位于武昌,建于 1956 年,紧邻雄楚大道,约占一个街区。50 年代建厂时这里还没有路,但从 80 年代中起,由于城区的发展,人口、交通分布的改变,该地区逐步成为片区商业中心的最佳区位。随着位于洪山石牌岭路口亚贸广场在 1995 年建成开业,这一带的商业气氛开始浓郁起来。不少沿街宿舍底层居民或开窗营业,或破墙开店,或将房屋出租经营。1995—1996 年,随着国家提出"3—5年停止新建热电项目",武锅的生产销售遇到很大困难,职工收入受到影响,更多的沿街房屋底层住户(包括一些二层住户)将房屋出租。90 年代末期,武锅沿武珞路的四栋三层住宅楼底层已基本转变为商铺,商业一条街自然形成。另一方面,商业街也出现了一些问题,首先是使用功能改变,原有的水、电及其他配套设施没有改变,造成污水横流、垃圾满地、占道经营及通道照度不足等问题。同时大量的人流也带来了治安问题。

(二) 更新过程

1997 年起武锅的经营进行改制,在精简机构后继续发展。为了让厂区居民有更好的生活环境、更多的工作机会,让区域焕发出更大的活力,1999 年,老厂区改造正式提上日程,并设立了社区管理办公室,负责对现有店铺进行管理,同时构思改造方式。

最初的改造方案仅改造一楼,这样搬迁居民最少,投入资金也不大,但后来在二、三楼住户的强烈要求下,通盘考虑最终决定将四栋三层沿街宿舍楼的 135 户居民全部迁出,然后进行整体改造。

武锅找来投资开发商签订合同:由投资商出资,在厂区内部另择地建住宅楼安置搬迁居民,并由设计人员对这四栋住宅进行改造设计,最后的改造方案仅保留了原建筑的屋面和沿街面部分墙体,对结构体系做出了调整。除中间两栋住宅侧墙间增加保留原有社区入口外,群体两栋住宅的侧墙间增加楼梯,自动扶梯通往二、三层,并添加过街楼使之连成整体。在二、三层间形成一条220余米长,5米宽的室内步行街,并在两端头各加建一个楼梯以满足消防需求。对水、电、空调、排气通风都按功能要求重新布置建设,并增加了路灯、垃圾箱,扩建了门前步行道。改造中几乎原封不动地保留了原有绿化,而设在其门前的公共汽车站及亚贸广场地下停车场共同构成了完善的交通服务体系,为顾客提供了方便。

改造完成后的三层商场共9 000余平方米,命名为"广域长廊"。由于除外皮外几乎全部重做,又更新了设施,实际耗资达千万,单从建设投资上讲并不比推倒重建更经济。但改造工程按照六年期临时建筑上报,手续较简单,赢得了时间和商机。改造也缩短了施工时间,整个项目施工只用了四个月时间。

这个项目的改造中,政府也采用一定的扶持手段,在宿舍用地改为商业用地的报批中仅收了很少的费用,从而也吸引了开发商的投资。店面通过出租给各零售商,其收益在七年合同期限内按规定比例分配。

目前广域长廊所有铺面均已出租,按武汉市目前普通沿街商场价值计算,开发商一两年内即可收回全部投资。改造工程从2001年9月开始,2002年2月土建基础建设改造完成,5月投入使用。现在的广域走廊交通通畅、店面整洁、整理有序、顾客盈门。与亚贸广场共同形成洪山商业副中心,并和临近的中南路共同构成了全市范围内有吸引力的商业中心。它的改造开发一方面尽量保留了原建筑体量,保持了整个社区肌理的完整性,延续了人们对这一区域的历史认同感;另一方面创造了数以千计的岗位,为下岗分流人员创造了机会。

(三) 借鉴

武锅的改造充分体现了市场的引导作用,可见城市更新工作更多应该根据市场的发展来开展。这也是城市更新开展应该认识的一个方面。同样,政府在规划上的指导以及在审批流程及费用上的支持都是工业区改造顺利进行必不可少的方面。

四、上海田子坊

(一) 项目概况

田子坊位于泰康路 210 弄,属卢湾区打浦桥街道辖区内,南面泰康路,北至建国中路,东临思南路、西迄瑞金二路,是目前上海所剩不多的典型里弄建筑格局。它原是 20 世纪 50 年代典型的弄堂工厂群,由上海食品工业机械厂、上海钟塑配件厂等六家工厂组成。20世纪 80 年代由于产业结构调整,这些工厂效益逐年下滑,有些厂房闲置多年。1998 年,上海艺术家陈逸飞带着他的工作室来此,田子坊开始脱胎换骨,画廊、酒吧、咖啡吧、艺术工作室一家家出现,如今被称为上海视觉艺术的"硅谷",上海创意产业的发源地(倪慧,2007)。

(二) 项目背景

1. 泰康路艺术街的发展

泰康路原名贾西义路,20 世纪 30 年代是打浦路地区的一条小街,具有 80 年历史。街道两边的房屋中西合璧,过去一直是马路集市。1998 年 9 月政府实施马路集市入室后将泰康路路面进行重新铺设。卢湾区区委、区政府的目标是要将泰康路打造成为打浦桥地区特色街。1999 年卢湾区政府与街道办事处将泰康路定位为工艺

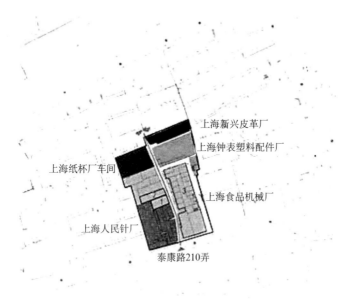

上海新兴皮革厂

上海钟表塑料配件厂

上海纸杯厂车间

上海食品机械厂

上海人民针厂

泰康路210弄

图 3—2 田子坊改造前状况

资料来源:孙施文、周宇,"上海田子坊地区更新机制研究"。

品特色街,通过对旧厂房、旧仓库及旧民宅的转让和置换,引入来自国内外一批从事创意设计的艺术家、画家和设计师加盟。

2. 田子坊的发展

田子坊在上世纪 30 年代是一典型的弄堂工厂。1930 年,中国画家江亚尘偕夫人荣君立入驻贾硬义路志成坊(今泰康路田子坊)隐云楼,创办了上海新华艺术专科学校和艺术家协会。20 世纪 90 年代由于产业结构调整使得厂房闲置,2 万多平方米的厂房陆续出租给理发店、裁缝店、家具店,甚至成为零零散散的小吃摊。1998 年开始,陈逸飞工作室、王劼音画家、尔东强艺术中心、郑炜陶艺工作室先后入驻田子坊,开始了田子坊新的发展;1999 年,画家黄永玉为泰康路 210 再题名田子坊;2000 年 5 月,打浦桥街道办事处以盘活资源、增加就业岗位、发展创意产业为目标,对田子坊进行改造,开发旧厂房2万余平方米,吸引来自法国、丹麦、英国、加拿大、新加坡、日本、爱尔兰、马来西亚、中国香港、中国台湾等国家和地区的162家企业,形成了以室内设计、视觉艺术,工艺艺术为主的产业特色。2004年11月田子坊首间石库门民居对外出租,2005年4月28日田子坊授牌为上海创意产业集聚区。如今,田子坊每天都有各类画展、书展、收藏展、摄影展、雕刻展、音乐沙龙、钢琴咖啡吧、时装发布会、中外歌舞表演、新潮的个人演唱会等举办(周晓等,2011)。

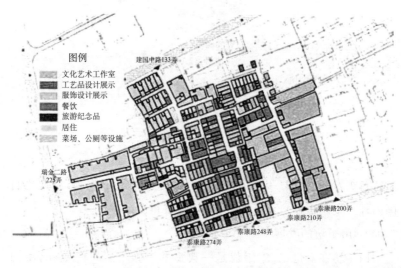

图3—3　田子坊当前空间使用分布状况(2013年1月)

资料来源:孙施文、周宇,"上海田子坊地区更新机制研究"。

(三) 主要特征

1. 民间主动改造更新之路

田子坊的更新改造是一种自下而上,小规模由当地居民自发组织起来的更新模式。田子坊的发展最初是一种自发的民间力量。田子坊目前的局面,一大半来自石库门民宅的"居改非",即由居住用途改作非居住的商业用途。根据打浦桥地区原先发展规划,泰康路近瑞金二路将拆除旧房,新建高级住宅,建成后约有 400 套房,可容纳 1 200 名居住人口。当时一家台湾开发商看中了田子坊所在地,按照当时的市中心房价,这里建成的商品房或商务楼,每平方米至少在 11 000 元以上",巨大的经济利益直接威胁着田子坊的生存。居民及入驻企业坚决反对拆除这块文化宝地,于是联名签字写信致政府希望不动迁。最终,民间力量获得了成功。此后的《上海市泰康路历史风貌保护与利用规划方案》中,泰康路以北、建国中路以南、瑞金二路以东、思南路以西的地块将作为泰康路历史风貌区得以保留,并发展成集里坊居住、创意产业为一体的现代新型里坊社区(管娟,2008)。

2. 构建了多方参与的利益共同体

街道办事处最初利用政策、管理和人脉资源,将空置厂房的使用权转租给文化发展商。该发展商运用市场化运作,通过招徕著名艺术家入驻,打造了田子坊创意工厂的品牌,吸引更多的艺术商家加盟。在其形成一定规模效应后,且周边地区拆迁处于僵持阶段时,街道办事处及其负责人抓住上海产业发展热点,向市政府主管部门申报创意产业集聚区,获得市级机关的支持与扶植;推动"田子坊石库门业主管理委员会"和其他居民自发自治组织的筹建,鼓励商家成立知识产权保护联盟等组织;借力世博会筹办,申报世博会主题实践区和国家级旅游景点,运用人大代表和政协委员的提案权等。与此同时,街道办事处负责人还广泛邀请了包括城市规划、文化保护、城市历史、产业经济等专业在内的著名专家考察、调研、座谈,一方面为其工作的开展出谋划策;另一方面则通过媒体放大其效应,之后更是利用国内外政要、精英的到访机会,进一步扩大社会关注效应。

目前,田子坊已经吸引了社会的多种力量参与到更新过程中,形成了一个多方参与的利益共同体。利益共同体的队伍随着更新进程的不断推进而不断扩大,其中还包括支持创意产业园区发展的经济学家、政府经济管理部门,支持石库门保留、保护的建筑师、城市文化学者、历史文化保护者、城市规划师以及文化管理部门,支持地方经济发展的学者和政府部门,支持时尚休闲业发展的传统和新兴媒体以及广大的年轻消费者等。此外,居民、商家等还成立了相应的自治团体或联盟,地区成立了由街道办事处及居民等参与的管理委员会,各类媒体尤其是时尚杂志、报纸以及网络频道等保持着持续的关注,由此共同构成了"增长联盟"似的共同利益网络(孙施文等,2015)。

3. 形成了"自上而下"与"自下而上"两种形式管理运作模式

一种是政府牵头成立的艺委会,在方向性的产业形态和性质上对入驻单位进行把关审核,并不直接介入具体的经营活动,主要在完善服务、加强协调上多做文章。主要政策有"三个服务体系"(入驻企业工商办证一条龙服务、创意工房装修过程中的全方位服务、入驻企业后勤经常性的服务)。

另一种是由居民成立的业委会。居民直接和入驻企业达成协议出租房屋。居民拿着租金去附近公寓租房,除去租房的房租还有剩余,既提高居住水平,还有收益,并且由此带动了周边二手房市场的发展(管娟,2008)。

4. 街道办事处在更新改造中发挥的特殊作用

最初,街道办事处利用国有和集体资产改革的机会,在设立泰康路工艺品特色街的基础上,将空置的厂房与文化商人合作创办"上海田子坊投资咨询公司",进而营造了早期的创意工厂。通过将石库门里弄住宅中的一处街道办公用房由投资咨询公司进行改造,进而出租给服装设计师设置工作室,由此拉开了"居改非"的大幕。由于这家公司既有街道办事处的背景,又是一家独立公司,既规避了街道办事处带头进行"居改非"的风险,对广大居民的"居改非"起到了示范作用,而且使政府城建、工商、治安等机构难以实施及时有效的执法。

此外,在拆迁改造对峙中:一方面街道办事处及其负责人在行政体制内从维护社会稳定、保障居民利益角度提出不同意见,利用街道具有的"会签权"对相关部门的执法实施制衡,利用产业发展谋求市级政府部门的支持,利用人大代表身份提出反对议案等;另一方面,联合艺术家群体向市领导撰写联名信,邀请各方专家研讨带动舆论并主动联系媒体发出呼吁。通过投资咨询公司进行石库门改造带动居民群体力量,鼓励地区居民和商户成立自治团体和联盟等。通过这些作为,街道办事处及其负责人把体制内外的各种力量极好地串联扭结起庞大的社会网络,从而主导了田子坊地区的更新进程(孙施文等,2015)。

第三节　城中村改造

一、广州猎德村改造

(一) 项目概况

广州猎德村处在广州规划中的珠江新城中央商务区的黄金地带。为了实现完整的中心规划,让广州的 CBD 真正成形,政府对猎德的改造决心相当坚决。另外,随着新光快速干线猎德大桥从猎德村穿过,更加大了猎德村改造的迫切性。猎德改造于 2007 年 10 月开始拆迁,至 2008 年 1 月 15 日正式开工。整个建设工期约 3 年,至2009 年底基本完成。届时,6 条依次排列共 37 栋的高层建筑将矗立在桥东复建安置区。改造后的新猎德,将完全融入珠江新城现代化建设之中,使得传统岭南水乡与现代都市集于一身。同时,改造后的猎德村,村民的收入和居住环境都将得到改善。

广州猎德城中村改造模式可归纳为"政府主导,村集体为改造主体,借力房地产开发商,采用'三分制'土地使用原则,通过土地产权置换获取改造资金"的改造方式。

(二)主要特征

猎德村改造项目自启动以来一直备受广州市政府、专家学者和市民的关注。广州市政府对采用何种改造模式也斟酌再三。通过对猎德城中村的实际情况调研,专家认证、村民民意调查等资料的整理,最终形成猎德村的改造模式。其最鲜明的特征体现在组织形式、改造方式、资金筹措和工作思路上。

1. 高效的组织形式

猎德城中村改造确立了以市、区政府为主导,村集体为改造实施主体的组织形式。这种组织形式通过"市—区—村集体"三个层面协调分工,职责明确地监控、管理、实施改造猎德村。其主要形式是:由市政府负责城中村改造的指导,明确改造的总体要求,并给与政策支持;区政府负责统筹组织、指导编制城中村改造方案,协调解决城中村改造中遇到各种难题;村集体是城中村改造的实施主体,负责做好土地调查确权,组织改造的征地拆迁、补偿、搬迁等活动,并按照基本建设程序的要求,全面实施城中村改造。这种组织形式的确定,在充分发挥政府主导综合考虑全社会整体利益的优势下,有效地弥补政府主导的一些缺陷,发挥村集体与村民这种一脉相传的作用,杜绝或尽可能减轻来自村民的阻力。以钉子户为例:首先,随着我国个人维权意识的增加,任何改造模式下均有可能出现钉子户。差别只在于这种风险的大与小。猎德城中村改造也不例外。2007年5月和7月,村集体两次召开股东代表大会,经全体股东代表表决,虽然以98.6%的高得票率最终通过了《拆迁补偿安置方案》,但毕竟还是产

生了 4 户需要通过法律程序解决的钉子户问题。采用该组织形式就
能将这种政府主导和房地产主导下的外界与村民的外部矛盾转化为
村民内部矛盾,从而有利于问题的解决。

2. 创新的土地利用改造方式

猎德城中村改造的土地利用方式是采用所谓的土地使用"三分
制"原则(土地的三分之一用于村民安置、三分之一用于商业开发、三
分之一作为村集体经济预留地)推进。猎德采用此原则,将本次猎德
城中村改造的用地划成桥东安置区、桥西商业区和桥西南经济发展
地三片,将原来的握手楼区分别改建成花园式小区、商业用地和村集
体酒店,既给了村民实惠,解决了村民的后顾之忧,也让开发商有利
可图。

3. 土地产权置换资金

猎德城中村通过拍卖三分之一的商业地块引进社会资金。该举
措盘活了城中村自身的土地资产。通过拍卖地块 93 928 平方米,共
筹措资金 46 亿。通过自身土地资产置换资金,符合了广州市政府投
入,村集体不投资,开发商不直接介入的改造资金筹措原则,而且效
果良好。

4. 多方利益均衡的工作思路

城中村改造过程中要处理好政府、城市发展与村民三方利益的
平衡。猎德城中村改造提出了让利于民、改善群众生活环境质量和
改善城市环境面貌的工作思路。其主要包括土地拍卖所得全部用于
城中村改造;对市政府权限范围内的各项税费均按拆一免一的原则
给予减免;市政道路建设、河涌整治工程结合猎德整体改造同步进
行,所需资金由市政府投入;同时,猎德村整体改造工程纳入市政府
重点建设项目和绿色通道。另外,高容积率也是猎德村能够顺利改
造的原因。通过这些政府主导的措施调控政府与开发商、政府与村

集体和开发商与村民之间的利益冲突,最终实现村民得到实惠、村集体经济得到壮大、开发商得到利益、城市面貌得到改善的目的。

二、西安李家村更新

(一)背景

李家村位于西安市雁塔路以西,长胜街以东,友谊路以北,煤炭研究院以南地区。距西安的政治、经济、文化中心地带——旧城仅1公里之遥,交通便捷,地理位置比较优越。其周边也是居民分布密集区,人气较旺。改革开放以来,这里迅速自发地形成了服装加工市场,吸引了大批江浙一带的布料批发商来此经营,并发展成为服装城。随着经营规模的不断扩大,农民为了增加出租房面积,将原来的一、二层房陆续加高至五、六层,既没有预留消防通道,又没有结构上的抗震设防,隐患重重。该商城建筑密度非常高,仅有的两条通道不足3米宽,常住人口就有12 000多人,人流稠密,加之该地区纵横交错的商场布局,杂乱无章、交织错乱的各类电线,狭窄拥挤的小通道,摇摇欲坠的简易楼房,给该商城埋下了种种隐患。全区内没有消防栓,一旦发生大的火灾时只能从异地接水,必然失去最佳救火时机。这里的安全和消防隐患已威胁到李家村及周边居民的生命财产安全,同时影响了市场形象,也进一步限制了服装市场的经济发展。

由于李家村服装城存在着重大安全隐患,于2004年被国家公安部列为全国十大消防隐患市场,要求彻底整改。因此西安市委、市政府决定实施李家村改造,以消除重大安全隐患为重点,以区域综合改造带动经济发展为核心,交由碑林区政府统一规划、统一组织、统一拆迁。

（二）更新情况与借鉴

在政府主导、以区为主，市计划、规划、土地、房产、建设等各部门通力配合下，李家村改造项目很快完成了立项、规划、定点、用地、拆迁的审批手续等前期准备工作，并于 2005 年 12 月进入了拆迁实施阶段。

这一项目改造过程中有以下几点经验。

首先改造由政府主导，以区为主，各部门通力配合以及政策上的支持是李家村改造的重要保证。市委、市政府高度重视，以消除重大安全隐患为切入点，将李家村改造项目列入各级政府的议事日程，作为"城中村"重点改造对象，并制定了与"城中村"改造相关配套政策法规，包括结合实际制定出的拆迁安置补偿标准和实施方案，并在拆迁改造中严格执行，从而保证了李家村改造的顺利实施。

其次，整体改造，科学规划，市场运作，最大限度发挥地缘优势是李家村成功改造的关键。李家村原有集体土地只有 47 亩，尽管能满足消除安全隐患的要求，但是项目亏损巨大，很难吸引社会资金投入，单靠政府，也不能得到圆满的改善。所以项目实施主体区政府确立了整体改造，市场运作的思路。为了从根本上解决消防隐患和提升整体环境商业价值，将该区域扩大到 88 亩，基本涵盖了李家村周边基础设施落后，功能不完备，环境恶劣的地区。并组织规划部门进行方案设计，通过科学论证，确立改造方案的方向是在消除安全隐患的基础上，保持古城风貌特征，融合现代时尚风格的一座综合商业城。市政府首先投资 3 500 万元启动了李家村北路的改造工程，为该项目注入了活力。加上广泛宣传李家村的投资商机、优惠政策以及通过科学规划、估算投资利润等措施，保证投资商利益，最终引来了全国百强企业大连万达。协议签订后，万达公司投入拆迁资金 3 个多亿，使李家村改造项目顺利启动。

最后,把群众利益放在首位,是李家村成功拆迁改造的基础。政府首先以宣传消除重大安全隐患为切入点,宣传安全隐患对居民人身财产的威胁、对公共安全的威胁,宣传政府改造的决心和为了消除重大安全隐患可以强制拆除的有关政策,并做好了强制拆除的司法准备,形成了强大的拆迁舆论氛围。同时又提出了以下让群众得到实惠的措施。如区政府全面分析了李家村的现状、成因,科学预测了拆迁量和项目的盈亏平衡,制定出切合实际的拆迁安置补偿标准和实施方案,其标准普遍高于《西安市城市拆迁实施细则》规定的最低标准;在安置上充分尊重民意,提供了货币安置和实物安置两种方案供群众选择,还对按时搬迁的人员制定了一系列奖励优惠政策;同时在改造过程中为浙商以及经营户提供了一个 9 600 平方米的过渡市场,免收一定期限的工商费和营业税等。政府在法律和政策允许的范围内,想方设法最大限度降低因拆迁给搬迁户带来的经济损失,做了大量艰苦的协调工作。

第四节 小 结

一、城市更新如果从单纯的物质环境改造出发不能解决城市发展面临的各种问题

城市更新不能只注重物质性表象问题,采取简单化的改造措施。把更新改造注意力集中于城市空间景观、风貌等表象性问题上,对旧城背后的历史、经济及社会问题关注不够,城市更新的结果将收效甚微,犹如英美 20 世纪 30—40 年代的清除贫民窟运动。

二、城市更新要遵循市场规律,但又不能完全依靠市场化的作用

城市的发展、土地用途的转变都有市场化机制在起作用,因此必

须遵循市场规律,不能完全依靠政府的行政力制定改造方向,否则,更新很可能会偏离政府的规划方向,造成资源浪费。深圳八卦岭工业区改造就曾经出现过类似的情况,即工业区没有按照政府制定的以住宅为主的改造方向,而是成为了城市中极具活力的就业地带,用地向混合功能方向发展。

但是,如果更新完全市场化的机制,将出现高收益物业排斥低收益物业的结果。改造后的城市功能将偏向单一化,破坏了城市的多样性,最后导致城市中心区的萧条。中国城市土地利用的问题已比较突出,提高城市土地利用效率将会是今后土地利用管理的重点。在旧城更新改造过程中,吸收美国学者简·雅各布斯"混合功用"的思想,提高建筑设施的使用效率,是解决目前我国城市建设资金及土地利用紧张问题的一个有效办法。

三、城市更新的各个参与方应该加强沟通和合作

城市更新是一个涉及多个部门和机构的综合性事业。从政策制定上看涉及土地、规划、环境等各个部门;从资金来源上看涉及政府、私人各个方面;从组织机构设置上看涉及中央与地方、公共部门与私人开发商等各个层次。因此,城市更新的顺利开展必定需要各个参与方,不论是直接参与还是间接参与,都加强沟通与合作。很多城市更新不能推进,很大程度上是由于各个参与方没有互相配合,缺乏沟通、合作造成的。

英国伦敦码头区的更新中曾经出现过开发公司缺乏与地方政府及其他公共机构合作沟通的现象,导致开发公司单方面将土地以比土地市场价格低的价格出让给开发商,使开发商成为最大的受益者。最终结果是导致更新资金不足的局面。

四、城市更新的成功有赖于建立一个真正有效的城市更新管治模式,亦即要有一个包容的、开放的决策体系,一个多方参与、凝聚共识的决策过程,一个协调的、合作的实施机制,防止公众利益的缺失

目前我国许多旧城改造项目由开发商的商业利益所支配、由政府部门给予配合的运作模式。这正是西方所盛行的市场主导、公私合作的管治方式。如今这种方式在西方已经被证明是忽视社会效益的,是不成功的。只有将社区力量纳入决策与实施的主体之中,与公、私权力形成制衡,才能有利于城市更新多维总体目标的实现,才能保证更新效率与公平的统一。在这方面,加强社区居民的参与(例如建立面向社区的沟通对话机制、举行公听会、建立和完善复议与申诉制度等),重视社区的真正需求(如合理补偿,尽量安排原区安置等),减少社会人文资产的流失,是我国城市更新政策中必须深入研究和解决的问题。

改造过程中不能只考虑少数群体的利益而忽略公众的利益,特别是一些社会弱势群体的利益,从而滋生社会不稳定因素。应该充分发挥政府部门的宏观调控作用。市场经济条件下的宏观调控更有利于维护城市的整体利益和公众利益。在城市改造过程中,政府部门和城市规划都应从公众利益出发,改造政策的制定应能最大限度地体现公众利益的要求。

五、城市更新应该有计划、有序进行,避免出现由于无计划性导致的乱拆乱建情况

政府部门绝不能急功近利,更新应该通盘考虑,应把城市改造与解决城市的功能结构、生态环境及社会问题等各种问题有机结合起来,在坚持城市发展的可持续性原则下循序渐进地改造,顺应城市发展的自身规律,树立正确的城市改造观,考虑城市的长远发展要求,协调好更新各方面的利益,以促进城市的稳定繁荣为最终目的。

深圳罗湖旧城改造就出现过了改造无计划性的现象。20 世纪 90 年代的大规模改造过多依赖开发商的力量,出现了热火朝天的旧城改造现象,表现出了规划控制的无力和建设的无序。由于旧城改造工作缺乏较权威的规划管理控制和引导,以及这种体现局部利益和无序的旧城改造方式,使得原有的规划被活生生地拆散。凡是和开发商利益相关的规划要求都被调整到符合他们的标准上来,与开发商无关的规划内容就维持不变。于是,出现了道路还是原来的规划断面,地块容积率却大幅度上升,使得旧城的问题变得更复杂,环境更糟,市民意见也更多。

六、城市更新应该防止出现过度开发的现象

不能把城市更新等同于房地产开发,在中国当前的城市更新热潮中,尤其要处理好城市更新与房地产开发的关系,防止少数开发商和利益团体利用城市更新牟取暴利,破坏城市更新的效果,更不能简单地将其作为衡量国民经济增长速度的重要指标。

七、合理确定城市更新的方式,谨慎采用大拆大建式的改造

城市更新不能只采用一种形式。国外 20 世纪四五十年代以及我国以往的城市改造中往往只采用大拆大建的方法来达到更新的目的,严重破坏了城市的肌理和历史文脉,特别是许多历史文化名城中历史建筑在一次次"大清洗"中被处理掉。

上海 20 世纪 90 年代建设变化的速度远远超过了一座城市正常的发展节奏,产生了很多不良的后果:老建筑被不加分析地大量拆除,新建筑在形态、功能等方面只是从自身出发,与原来环境不相协

调，使城市原有的景观特色、原有的城市肌理遭到了破坏；中心区大批普通百姓在有形居住面积增加的背景下，使以迁往边远地段、离开多年来习惯的居住社区和成熟生活设施等无形损失为代价；城市中心区生活结构单一化；市民居住、工作之间距离的过远增加了出行成本，也使城市交通负担加重。

因此，深圳在实施城市更新的过程中，应该避免出现上述上海的情况，应该根据更新对象的情况实施重建、整建、维护，或几种方法相结合，尽量减少大面积拆迁建设，避免出现不必要的社会矛盾。

第四章 珠江三角洲城市更新政策

第一节 经济转型

目前是我国整体经济转型的时期,广东珠江三角洲地区是我国经济发展的龙头,更是广东省经济发展的龙头。长期以来,外贸出口是珠三角地区经济发展的最主要动力,但是,走的是粗放型和依赖外资的发展模式,消耗了大量的资源。经过三十多年的发展,资源已经成为珠三角地区继续增长的瓶颈,迫使经济发展模式进入转型期。

首先,资金对外依赖性强。外部资源特别是外资是推动珠三角经济发展的重要力量。大量外资的进入为珠三角经济的高速发展奠定了基础。可以说,珠三角经济的高速发展首先是外资推动的结果。根据广东省统计局统计资料显示,2009年广东省实际利用外资202.868 8亿美元,批准外资项目5 693个。这些数据与去年相比还有所下降,而这些项目绝大多数是在珠三角地区。改革开放以来,广东依靠珠三角地区的发展,在国内生产总值、利用外资、进出口贸易等许多领域均排在全国的前列,这其中主要动力就是外资。但是,这也造就了珠三角地区经济模式的致命弱点,就是过分依赖外部经济的发展,极高的外贸依存度使得经济基础不牢固,抗外部风险的能力不高,特别是在2008年的金融危机中,不少企业倒闭,大量民工提前返乡,经济受损严重。据统计,受金融危机影响,2008年广东省约1.5万家中小企业倒闭,这些企业主要就是外向型的加工制造业,基本都是珠三角地区的劳动密集型企业。没有倒闭的企业也很多是开工不足,有调查数据显示,2008 年下半年以来深圳外向型企业订单普遍比往年下降了 30%—40%,部分企业开工水平只有 20%—30%。另外,据统计数据显示,受金融危机影响,2009 年广东省外贸进出口总值同比下降了 10.8%,机电产品、高新技术产品的出口大幅下降。以上数据说明,这种严重外向型、粗放型的发展模式是经不起打击的,其脆弱性在这次危机中已经表露无遗。

其次,廉价劳动力的涌入是广东经济持续发展的动力,每年有大量劳动力涌入珠三角地区。有资料显示,近二十年来,广东省就业人口年增长比率在 3%左右,这部分增加的就业人口主要是外省迁入的。由于我国人口众多,农村存在大量剩余劳动力,为了生存和发展,就选择外出工作,每年都有大量的外地人口进入广东谋生。人口流入给珠三角地区带来了大量的廉价劳动力,使得珠三角地区在发展劳动密集型方面具有其他地方难以相比的优势,也使得广东成为全球主要的制造业基地。在经济发展的初期,没有资金和技术的情况下,这样的经济发展模式是必然选择,这种模式发挥了劳动力丰富的比较优势因而。但是,这种发展是粗放型的,是以资源的消耗为代价的,更是危险的。要实现可持续发展,必须转变经济发展模式,而且,目前也到了必须转变的时候。改革开放三十年来的发展模式总体上是建立在普通劳动力和自然资源的比较优势基础上的。随着经济的发展,我们的比较优势已经渐渐失去,劳动力成本已经较大幅提高,资源已经变成抑制经济发展的瓶颈,不得不转型。随着经济全球化的发展,各种生产要素在国际间流动频繁,在东南亚等发展中国家和地区的竞争下,我们的廉价劳动力优势渐渐丧失,不再有从前的吸引力。

再次,大部分的企业没有自己的核心竞争力。这种模式下发展起来的企业多半是加工型的企业,没有自己的自主知识产权,也就没有核心的竞争力,因此也不能充分享受到高附加值带来的好处。所以,从竞争的角度看,必须要有自己的大量高端产业,否则就不能走在世界的前列。只有培养出自己的核心竞争力,才能缩短与发达国家之间的距离直至走在前列。

第二节　总体政策

一、背景

改革开放后,经过 30 余年的高速发展,广东省各城市特别是珠江三角洲地区,普遍出现难以获取增量建设用地、粗放使用存量建设用地的现状,很多地区的土地开发已超出或接近土地承载能力的极限。在国家严控土地增量的背景下,面对现有土地使用效率低下、未来新增建设用地的枯竭,为提高土地使用效率推动产业转型,广东省政府于 2009 年 9 月在总结佛山市南海区经验的基础上出台了《关于推进"三旧"改造促进节约集约用地的若干意见》,计划从 2009 年至 2012 年,用 3 年时间"以推进'三旧'改造工作为载体,促进存量建设用地二次开发"。随后,广东省相继出台了《关于"三旧"改造工作的实施意见》《关于加强"三旧"改造规划实施工作的指导意见》《关于以"三旧"改造促进珠三角地区加工贸易企业转型升级的通知》等政策,着力推动"三旧"改造工作有序开展。2013 年,国土资源部下发了《国土资源部关于广东省深入推进节约集约用地示范省建设工作方案的批复》,对广东"三旧"改造政策进行了肯定。2016 年,在总结以往"三旧"改造工作经验的基础上,为加快推进"三旧"改造工作,进一步提升"三旧"改造水平。广东省出台了《关于提升"三旧"改造水平促进节约集约用地的通知》。该通知在继续执行《关于推进"三旧"改造促进节约集约用地的若干意见》(粤府〔2009〕78号)的基础上,围绕加强规划管控引导、完善收益分配机制、改进报批方式、完善部门配套政策等方面,对现行的"三旧"改造政策进行了细化补充。

表4—1   广东省出台的"三旧"改造相关政策一览表

序号	政策名称	文号	时间
1	关于推进"三旧"改造促进节约集约用地的若干意见	粤府〔2009〕78号	2009.08.25
2	关于进一步加快推进和规范"三旧"改造工作的通知	粤府〔2010〕293号	2010.08.16
3	转发省国土资源厅关于"三旧"改造工作实施意见的通知	粤府办〔2009〕112号	2009.11
4	关于提升"三旧"改造水平促进节约集约用地的通知	粤府〔2016〕96号	2016.09
5	关于加强"三旧"改造规划实施工作的指导意见	粤建规函〔2011〕304号	2011.05.18
6	关于以"三旧"改造促进珠三角地区加工贸易企业转型升级的通知	粤国土试点发〔2011〕138号	2011.11.28
7	关于进一步加快"三旧"改造完善历史用地手续规划审查工作的通知	粤建规函〔2012〕49号	2012.02.02
8	关于调整"三旧"改造涉及完善征收手续报批方式的通知	粤国土资利用发〔2012〕145号	2012.09.19

二、做法

(一) 基本上建立了一套标准规范、统一完善的城市更新制度

广东省"三旧"改造的操作程序大致如下:

1. 围绕经济社会发展战略部署,合理确定"三旧"改造范围

需改造的各地应紧紧围绕产业结构调整和转型升级、城市形象提升和功能完善、城乡人居环境改善、社会主义新农村建设等战略部署,在有利于进一步提高土地节约集约利用水平和产出效益的前提下,确定"三旧"改造范围。

2. 编制"三旧"改造规划

开展"三旧"改造的地方,要认真进行"三旧"用地的调查摸底工作,将每宗"三旧"用地在土地利用现状图和土地利用总体规划图上标注,并列表造册。要根据土地利用总体规划和城乡规划等,围绕本地区经济社会发展战略实施要求,对"三旧"改造进行统一规划,优化土地利用结构,合理调整用地布局。通过统筹产业发展,加快商贸、物流等现代产业或公益事业的建设,增加生态用地和休闲用地,优化城乡环境。

广东省"三旧"改造规划分为"三旧"改造专项规划、"三旧"改造单元规划两个层次构成。其中,"三旧"改造专项规划中要提出具体的改造要求、实施安排以及配套的政策和措施,其具体内容要包括:

(1)改造单元划分

结合改造地块、行政区划、控规图则的界线、道路围合或河流山体等自然边界来划分,地块相对完整。规划单元的用地面积不小于5公顷。

(2)更新模式选择

确定改造单元内地块的改造模式,包括拆除改造和保留整治两种模式。

(3)内容强制要求

必须包含用地性质、开发强度、公建配套规模和位置、城市设计等规划控制要求,深度要达到城市设计(或地块包装)的深度。

(4)实施策略保障

包括拆迁安置(补偿)方案,分期实施的原则措施,特别是提出保障规划的公建配套等同步实施策略,需要协调的问题以及协调机制,地价折抵政策等。

(5) 改造主体确定

分为市级土地收储机构、镇街政府、集体经济组织和社会资金。

"三旧"成片改造单元规划则应以"三旧"改造专项规划及年度实施计划为依据,以成片改造单元为单位,以控制性详细规划为指导,以指导地块成片开发改造为目的(周晓等,2011)。

3. 依据"三旧"改造规划,制定年度实施计划

依据"三旧"改造规划,制定年度实施计划,明确改造的规模、地块和时序,并纳入城乡规划年度实施计划。涉及新增建设用地的,要纳入土地利用年度计划,依法办理农用地转用或按照城乡建设用地增减挂钩政策规定办理。通过"三旧"改造,进一步推进土地利用总体规划、城乡规划以及产业发展规划的协调和衔接,优化城市功能布局和促进产业转型升级。开展"三旧"改造工作的县级以上人民政府应组织城乡规划、建设、国土资源等部门,结合当地经济社会发展实际和产业发展需求,根据当地土地利用总体规划、城乡规划,编制"三旧"改造规划及年度实施计划;有条件的镇(街、开发区)人民政府(办事处、管理委员会)经上一级政府同意也可组织编制。"三旧"改造规划由地级以上市人民政府批准实施,年度实施计划由县(市、区)人民政府批准实施。"三旧"改造规划为期 5 年,分年度实施。年度实施计划依据"三旧"改造规划编制,纳入城乡规划年度实施计划。

(二) 构建了利益共享机制,为土地权利人利益及公共利益提供了保障

广东省"三旧"改造对改造项目的土地收益补偿对象进行了明确。在"三旧"改造政策中明确了"三旧"改造中可以返还一定比例的

土地出让纯收益,其返还对象不仅限于国有企业和村集体,还可以适用于所有权利人。同时,广东省通过相关政策对"三旧"改造地块中公益性用地规模进行了强制性规定,这为"三旧"改造中公共空间的刚性供给提供了保障,改变了过去封闭社区整体植入旧城的更新模式,有助于提升城镇综合服务水平和整体环境品质,避免在经济利益驱动下出现过激的开发行径,从而起到了维护城市更新中公共利益的作用(周晓等,2011)。

(三)创新组织模式,提出了多元平衡的城镇更新组织模式和规划融资模式

广东省"三旧"改造实行在"旧改办"的领导下各部门联合参与的规划机制,改变了传统改造中规划部门一元主导的组织架构。相关部门及地方政府在各自职权范围内对"三旧改造"规划进行指导和管理,各司其事、各负其责、共同协作。由经济部门负责项目立项及产业政策的制定,财政部门负责税费优惠政策及出让金的使用,国土部门负责改造方案编制及土地管理,建设部门负责安全鉴定,规划部门负责相关规划的制定及审查,建设部门负责拆迁管理。同时,"三旧改造"政策中,明确规定改造主体可以分为市级土地收储机构、镇街政府、集体经济组织和社会资金四种类别。针对不同的主体制定了与之相应的城市更新方法和政策体系,尤其对社会资金注入改造提出了明确的操作程序,提出了按类型、分层次、有计划逐步推进的城市更新体制。更新主体多元化对于拓宽改造思路,增强更新力量,推动公众参与,有着不可估量的作用(周晓等,2011)。

(四)强化了规划管控引导,明确了控制性详细规划在"三旧"改造规划实施工作中的法定地位

广东省"三旧"改造政策中提出了要"将'三旧'改造纳入全省各级国民经济和社会发展规划、土地利用总体规划和城乡规划",并明确了控制性详细规划在"三旧"改造中的引领作用。各地要按照"三旧"改造需要编制完善控制性详细规划：对于尚未编制控制性详细规划的用地，要结合"三旧"改造规划和城市发展需要，加快编制控制性详细规划。对于已编制控制性详细规划的用地，原则上要以规划确定的开发强度、用地功能为基本的工作依据，确需调整变更控制性详细规划的，要优先安排公共配套设施和住房保障建设项目。同时，针对在"三旧"改造实际项目中，由于缺少控规覆盖或控规调整耗时过长而导致改造项目前期进展缓慢的问题，广东省提出了成片改造项目可在控制性详细规划或者相关上位规划的指引下，编制"三旧"改造项目单元规划，明确改造目标、模式、功能定位、用地规模等内容，以更好地适应"三旧"地块二次开发的特点，加快规划审批的效率。在广东省"三旧"改造中，各地还可以结合存量土地开发利用特点，对控制性详细规划的修编程序和控制标准进行调整完善。

此外，广东省"三旧"改造政策还针对连片改造项目中由于部分零星土地如边角地、插花地、夹心地等不符合土地利用总体规划而导致项目无法开展的情况，提出了允许"连片改造中不符合土地利用总体规划的零星土地，在不突破城乡建设用地规模、不减少耕地保有量且不涉及占用基本农田的前提下，可按规定程序申请修改土地利用总体规划"。

（五）完善了报批手续，建立了批后监管与项目退出机制

为解决"三旧"改造审批环节多、耗时长的问题，广东省下放了"三旧"用地的部分审批权限，除办理土地征收手续需报请省政府审批外，完善集体建设用地手续、改造方案的审批权均下放至地方政府。同时，广东省提出了要将"三旧"改造项目涉及的立项、规划、用地、建设等审批手续全部纳入"绿色通道"，优化审批流程，简化报批材料，并推行网上办理，对符合审批条件、手续齐全的项目，即收即办、限时办结，实行"一门式、一网式"审批模式。而对于未及时纳入

"三旧"改造标图建库范围、但改造条件成熟的改造项目,允许在报省政府审批用地时同步办理"三旧"改造入库审核。

广东省加强了"三旧"改造事中事后监管,建立了省"三旧"改造地块监管平台,要求各地加快制定用地批后监管细则,并提出市、县级"三旧"改造主管部门要与"三旧"改造主体签订监管协议,明确具体监管措施以及改造主体的责任义务。此外,广东省还提出建立健全"三旧"改造项目退出机制,对未按照改造方案和供地文书确定的开竣工时间、土地用途、开发强度等实施改造的,取消"三旧"改造相关优惠政策,并按相关规定实施处罚。

(六)采取有力措施,以"三旧"改造助推加工贸易企业转型升级

为推动珠江三角洲地区"全国加工贸易转型升级示范区"建设,广东省提出了要用足用好"三旧"改造政策,并将促进加工贸易企业转型升级作为"三旧"改造规划的一个重要内容,以此促进加工贸易产业向粤东西北产业转移园区的梯度转移,推动加工贸易企业转型升级。在要求各地在制定年度实施计划时注重安排加工贸易企业转型升级改造项目的同时,广东省还对符合"三旧"改造政策适用范围的加工贸易企业转型升级项目给予了一定的优先权与政策扶持:一是对尚未纳入"三旧"地块数据库的项目,可优先增补纳入"三旧"改造数据库;二是对所涉及用地没有合法手续的可按照相关规定完善用地手续;三是对原企业部分或全部加工环节向外转移项目可将土地出让纯收益按不高于60%的比例返还该企业用于异地发展。

三、主要政策文件

(一)《关于推进"三旧"改造促进节约集约用地的若干意见》(粤府〔2009〕78号)

广东省基于现实土地资源困境和二次工业化的发展要求,在总

结省内广州、佛山、东莞等先发区域城市实践经验的基础上,于 2009 年 8 月 25 日出台了《关于推进"三旧"改造促进节约集约用地的若干意见》(粤府〔2009〕78 号)(下称《若干意见》)。该意见为破解广东发展困境、保证广东的可持续发展提供了较为明确的指引。

(1) 总体要求

①不突破土地利用总体规划确定的耕地保有量、基本农田面积和建设用地总规模的前提下,积极稳妥推进"三旧"改造工作。

②有机结合"三旧"改造与农村土地整治,统筹规划、全面推进土地综合整治。

③以"三旧"改造为载体,促进存量建设用地二次开发,建设幸福广东。

(2) 基本原则

①政府牵头、制定政策、引导监管、市场运作。

②先确权、后改造,保障土地及房屋所有权人合法权益。

③严格界定"三旧"改造范围,严禁擅自扩大改造政策的适用范围。

④尊重历史、妥善解决历史遗留问题。

⑤提高土地节约集约利用水平和产出效益。

⑥促进产业结构调整和推动转型升级。

⑦提升城市形象和完善功能,以城乡人居环境改善为目标。

(3) 改造范围

重点改造范围为土地开发程度较高、"三旧"分布相对集中的珠三角地区,兼顾省内其他具备改造条件的地区。涉及的用地类别为以下六类:

①城市市区"退二进三"产业用地。

②城乡规划确定不再作为工业用途的厂房(厂区)用地。

③国家产业政策规定的禁止类、淘汰类产业的原厂房用地。

④不符合安全生产和环境要求的厂房用地。

⑤布局散乱、条件落后,规划确定改造的城镇和村庄。

⑥列入"万村土地整治"示范工程的村庄等。

（4）优惠政策

①两个60%返还

国有企业改造,依法收回后的土地通过招标拍卖挂牌方式出让的,土地出让纯收益的不高于60%可专项用于企业发展;旧村庄改造中,市、县人民政府通过征收农村集体建设用地进行经营性开发的,土地出让纯收益可按不高于60%的比例返还给村集体。

②引入征收企业

可在征收阶段通过招标的方式引入企业单位承担征收工作,拆迁费用和合理利润可以作为成本从土地出让收入中支付。

③生地熟拍

所谓生地熟拍,即是政府在确定开发建设条件的前提下,将征收及拟改造土地的使用权一并通过招标等方式确定土地使用权人的一种土地出让操作方式。

④免缴土地价款

对现有工业用地改造后不改变用途、提高容积率的不再征缴土地价款。

⑤集体用地转国有

一是属于土地利用总体规划确定的城市建设用地规模范围内的旧村庄改造,由原有集体经济组织提出开发申请,可将集体用地变更为国有建设用地,可进行商品房或其他商业性质的开发。

二是属于土地利用总体规划确定的城市建设用地规模范围外的旧村庄改造,在符合总体规划和城乡规划的前提下,也可申请并办理相关土地性质转移手续,但不得进行商品房或商业性质开发。

⑥用地指标优惠

村庄改造后确能实现复耕的,纳入城乡建设用地增减挂钩试点,安排专用周转建设用地指标。

(二)《关于提升"三旧"改造水平促进节约集约用地的通知》(粤府〔2016〕96号)

为加快推进"三旧"改造工作,提升"三旧"改造水平,更好地发挥国土资源的基础性保障作用,广东省在总结以往"三旧"改造经验的基础上,出台了《关于提升"三旧"改造水平促进节约集约用地的通知》。

（1）规划管控引导

将"三旧"改造纳入全省各级国民经济和社会发展规划、土地利用总体规划和城乡规划。

进一步调整完善"三旧"改造地块数据库,认真开展"三旧"改造专项规划修编工作。

进一步发挥控制性详细规划的引领作用,按照"三旧"改造需要编制完善控制性详细规划。同时,各地可结合存量土地开发利用特点,完善控制性详细规划的修编程序和控制标准。对于成片连片改造项目,可在控制性详细规划或者相关上位规划的指引下,编制"三旧"改造项目单元规划,明确改造目标、模式、功能定位、用地规模等内容。

（2）连片成片改造

合理确定"三旧"改造片区范围,整合分散的土地资源,推进成片连片改造。

对于连片改造中不符合土地利用总体规划的零星土地,在不突破城乡建设用地规模、不减少耕地保有量且不涉及占用基本农田前提下,可按规定程序申请修改土地利用总体规划。

（3）利益共享机制

"工改商"项目由原土地权利人自行改造的,除应当按规定补缴地价款及相关税费外,还应按照城乡规划要求,将不低于该项目用地总面积15%的土地无偿移交政府用于城市基础设施、公共服务设施建设或者其他公益性项目建设。

当地政府征收农村集体土地的,可因地制宜采取货币补偿与实物补偿相结合的方式安置失地农民。

鼓励市、县级政府安排一定比例的土地出让收入用于统筹平衡"三旧"改造项目之间的利益,重点支持"三旧"改造涉及的城市基础设施、公共服务设施及历史文物保护、保障性住房项目建设。

（4）支持土地权利人和市场主体参与改造

对于独立分散、未纳入成片改造范围的"三旧"用地,原土地权利人可以优先申请自行改造或者合作改造。

对于纳入成片改造范围的"三旧"用地,原土地权利人可以优先收购归宗后实施改造。

鼓励和引导农村集体经济组织自愿申请办理土地征收手续将集体建设用地转为国有建设用地,自行实施改造或合作改造。

（5）优惠政策与资金支持

"三旧"改造项目有关税收可按规定申请减免。按国家和省有关规定减免"三旧"改造项目涉及的行政事业性收费。鼓励按收费标准最低限收取设计、监理、安装、测绘、施工图审查、建设项目环境影响咨询等经营服务性收费。"三旧"用地也可按规定纳入棚户区改造范围,享受棚户区改造优惠政策。

鼓励承担"三旧"改造项目的企业、各类金融机构按照风险可控、商业可持续原则,根据"三旧"改造项目特点和需求,创新企业集合债券等金融产品和服务,为项目改造主体提供全方位的金融支持。

(6) 工作监管机制

各地要依托省"三旧"改造地块监管平台,加快建立健全监管体系,制定用地批后监管细则,对"三旧"改造项目实施情况进行动态监管。

市、县级"三旧"改造主管部门要与"三旧"改造主体签订监管协议,明确具体监管措施以及改造主体的责任义务,并加强巡查监管,确保协议落实到位。

对未按照改造方案和供地文书确定的开竣工时间、土地用途、开发强度等实施改造的,取消"三旧"改造相关优惠政策,并按《中华人民共和国城镇国有土地使用权出让和转让暂行条例》(国务院令第55 号)等规定实施处罚;对拆除重建或者新建部分构成闲置土地的,按照《闲置土地处置办法》(国土资源部令第53 号)处理。

第三节　城市政策

一、广州市

(一) 背景

为响应广东省的号召,广州市于 2009 年出台了《关于加快推进"三旧"改造工作的意见》(穗府〔2009〕56 号)(以下简称"56 号文件"),开始大力推进"三旧"改造工作。2010 年前启动了 44km² 的改造工作,2012 年前基本完成了历史用地手续办理,按照每年 30km² 的速度推进"三旧"改造工作,至今基本完成了 52 个城中村的全面改造,基本完成"退二"企业和集体旧厂房的土地处置工作(唐婧娴,2016)。广州市"三旧"改造政策的核心内容主要有:

1. 激励原土地权属人参与改造,土地公开出让收益可适当返还

广州市为调动原土地权属人参与改造的积极性,实施分时段差异化的鼓励政策,鼓励尽快将土地交由政府储备实行公开出让。公开出让后,可按公开出让成交价将一定比例的土地出让收入返还原土地权属人,用于支持企业重新购买土地、机器设备进行扩大生产经营,促进产业结构升级转型。

2. 允许原土地权属人自主改造,补交土地市场差价后协议出让

对可单独开发、无需纳入政府统一储备开发整理的旧厂房改造项目(商品住宅除外),广州市允许原土地权属人通过协议出让取得土地使用权,按照城市规划、"三旧"改造规划和计划来自主实施。改作商业办公用途的按照新旧基准地价的差价补交土地出让金,改作教科文卫等非经营性用途和创意产业的,按综合办公用途基准地价的30％计收土地出让金。

3. 统筹历史用地完善手续工作,与兑现经济发展用地指标挂钩

广州市用好用足完善历史用地手续政策"红包",允许历史用地补办确权手续,实行类别化、时限化、差异化的处理办法,创造性地推进实施区政府统筹完善集体建设用地手续工作,并把完善集体建设用地手续工作与解决历史上征地的村经济发展用地指标问题挂钩,既妥善解决了违法用地、违法建设、村经济发展用地指标欠账等历史遗留问题,又为存量低效用地的节约集约利用提供了战略土地储备资源。

4. 鼓励集体建设用地转为国有,合理简化农转用报批工作程序

为加快城乡统筹发展,在省的"三旧"改造政策原则下,广州市对"城中村"改造集体土地转国有建设用地的审批手续进行简化。村集体根据自愿原则,可按程序申请将符合相关条件的集体土地登记为国有,提高了"城中村"改造集体土地征转报批效率;对农转用办理手

续进行简化、"松绑"。在 2007 年 6 月 30 日土地执法百日行动前现状为建设用地,且符合土地利用总体规划和城乡规划的,在落实违法用地处罚并完善历史用地手续后,直接按现状确定为建设用地,不再要求办理农转用报批手续。

5. 尊重群众的参与权和知情权,实行民主公开透明的操作程序

广州市在推进"三旧"改造过程中,对于政策制定、制度设计、实际操作等方面注重保障和尊重群众的参与权与知情权,实施"阳光动迁"、两轮征询、重大事项票决、公示公告等制度,实施统一的补偿标准,全过程向群众和社会公开,重大事项经绝对性多数同意才能启动实施。特别是 2009 年广州市确定的旧城改造"阳光动迁"和两轮征询制度,与 2011 年国务院《国有土地上房屋征收与补偿条例》确立的相关制度是一致的。

2012 年,在实事求是总结 3 年试点工作并深入分析现阶段出现的新情况、新问题的基础上,广州市出台了《关于加快推进三旧改造工作的补充意见》(穗府〔2012〕20 号)(以下简称"20 号文件")。补充意见在原有意见的基础上进行了修订,明确了"三旧"改造工作的原则是"政府主导、规划先行、成片改造、配套优先、分类处理、节约集约"。相较于 56 号文件,20 号文件主要进行了以下两方面的调整:

1. 片区改造,强调整体功能布局优化

在 20 号文件中,"三旧"改造规划的编制更加强调"片区开发",不再提倡"单项改造",主要是之前的改造有"挑肥拣瘦"的现象,使得大量难以改造的用地被剩下,区段整体的提升目标得不到实现。而"片区改造"能够联动地将整体的功能组织放在首位,以便在中观区域层面上管控城市发展的功能和布局。例如,在旧村庄的改造中,集体旧厂房的盈利空间大,是开发主体乐于参与的部分,而旧村庄的产

权处理繁杂,大多数开发主体望而却步。如果不要求片区联动的整村改造,低效、环境较差的旧村庄空间很难被纳入到改造的范围内。

2. 强化公共服务设施和历史保护,维护公共利益

20 号文件强化公共服务设施配套,保障市场在进行城市更新的过程中,按照需求提高地块内及周边的公共服务水平和设施供给;在 56 号文件实施期间,开发以单个项目为主,在权属模糊范围的或者项目与项目之间的公共服务设施建设项目上,开发商互相推诿,公共服务设施的建设较难落实。20 号文件还强化"旧城"历史文化的延续,将历史文化资源落实到行政审批和实施过程中来,使得公共财产和遗产不被市场化和私有化侵蚀。政府主导能更好地把握空间发展的总体方向,维护公共利益(唐婧娴,2016)。

经过数年的"三旧"改造实践探索,一方面广州市实施了系统的土地整理,基本摸清了低效已建设用地的状况;另一方面,"三旧"改造的实践在市区两级政府协调、多方合作以及实施过程中公众参与决策等方面为广州市未来城市更新工作的开展积累了大量经验。尽管如此,广州市"三旧"改造的总体效果并非理想,还有着三个方面的缺陷:一是由于"三旧"改造对象界定缺乏明确标准,实施中出现责权不明晰;二是由于"三旧"中旧城、旧村、旧厂各子系统的情况都很复杂,规划中出现目标的系统性不强的情况;三是由于"三旧"改造规划以经济为核心的论证方法欠缺考量,执行中出现利益不均衡的问题(王世福等,2015)。

针对以上这些问题,2015 年 2 月,广州市成立城市更新局,成为国内首个设置城市更新局的城市。城市更新局职能涵盖原"三旧"改造办公室,并由临时机构转变为常设机构。广州市城市更新局的成立标志着"三旧"改造向城市更新提升,除了进一步提升土地资源承载能力以外,还从城市再造的角度将优化人居环境、改善城乡面貌等

提升到新的发展高度。广州市城市更新局成立以后,广州市分别于
2015 年底与 2016 年初出台了《广州市城市更新办法》(广州市人民
政府令第 134 号)及其配套文件《广州市旧村庄更新实施办法》《广州
市旧厂房更新实施办法》《广州市旧城镇更新实施办法》。《广州市城
市更新办法》对城市更新范围、城市更新方式、更新规划与策划方案
的编制、更新用地的处理、城市更新的资金筹措与使用等内容进行了
明确的规定,并指出在《广州市城市更新办法》施行的同时,56 号文
件与 20 号文件也随之废止。

2017 年 1 月,广州市城市更新局发布了《广州市城市更新总体
规划(2015—2020 年)》。规划明确提出广州城市更新长期战略主线
为提升广州城市核心竞争力与可持续发展能力,并确定了广州城市
更新的目标是"到 2020 年,基本建立政策稳定、流程规范、体系完整
的城市更新长效发展制度"。与此同时,为进一步贯彻落实国土资源
部《关于深入推进城镇低效用地再开发的指导意见(试行)》(国土资
发〔2016〕147 号),《广东省人民政府关于提升"三旧"改造水平促进
节约集约用地的通知》(粤府〔2016〕96 号),广州市于 2017 年 6 月出
台了《广州市人民政府关于提升城市更新水平促进节约集约用地的
实施意见》(穗府规〔2017〕6 号)。

(二) 做法

1. 构建了以政府为主导的城市更新体制机制

一是成立了城市更新局,内设 7 个处室,下设 4 个事业单位,保
障了城市更新项目从前期研究、批后实施、土地整备相关技术性、事
务性工作等各个业务环节的紧凑衔接、有序开展。

二是将原市"三旧"改造工作领导小组更名为市城市更新工作领
导小组,进一步加强市级层面对城市更新重大政策措施、中长期规
划、年度计划、资金使用安排、片区策划方案及更新项目实施方案等

工作的统筹协调。

三是在广州市城市规划委员会下设了城市更新委员会,负责审议城市更新片区(项目)的控制性详细规划调整方案,进一步规范了城市更新的规划流程。

四是印发执行了《广州市城市更新项目报批程序指引》《广州市城市更新片区策划方案编制指引》等 6 个配套操作指引和技术标准文件。同时,广州市城市更新局正在研究起草《广州市城市更新条例》,该条例已列入市 2018 年立法预备计划、2019 年人大审议项目。

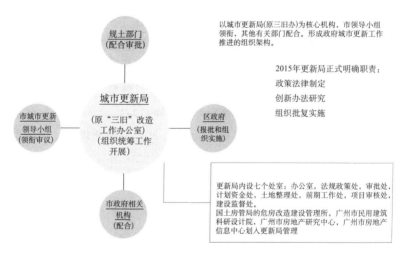

图 4—1　广州市城市更新管理机构

资料来源:清华同衡规划院,《城市更新制度的转型发展——广州、深圳、上海三地比较》。

2. 积极探索"微改造"模式

针对以往"三旧"改造中的"大拆大建"所导致的传统文化消失、社区认同减少的问题,广州市的城市更新对以全面改造与综合整治为主的"三旧"改造方式进行了调整优化,明确提出城市更新方式包括全面改造与微改造两种方式。《广州市城市更新办法》中明确指出全面改造适用于城市重点功能区以及对城市功能、产业发展等有较大影响的城市更新项目,而微改造"是指在维持现状建设格局基本不变的前提下,通过建筑局部拆建、建筑物功能置换、保留修缮,以及整治改善、保护、活化,完善基础设施等办法实施的更新方式。它主要适用于建成区中对城市整体格局影响不大,但现状用地功能与周边发展存在矛盾、用地效率低、人居环境差的地块。"2016 年,广州市印发了《广州市老旧小区微改造实施方案》,2017 年广州市政府工作报告中提出重点推进 87 个老旧小区微改造。为此,广州市的城市更新不再是以往以单纯的物理改造、强调经济效益的推倒重来式的大拆大建,而逐步转变为渐进式的微更新改造,强调城市建设过程中的有机更新、保护和传承,注重社会综合效益和长远利益的实现。

　　3. 放宽自主改造范围,鼓励市场主体参与改造

　　目前,广州市进一步放宽城市更新主体自行改造的范围:一是明确独立分散、未纳入成片连片收储范围以及控制性详细规划为非居住用地(保障性住房除外)的国有土地上旧厂房可优先申请自行改造;二是科研、教育、医疗、体育机构经市政府批准利用自有土地进行城市更新改造;三是允许自然村作为改造主体申请全面改造。在放宽了自主改造范围的同时,广州市城市更新还为国有土地上旧厂房的自主改造提供了一定的优惠政策:国有土地上旧厂房不改变用地性质,自行改造工业厂房(含科技孵化器)的,只要不分割出让,政府可不增收土地出让金;分割出让的,政府按照《关于科技企业孵化器建设用地的若干试行规定》计收土地出让金。此外,广州还对国有土地上旧厂房利用工业用地兴办国家支持的新产业、新业态("工改新产业")的项目给予了 5 年的过渡期,以激发市场主体的积极性,加快推动产业转型升级,促进新兴产业发展。

4. 成立城市更新基金,引入 PPP 模式,为城市更新提供充足的资金支持

为解决城市更新资金不足的问题,广州市在最新的政策意见(《广州市人民政府关于提升城市更新水平促进节约集约用地的实施意见》)中提出成立广州城市更新基金,重点支持采取政府与社会资本合作模式(PPP)的老旧小区微改造、历史文化街区保护、公益性项目、土地整备等城市更新项目。在该实施意见出台之前,广州市已经在"微改造"和 PPP 结合的模式中展开了一些试点探索。2017 年 2 月,广州市政府常务会议审议并原则通过了《琶洲互联网创新集聚区及会展物流轮候区 PPP 项目实施方案》《广州国际金融城起步区基础设施及商业配套项目 PPP 实施方案》。这两份实施方案中均明确提出了要采用公开招标方式选择社会资本。

在成立城市更新基金的同时,广州市还提出从市、区两级财政中安排一定比例的土地出让收入用于城市更新,重点支持城市更新涉及的城市基础设施、保障性住房项目建设、土地整备等。此外,支持国有全资公司依法参与,对公益性城市更新项目实施改造。针对各土地权属人不想自主实施整体改造的项目,广州市还提出了可以由政府收回土地使用权实施整备,签订收地补偿协议后,政府按新规划用途基准地价 40% 预付补偿款。

(三) 主要政策文件

1. 《广州市城市更新办法》(广州市人民政府令第 134 号)

(1) 城市更新的定义

城市更新是指由政府部门、土地权属人或者其他符合规定的主体,按照"三旧"改造政策、棚户区改造政策、危破旧房改造政策等,在城市更新规划范围内,对低效存量建设用地进行盘活利用以及对危破旧房进行整治、改善、重建、活化、提升的活动。

（2）总体要求

①遵循"政府主导、市场运作，统筹规划、节约集约，利益共享、公平公开"的原则。

②坚持以人为本，公益优先，尊重民意，切实改善民生。

③有利于产业集聚，促进产业结构调整和转型升级。

④坚持历史文化保护，延续历史文化传承，维护城市脉络肌理，塑造特色城市风貌，提升历史文化名城魅力。

⑤城市更新规划应当符合国民经济和社会发展规划、城市总体规划、土地利用总体规划。

⑥增进社会公共利益，完善更新区域内公共设施。

⑦统筹兼顾各方利益，建立健全土地增值收益共享机制。

（3）城市更新范围

下列土地申请纳入省"三旧"改造地块数据库后，可列入城市更新范围：

①城市市区"退二进三"产业用地。

②城乡规划确定不再作为工业用途的厂房（厂区）用地。

③国家产业政策规定的禁止类、淘汰类产业以及产业低端、使用效率低下的原厂房用地。

④不符合安全生产和环境要求的厂房用地。

⑤在城市建设用地规模范围内，布局散乱、条件落后，规划确定改造的旧村庄和列入"万村土地整治"示范工程的村庄。

⑥由政府依法组织实施的对棚户区和危破旧房等地段进行旧城区更新改造的区域。

（4）城市更新方式

①全面改造。是指以拆除重建为主的更新方式，主要适用于城市重点功能区以及对完善城市功能、提升产业结构、改善城市面貌有

较大影响的城市更新项目。属历史文化名村、名城范围的,不适用全面改造。

②微改造。是指在维持现状建设格局基本不变的前提下,通过建筑局部拆建、建筑物功能置换、保留修缮,以及整治改善、保护、活化,完善基础设施等办法实施的更新方式,主要适用于建成区中对城市整体格局影响不大,但现状用地功能与周边发展存在矛盾、用地效率低、人居环境差的地块。

(5)城市更新规划编制

①市城市更新部门应当组织编制城市更新中长期规划。符合国民经济和社会发展总体规划、城乡总体规划和土地利用总体规划。明确中长期城市更新的指导思想、目标、策略和措施,提出城市更新规模和更新重点。

②纳入城市更新片区实施计划的区域,应当编制片区策划方案。片区策划方案的内容:一是城市更新片区发展定位、基础设施、公共服务设施和其他用地的功能、产业方向及其布局;二是更新项目的具体范围、更新目标、更新模式和方式、拆迁补偿总量和规划控制指标;三是城市设计指引;四是实施经济分析及资金来源安排;需要分期实施的,列出分期实施的地块(项目)和时序,并提出资金安排建议;五是历史文物资源及保护方案;六是其他应当予以明确的内容。

片区策划方案编制的原则:一是注重保护城市特色资源,延续历史文化传承。二是优先保障城市基础设施、公共服务设施或者其他城市公共利益项目。公共服务设施以及市政公用设施等用地面积结合片区策划面积规模,原则上不少于策划方案总面积的30%。三是应当充分开展土地、房屋、人口的现状数据调查,测算改造成本和权益面积,按照可实施和可持续发展的原则,科学合理设置规划建设总量。四是充分尊重相关权利人的合法权益,有效实现公众、权利人、参与城市更新的其他主体等各方利益的平衡。

③市城市更新部门应当结合城市更新片区策划方案,组织编制城市更新年度计划。

④纳入城市更新年度计划的项目,由区政府组织编制城市更新项目实施方案。

（6）历史用地处理

①对于用地行为发生在 2007 年 6 月 30 日之前,需要完善历史用地手续的集体建设用地按照以下规定进行历史用地处置:一是农村集体经济组织或其继受单位自行理清处置土地范围内的经济关系;进行拆除重建的,应当自行拆除、清理地上建筑物、构筑物及附着物等。二是农村集体经济组织或其继受单位应当与政府签订完善处置土地征(转)用手续的协议,政府不再另行支付补偿费用。三是完善征收手续的历史用地,土地现状用途和现行规划用途均为工业用地的,可由现土地使用权人按自行改造完善规划和用地手续。四是已按"三旧"改造政策完善集体建设用地手续的村集体建设用地,改造后安排为工业、商业等经营性用地的复建安置用地,应当抵扣留用地指标;指标不足的,可采取村集体申请预支留用地指标等方式解决,也可采取无偿移交一定比例用地的办法申请供地;改造范围内的农用地,符合边角地、夹心地、插花地的,不需要抵扣留用地指标。

②旧城镇改造历史用地处理

由区政府按照签订的拆迁补偿协议组织落实补偿完毕后,向市国土资源主管部门提出供地申请,由市国土资源主管部门按国有建设用地公开出让程序,组织地块出让。

③旧厂房改造历史用地处理

政府收储的项目,纳入土地供应计划,由政府按规定组织土地供应;允许自行改造的项目,由原产权人向国土资源主管部门办理补交土地出让金或完善土地出让手续并变更土地权属证书。

④旧村改造历史用地处理

村集体可选择保留集体土地性质或按规定转为国有土地;复建安置地块只能确权给集体经济组织,转为国有土地的可采取划拨方式供地。

(7)资金筹措与支持

①市、区财政安排的城市更新改造资金及各级财政预算中可用于城市更新改造的经费。

②国家有关改造贷款政策性信贷资金。

③融资地块的出让金收入。

④参与改造的市场主体投入的更新改造资金。

⑤更新改造范围内土地、房屋权属人自筹的更新改造经费。

⑥引导市场金融机构根据改造项目的资金筹措、建设方式和还贷来源等具体情况,在以土地使用权和在建工程抵押担保发放贷款的基础上,探索贷款投放和担保新模式,创新信贷金融产品,优先保障符合条件更新改造项目的信贷资金需求。

⑦按照政府和社会资本合作项目建设模式(PPP)管理规定,通过直接投资、间接投资、委托代建等多种方式参与更新改造,吸引有实力、信誉好的房地产开发企业和社会力量参与。

2.《关于提升城市更新水平促进节约集约用地的实施意见》(穗府规〔2017〕6号)

(1)国有土地上旧厂房改造

①独立分散、未纳入成片连片收储范围,并且控制性详细规划为非居住用地(保障性住房除外)的国有土地上旧厂房可优先申请自行改造。

②国有土地上旧厂房自行改造的,允许不改变用地性质,按照规

划提高容积率自行建设多层工业厂房(含科技企业孵化器)。

③国有土地上旧厂房自行改造的,应当按照控制性详细规划要求,将不低于该项目总用地面积15%的用地用于城市基础设施、公共服务设施或其他公益性项目建设,建成后无偿移交政府。

④国有土地上旧厂房交由政府收回,改为居住用地的,按规划毛容积率2.0以内计算补偿款;改为商业服务业设施用地的,按规划毛容积率2.5以内计算补偿款。

⑤由政府收回国有土地上旧厂房的,可按以下规定给予补偿奖励。

补偿款:按新规划用途基准地价40%预付补偿款。由政府收回整宗土地的,可按同地段毛容积率2.0商业市场评估价的40%计算补偿款。

奖励措施:见表4—2。

表4—2   广州市由政府收回国有土地上旧厂房的奖励措施

		奖励措施
用地面积低于12万平方米	土地整备或储备机构与原土地权属人签订收地补偿协议12个月内,完成权属注销并实物交地的	按土地出让成交价款或市场估价款的10%给予奖励
	土地整备或储备机构与原土地权属人签订收地补偿协议24个月内,完成权属注销并实物交地的	按土地出让成交价款或市场估价款的5%给予奖励
用地面积不低于12万平方米		按土地出让成交价款或市场估价款的10%给予奖励

⑥ 属于同一企业集团、涉及多宗国有土地上旧厂房改造的（总用地面积不低于 12 万平方米），可整体策划改造，应将不少于42.5％的权属用地面积交由政府收回。

（2）旧厂房、村级工业园改造

经市城市更新工作领导小组批准，用地面积不低于 150 亩、村社同意由区政府统一招商、用于产业发展的成片连片集体旧厂房、村级工业园，可以按照以下方式单独改造：

①集体用地转为国有用地的，参照国有土地旧厂房政策实施改造。

②保留集体用地性质的，应当按照控制性详细规划要求用作产业发展，不得进行房地产开发，并将不低于该项目总用地面积15％的用地用于城市基础设施、公共服务设施或其他公益性项目建设，建成后无偿移交政府。

经市城市更新工作领导小组批准，用地面积低于 150 亩、不纳入旧村全面改造和微改造的集体旧厂房、村级工业园区升级改造项目。单独申请改造的，可以按照以下方式改造：

①有合法用地手续的村集体建设用地，在规划承载容量允许的前提下，按现状用地面积和毛容积率 1.8 计算权益建筑面积，由村集体经济组织自行改造。超过计算权益建筑面积部分的规划建筑面积应按照 4∶3∶3 的比例，由市政府、区政府、村集体进行分配。

②已完善集体建设用地手续的村集体历史用地部分，应将 30％的经营性用地转为国有用地后无偿交给政府，剩余的用地由村集体经济组织按规划自行改造。

（3）城市更新审批权下放

下放至区政府审核的内容有：

①纳入城市更新计划的老旧小区微改造、旧村庄微改造、旧厂房

微改造和旧楼宇微改造项目。

②纳入城市更新年度计划的旧城镇全面改造项目实施方案。

③纳入城市更新年度计划的旧村庄全面改造项目实施方案。

④涉及城市更新项目批后实施的立项、规划、国土等行政审批事权。其中：属于市政府规章及规范性文件规定市级部门行使的职权，依法授权区政府行使；属于法律、法规规定市级部门行使的职权，依法委托区政府行使。

事权下放后，市城市更新部门要加强政策制定、计划管理、统筹协调、指导检查、监督考评等工作；区政府应制定事权下放承接工作方案，明确操作标准和工作程序，高效系统推进城市更新工作。

（4）资金支持与优惠政策

①成立广州城市更新基金，重点支持采取政府与社会资本合作模式（PPP）的老旧小区微改造、历史文化街区保护、公益性项目、土地整备等城市更新项目。

②支持国有全资公司依法参与，对公益性城市更新项目实施改造，按保本微利的原则核定项目收益。

③市、区两级财政每年可安排一定比例的土地出让收入用于城市更新，重点支持城市更新涉及的城市基础设施、保障性住房项目建设、土地整备等。

二、深圳市

（一）背景

深圳市城市更新与广东省"三旧改造"相类似，广东省的"三旧"政策与深圳市的"城市更新"关系是上位政策与下位政策的关系。广东省的"三旧"政策适用于"旧城镇、旧厂房、旧村庄"，深圳市的城市更新政策适用于"旧工业区、旧商业区、旧住宅区、城中村及旧屋村"；

目的也都在于提升土地资源承载能力,优化人居环境,改善城乡面貌及生态环境等。"三旧"政策与城市更新政策的规划、计划流程也高度相似。

深圳市城市更新是在上世纪 90 年代末期至 21 世纪初期开始出现,初期大多属于因公共配套严重缺乏由政府主导进行的城市更新和部分业主自行拆除重建更新项目。为了规范城市更新规范合理发展,深圳市于 2004 年出台《深圳市城中村(旧村)改造暂行办法》,并在 2006 年按照改造暂行办法处理。宝安龙岗两区 2004 年 10 月 28 日以前自行开展了 70 个旧城旧村改造项目。随着城市更新活动的快速发展,深圳市于 2007 年出台了《关于开展城中村(旧村)改造工作有关事项的通知》。2009 年,在广东省大力推进"三旧"改造政策的背景下,深圳市代市长王荣于当年 12 月签发了深圳市人民政府令第 211 号《深圳市城市更新办法》,标志着深圳市城市更新进入了规范性发展阶段。为促进《深圳市城市更新办法》实施,规范城市更新活动,建立规范、有序的城市更新长效机制,深圳市政府于 2012 年制定了《深圳市城市更新办法实施细则》。

总体而言,深圳的城市更新政策明显地体现出了较强的法制性和市场性特点。法制性主要表现为:在城市更新项目实施过程中,深圳市强调政府与市场之间的"协商机制",根据地方情况,创新制度设计,量化重要的控制指标,如密度分区、保障房配建比重与创新产业用房比重等(唐婧娴,2016);市场性则体现在深圳市政府坚持"积极不干预"的行为原则,在城市更新中仅仅充当规划引导、政策提供等支持性角色,尽可能多地放权,鼓励开发商自行改造,并结合补偿性政策平衡改造项目的财务可行性,以此鼓励和吸引私人投资(刘昕,2011)。

深圳市以市场化为导向的城市更新政策,尽管激发了市场主体参与城市更新的热情，但城市政府在城市更新项目开展过程中的"缺位"和"让位"也造成了一些不利的影响。

1. 规划推动效率低下，公共利益落实协调困难

随着市场开发主体和拥有可改造资源的业主参与重建的意愿高涨，大量拟改造区域正在以"城市更新单元"的空间载体形式被纳入允许重建的政策范畴，并以打补丁的方式对上层次法定规划进行修改。然而，市场的利润最大化目标往往背离政府意图，加之法定图则尚未实现全覆盖，城市更新容积率指引调整标准不明确，对房地产市场等经济要素的影响判断手段不足等，造成规划阶段市场主体与政府管理部门不断讨价还价的问题。包括改变规划用地功能、调整公共配套设施、提高开发容积率等等。这些冲突大大降低了城市更新工作的推进效率，也影响了改造过程中城市公共利益的实现。

2. 项目实施推进困难

决策过程中的政府主导与实施过程中的市场主导，致使"自上而下"的规划引导意图与"自下而上"的实施手段难以协调。房地产市场主导的更新模式普遍存在"小规模"零散开发、空间分散、地处边缘、规划协调困难等问题，与城市经济发展目标难以建立起有效联系。而政府单方面推进的改造规划则涉及范围较大、定位较高，但缺乏有效的实施激励机制，难以被业主和开发主体所认同。规划出台后往往难以实施。

3. 非财税补偿手段的过度使用致使城市空间承载力的不可持续

目前重建项目中的配套设施用地捆绑水平较高（平均水平达到20％，有的项目中甚至达到40％—50％），容积率补偿成为实际操作中政府运用的主要补偿手段，致使重建区域的规划容积率水平大大超出了原有法定规划的控制指标，且呈现越来越高的趋势。以容积

率补偿作为政府"出资方式"的问题在于,当下的容积率退让实质是以未来城市发展的整体风险作为代价,危险且不可持续。

4. 社会公平问题悄然探头

改造过程中市场经济目标凸显的同时,改造空间所承载的社会、城市发展目标被忽略,体现为居民改造意愿被忽视、租户空间的丧失、社区网络的破坏、混合功能空间的消失、城市文化的割裂、合理居住密度的丧失等问题。此外,拆迁成本和风险完全转嫁给市场是否可能成为推高房价的直接因素也日渐成为争论焦点(金羊网,2017)。

针对这些问题,2016 年 11 月深圳市对 2009 年的《深圳市城市更新办法》进行了修改,并发布了《深圳市城市更新"十三五"规划》。同年 12 月,深圳市印发了《关于加强和改进城市更新实施工作的暂行措施》。目前,深圳市已经形成了"1＋N"的城市更新政策体系,并建立了市统筹、区实施的两级管理机构(王艳,2016)。

图 4—2　深圳市城市更新政策体系

资料来源:王艳,"人本规划视角下城市更新制度设计的解析及优化"。

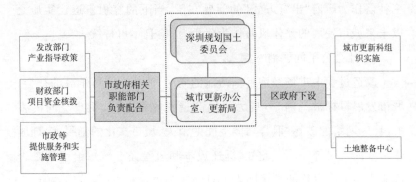

图4—3　深圳市城市更新管理机构

资料来源:清华同衡规划院,《城市更新制度的转型发展——广州、深圳、上海三地比较》。

（二）做法

1. 强调规划统筹,建立健全更新管理机制

《深圳市城市更新办法》的发布在政策宣传中作为规划创新推出,其创新点主要体现在以下几个方面:

①在规划编制方面,实行了"城市更新专项规划""城市更新单元规划"和"城市更新年度计划"系列项目管理制度。试图通过"年度计划"环节与"国民经济和社会发展五年规划"在形式和内容上取得关联,将城市更新行动嵌入政府的社会经济管理和资源分配框架,为更新规划争取更大的执行力。

②在操作落实方面,设立"城市更新单元"作为空间整合和管理单元;在规划目标推进手段上,设计了将公共设施、保障性住房和产业升级的目标附着在城市更新行动中落实的具体环节。政府以反向的"征地返还"手法,向每一个城市更新单元索取大于3000m^2且不小于拆除范围用地面积15%的归政府支配的独立用地,保证政府对更新地区空间环境的影响力,实现城市结构调整目标。

③对不同更新对象和不同更新方式实现全面管理。不同更新对

象实际上涉及由土地制度造成的不同使用权类型,包括房地产权登记用地、非农建设用地、征地返还用地、旧屋村用地以及历次政策处理后的各类历史用地。对此,《更新办法》设立了多种前期权利认定和土地清理程序,但后期城市更新单元的规划编制和报批程序基本相同。三类城市更新方式则对应于三种不同的政策安排,其中"综合整治"属于政府协调和出资的公共项目;既有建筑物"功能改变"事项成为政府规划部门需要强化的管理业务;"拆除重建"则涉及更加基本的土地使用政策。

同时,随着新时期的到来,深圳市编制发布了《深圳市城市更新"十三五"规划》,作为深圳市城市更新工作的纲领性文件,对深圳市未来五年内的城市更新目标、更新规模、更新策略、更新方式、更新时序等内容做出了全面的统筹安排。《深圳市城市更新"十三五"规划》明确提出了"规划期内,争取全市完成各类更新用地规模 30 平方公里。其中,拆除重建类更新用地供应规模为 12.5 平方千米"。可见,为保障城市更新工作的有序开展,深圳市仍在对城市更新工作进行总量把控,并提供一定的分区与功能指引。

此外,深圳市还对现有的城市更新管理机制进行了完善,以加强对城市更新工作的管理。一是提出了完善城市更新单元计划常态申报机制,定期对城市更新计划进行清理。对于在一定期限内,未完成土地及建筑物信息核查和城市更新单元规划报批的、项目首期未确认实施主体的、未办理用地出让手续的城市更新项目要按程序调出城市更新计划;二是探索搭建城市更新预警机制,基于大数据平台分别从交通配套容量、市政基础支撑水平、开发容量饱和度、地质环境预警等方面对城市更新基底进行评估,确定更新预警地区,建立了更新预警机制;三是提出各区可在符合统筹片区划定原则与标准的地区,视情况开展更新统筹片区规划研究,以从微观开发控制、中观统筹协调到宏观目标调控层层传递的管理机制。

2. 拓展城市更新范围，允许开展小地块更新

深圳市在《关于加强和改进城市更新实施工作的暂行措施》中，规定了旧住宅区、旧工业区、旧商业区申请拆除重建城市更新项目的建筑物建成时间原则上应不少于 20 年、15 年、15 年。但该暂行规定也指出若因规划统筹和公共利益的需要，旧工业区和旧商业区的部分建成时间未满 15 年的建筑物也可纳入城市更新单元拆除范围进行统筹改造。此外，深圳市还提出与其他各类旧区（旧工业区、旧商业区、城中村及旧屋村等）混杂的零散旧住宅区以及原特区已生效法定图则范围内、拆除范围用地面积不足 10 000 平方米但不小于 3 000 平方米的小地块，只要符合一定的条件就可申请纳入城市更新的范畴。零散旧住宅区与小地块被纳入城市更新范围，意味着深圳市城市更新不再仅限于原有的"三旧"改造范畴。这对于进一步加强零散土地资源的整合，释放城市用地空间潜力具有重要作用。

3. 建立政府、原权利人和市场的三方利益共享机制

深圳在城市更新中引入了市场机制，通过细分产权，对土地开发权进行赋予及分离，实现地权重构，最终形成了政府、原权利人和市场的三方利益共享机制。首先，深圳市的城市更新政策扩大了土地开发权授权范围，使原权利人也能成为更新主体，不再受限于原土地政策中"城市经营性土地开发实施主体仅限于合格地产商"的规定。同时，深圳市提出了"城市更新用地许可协议出让"，突破了"城市经营性用地需统一经招拍挂获得"的规定，激发了原权利人参与更新改造的积极性。其次，深圳市的城市更新单元规划成为协调多方利益主体的主要平台。城市更新单元规划是由原权利人或开发主体委托编制，这样可以让原权利人的更新诉求能充分反映到申报规划中，并通过审批环节，与政府进行沟通协调（王艳，2016）。

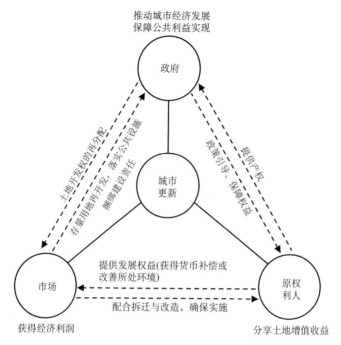

图4—4 深圳市城市更新中的三方利益共享机制示意图

资料来源:王艳,"人本规划视角下城市更新制度设计的解析及优化"。

4. 从实施机制与用地政策两方面入手,提高城市更新项目的实施率

针对目前城市更新项目实施困难的问题,深圳市从实施机制与用地政策两个方面入手采取了有关措施,以促进城市更新项目的实施:

一是创新实施机制,试点探索政府主导的重点更新单元开发。深圳市提出了"十三五"期间,全市要试点开展10个左右重点更新单元的工作。政府主导的重点更新单元方式主要针对区位重要、对城市发展带动作用强但基础设施严重缺乏、市场动力不足或达不到现

有政策要求的片区。由区政府组织进行更新计划申报、更新单元规划编制。更新单元规划经批准后,则由区政府组织以公开的方式选择一家市场主体实施,原则上应整体实施,以充分发挥政府、市场两方面的作用。为加强城市更新项目的实施,深圳市还规定区政府应当每年向市政府报告重点更新单元的实施进展情况。

表4—3　深圳市城市更新历史用地处置的相关政策演变

时间	政策	主要内容
2009	《关于农村城市化历史遗留违法建筑的处理决定》	建立违法建筑普查制度,通过确权、拆除、没收、临时使用等方式处理历史遗留违法建筑。
2010	《关于深入推进城市更新工作的意见》	从工作目标、有效实施、公共效用、工作机制各方面明确城市更新对于城市发展的战略性意义,强调加快历史用地处理。
2013	《深圳市城市更新历史用地处置暂行规定》	规范历史用地处置工作流程、内容和要求,明确申请主体和地价测算。
2014	《关于加强和改进城市更新实施工作的暂行措施》	完善了城市更新用地的处置政策和地价政策,并提出试点开展小地块更新改造。

资料来源:王嘉、黄颖,"基于多主体利益平衡的深圳市城市更新规划实施机制研究"。

二是进一步完善历史用地处置政策,简化城市更新地价体系。针对经批准纳入城市更新计划的城市更新区域内未签订征(转)地协议或已签订征(转)地协议但土地或者建筑物未作补偿,用地行为发生在2007年6月30日之前,用地手续不完善的建成区,深圳市提出了原农村集体经济组织继受单位可自行理清处置土地范围内的经济关系,并应当与政府签订完善处置土地征(转)用手续的协议,政府不再另行支付补偿费用。而对于拆除重建类项目,政府将处置土地的一定比例交由继受单位进行城市更新,其余部分纳入政府土地储备。同时,针对市场普遍反映的城市更新地价体系复杂、测算繁琐的问题,深圳市对城市更新地价体系进行了梳理,整合地价标准类别,简化地价测算规则,建立以公告基准地价标准为基础的城市更新地价测算体系。

5. 提高了公共配套与"两房"配建标准,加强对公共利益的保障

深圳市在最新出台的《深圳市城市更新"十三五"规划》和《关于加强和改进城市更新实施工作的暂行措施》中进一步加大了公共配套设施的标准。深圳市提出对于非独立占地的社区级配套用房,要求在《深标》基础上额外增配50%且不小于1 000平方米的配套用房。该部分增配的社区级公共配套用房具体用途可由区政府根据配套需求情况灵活确定。对独立占地的公共配套设施,要发挥城市更新规划统筹作用,整合周边国有未出让用地,进一步扩大公共配套设施用地规模。此外,深圳市还提出要优先开展涉及教育、医疗、文体等重大公共配套设施建设的更新计划立项、规划审批与项目实施。

在加大公共配套设施建设的基础上,深圳市采取了多种措施加大人才住房、保障性住房以及创新型产业用房的筹集和建设力度。一是提高了改造方向为居住用地的拆除重建类城市更新项目中的人才住房、保障性住房的配建比例。二是要求改造方向为新型产业用地的城市更新项目在开发建设用地内规划不少于开发建设用地面积15%且不超过20%的独立人才住房和保障性住房用地。三是支持在轨道站点周边500米范围内、规划保留的成片产业园区范围外、规划功能为工业的现状工业区按相应程序调整规划,申请通过更新建设人才住房和保障性住房。四是要求升级改

造为新型产业用地功能的旧工业区拆除重建类项目按照规定配建创新型产业用房。

表4—4　深圳市城市更新中人才住房、保障性住房配建基准比例表

类型	一类地区	二类地区	三类地区
城中村及其他旧区改造为住宅	20%	18%	15%
旧工业区（仓储区）或城市基础设施及公共服务设施改造为住宅	35%	33%	30%

资料来源:深圳市人民政府办公厅,《关于加强和改进城市更新实施工作的暂行措施》。

表4—5　深圳市城市更新中创新型产业用房配置比例

条件		配建比例
位于《深圳特区高新技术产业园区条例》适用范围内的		12%
位于《深圳特区高新技术产业园区条例》适用范围外的	权利主体为高新技术企业,自行开发的	10%
	权利主体为非高新技术企业,与高新技术企业合作开发的	12%
	权利主体为非高新技术企业,自行开发的	25%

注:配置比例是指创新型产业用房的建筑面积占项目研发用房总建筑面积的比例。
资料来源:深圳市规划和国土资源委员会,《深圳市城市更新"十三五"规划》。

（三）主要政策文件

1.《深圳市城市更新办法》(深圳市人民政府令第211号)

（1）城市更新的定义

由符合《深圳市城市更新办法》规定的主体对特定城市建成区（包括旧工业区、旧商业区、旧住宅区、城中村及旧屋村等）内具有以下情形之一的区域,根据城市规划和《深圳市城市更新办法》规定程

序进行综合整治、功能改变或者拆除重建的活动：

①城市的基础设施、公共服务设施亟须完善；

②环境恶劣或者存在重大安全隐患；

③现有土地用途、建筑物使用功能或者资源、能源利用明显不符合社会经济发展要求，影响城市规划实施；

④依法或者经市政府批准应当进行城市更新的其他情形。

（2）城市更新规划与计划

①城市更新单元规划应当包括以下内容：城市更新单元内基础设施、公共服务设施和其他用地的功能、产业方向及其布局；城市更新单元内更新项目的具体范围、更新目标、更新方式和规划控制指标；城市更新单元内城市设计指引；其他应当由城市更新单元规划予以明确的内容。城市更新单元规划涉及产业升级的，应当征求相关产业主管部门意见。

②城市更新年度计划对包括城市更新单元规划的制定计划、已具备实施条件的拆除重建类和综合整治类城市更新项目、相关资金来源等内容。

（3）城市更新方式

①综合整治

主要包括改善消防设施、改善基础设施和公共服务设施、改善沿街立面、环境整治和既有建筑节能改造等内容，但不改变建筑主体结构和使用功能。

综合整治类更新项目由所在区政府制定实施方案并组织实施。综合整治类更新项目的费用由所在区政府、权利人或者其他相关人共同承担，费用承担比例由各方协商确定。

②功能改变

改变部分或者全部建筑物使用功能，但不改变土地使用权的权利主体和使用期限,保留建筑物的原主体结构。

③拆除重建

拆除重建类更新项目应当严格按照城市更新单元规划、城市更新年度计划的规定实施。

2.《关于加强和改进城市更新实施工作的暂行措施》(深府办〔2016〕38号)

(1)城市更新范围拓展

①申报拆除重建类城市更新计划的城市更新单元,拆除范围内权属清晰的合法土地面积占拆除范围用地面积的比例(以下简称合法用地比例)应当不低于60%。合法用地比例不足60%但不低于50%的,拆除范围内的历史违建可按规定申请简易处理。

②申请拆除重建城市更新的建筑物建成时间:旧住宅区原则上应不少于20年;旧工业区、旧商业区原则上应不少于15年。

③旧工业区、旧商业区中部分建成时间未满15年的建筑物,符合以下条件之一的,可纳入城市更新单元拆除范围进行统筹改造:建成时间未满15年的建筑物占地面积之和原则上不得大于6 000平方米,且不超过更新单元拆除范围用地面积的三分之一。城市更新单元公共利益用地面积原则上不小于拆除范围用地面积的40%,或者该城市更新单元涉及法定规划要求落实不小于6 500平方米独立占地的公共服务设施及落实政府急需建设的轨道交通、次干道及以上道路、河道整治等基础设施。

④零散旧住宅区可纳入拆除范围的:总用地面积占拆除范围用地面积的比例原则上不超过二分之一。零散旧住宅区部分由区政府组织开展前期工作,由区城市更新职能部门申报,权利主体的城市更新意愿应当达到100%。零散旧住宅区部分和其余部分的城市更新意愿进行分别计算,并均应符合城市更新政策相关要求。

　　⑤对位于原特区已生效法定图则范围内、拆除范围用地面积不足10 000平方米但不小于3 000平方米的地块符合以下条件之一的可申请划定小地块城市更新单元:旧工业区升级改造为工业用途或者市政府鼓励发展产业的。旧工业区、旧商业区升级改造为商业服务业功能的。为完善法定图则确定的独立占地且总面积不小于3 000平方米的城市基础设施、公共服务设施或其他城市公共利益项目,确需划定城市更新单元的。

　　(2)用地政策完善

　　①历史用地处置

　　对于经批准纳入城市更新计划的城市更新区域内未签订征(转)地协议或已签订征(转)地协议但土地或者建筑物未作补偿,用地行为发生在2007年6月30日之前,用地手续不完善的建成区,按照以下规定进行历史用地处置:原农村集体经济组织继受单位(以下简称继受单位)自行理清处置土地范围内的经济关系。进行拆除重建的,应当自行拆除、清理地上建筑物、构筑物及附着物等。继受单位应当与政府签订完善处置土地征(转)用手续的协议,政府不再另行支付补偿费用。对于拆除重建类项目,政府将处置土地的一定比例交由继受单位进行城市更新,其余部分纳入政府土地储备,具体比例见下表。在交由继受单位进行城市更新的土地中,应当按照《办法》和《实施细则》要求将不少于15%的土地无偿移交给政府纳入土地储备。前述储备土地优先用于建设城市基础设施、公共服务设施、城市公共利益项目等。

　　②土地地价

　　对于拆除重建类项目,以公告基准地价标准的110%计收地价。整合地价标准类别,简化城市更新项目地价测算规则,建立以公告基准地价标准为基础的地价测算体系。城市更新项目地价可不计息分期缴交,首次缴交比例不得低于 30％,余款 1 年内交清。

表 4—6　拆除重建类城市更新项目历史用地处置比例表

拆除重建类城市更新项目		处置土地交由继受单位进行城市更新的比例	处置土地中纳入政府土地储备的比例
一般更新单元		80％	20％
重点更新单元	合法用地比例≥60％	80％	20％
	60％＞合法用地比例≥50％	75％	25％
	50％＞合法用地比例≥40％	65％	35％
	合法用地比例＜40％	55％	45％

资料来源:深圳市人民政府办公厅,《关于加强和改进城市更新实施工作的暂行措施》。

③土地出让

出让方式:协议出让。对于拆除重建类项目,处置后的土地可以通过协议方式出让给项目实施主体进行开发建设;对于旧工业区综合整治类增加生产经营性建筑面积的项目,处置后的土地可以通过协议方式出让给继受单位;确定的 70 个旧城旧村改造项目,按照《实施细则》第六十二条缴交地价后可以通过协议方式出让给经确认的项目实施主体。

出让年限:项目改造后的一个宗地内包含居住及其他土地用途的,居住部分土地使用权使用年限不超过 70 年;拆除重建类项目改造为工业用途的,其土地使用权使用期限不超过 50 年;拆除重建类项目改造为现代物流用途的,其土地使用权使用期限不超过 30 年;工业区综合整治类增加生产经营性建筑面积的项目,使用年期为

30 年。

（3）公共设施配置

①拆除重建类城市更新项目配建的社区级非独立占地公共设施应满足法定图则、相关专项规划和《深圳市城市规划标准与准则》（以下简称《深标》）要求，涉及的公共设施规模不小于表 4—7 确定的规模，并在此基础上增配 50% 且不小于 1 000 平方米的社区级公共配套用房。

表 4—7　深圳市社区级公共设施配置表

序号	项目名称	规模（平方米）		地价标准	移交方式	接收部门
		建筑面积	用地面积			
1	社区警务室	≥50	——	免地价	无偿移交	区政府
2	社区管理用房	≥300	——	免地价	无偿移交	区政府
3	社区服务中心	≥400	——	免地价	无偿移交	区政府
4	文化活动室	1000—2 000	——	免地价	无偿移交	区政府
5	社区健康服务中心	≥1 000	——	免地价	无偿移交	区政府
6	社区老年日间照料中心	≥750	——	免地价	无偿移交	区政府

资料来源：深圳市人民政府办公厅，《关于加强和改进城市更新实施工作的暂行措施》。

②符合以下条件的规划为工业的旧工业区，通过城市更新建设人才住房和保障性住房，可申请按照保障性住房简易程序调整法定图则用地功能。

位于规划保留的成片产业园区范围外。

位于已建成或近期规划建设的轨道站点 500 米范围内。

位于原特区内的，用地面积不小于 3 000 平方米；位于原特区外的，用地面积不小于 10 000 平方米。

此外，人才住房和保障性住房为公共租赁住房的，实施主体可取得不超过项目总建筑面积 45％的商品性质建筑面积；人才住房和保障性住房为安居型商品房的，实施主体可取得不超过项目总建筑面积 25％的商品性质建筑面积。

三、佛山市

(一) 背景

"三旧"改造一词最早于 2007 年出现于佛山市，是"旧城镇、旧厂房、旧村居"的简称，2009 年广东省在总结佛山等市"三旧"改造经验的基础上，将"三旧"改造的概念微调为"旧城镇、旧厂房、旧村庄"。佛山是第一个提出"三旧"改造概念的城市，第一个完成"三旧"改造专项规划的城市，是参与国土资源部编制全国性"三旧"改造政策的四个城市之一。

2007 年 6 月，佛山市发布了《印发关于加快推进旧城镇旧厂房旧村居改造的决定及 3 个相关指导意见的通知》（佛府〔2007〕68 号），对旧城镇、旧厂房、旧村居改造进行了详细的规定，这也是"三旧"概念的最早提出。3 个相关指导意见——《佛山市推进旧城镇改造的指导意见》《佛山市推进旧厂房改造的指导意见》《佛山市推进旧村居改造示范村居建设的指导意见》则分别对旧城镇、旧厂房、旧村居改造给出了意见指导和技术指引。2008 年 9 月，又发布了《关于加快推进旧城镇旧厂房旧村居改造的补充意见》（佛府办〔2008〕296 号）。随后制定了《佛山市"三旧"改造专项规划（2009—2020）》。2011 年，为推进"四化融合、智慧佛山"发展战略，佛山市出台了《关于通过"三旧"改造促进工业提升发展的若干意见》（佛府〔2011〕1

号）。随后,2012 年,为助推城市升级,佛山市发布了《关于加快推进
"三旧"改造促进城市升级工作的意见》。这两个意见的出台对佛山
市"三旧"改造工作进行了一定程度的优化,"三旧"改造工作的目的
不再仅仅是为了促进土地集约利用水平的提升,更是为了保障产业
发展,推动产业转型升级,提升城市发展质量,促进城市升级。为促
进产业转型升级,佛山市对城市内的旧厂房改造用于发展工业的项
目,设置了专门的奖励办法,鼓励企业通过旧厂房改造为产业发展提
供土地空间,以保障产业发展需求。同时,在城市质量提升方面,佛
山市提出"三旧"改造必须优先保证公益性用地的供给与落实,规定
用于商品住房开发的"三旧"改造项目用于公益性项目建设的用地比
例不得低于 25%。

(二) 做法

与广州相似,佛山市"三旧"改造模式以"政府主导、规划控制、连
片改造、市场参与"为主,但在具体的利益分配上更加宽松。对于旧
城镇、旧村庄的居住类用地更新,主要强调非营利公共服务设施的建
设要求、更新中房地产项目的建设要求。对于旧厂房改造,佛山给予
了政策、土地和资金奖励等支持。在佛山的改造政策中,政府掌握较
大的主动权,各区根据佛山"三旧"改造的要求制定改造专项规划,指
导土地再开发。旧城镇片区的改造以优化城市配套功能、改善城市
环境为目标,严控高度、密度和容积率,按照改造的程度确定改造策
略,避免不必要的拆迁浪费。旧村庄改造涉及开发效率极低的农村
工业化用地,产权复杂、利益分配困难。

1. 实施了"要素组合、分类指导"的改造策略

"三旧"改造过程涉及两个改造要素:地指用地性质,物指开发强
度。佛山市根据改造对象的要素变化与否,划分为四类改造手段:新
建型、更新型、改建型与整治型。同时,根据开发主体所有权变化与

否,佛山市提出政府主导、政府与市场合作、集体主导、集体与市场合作四种改造模式。

表4—8 佛山市四类改造手段划分

物 ＼ 地	变	不变
变	1类:改造型(地变、物变)	2类:重建型(地不变、物变)
不变	3类:置换型(地变、物不变)	4类:整治型(地不变、物不变)

表4—9 佛山市四类改造方式的改造原因、开发强度与改造目标

改造方式	改造原因	开发强度	改造目标
改造型	区域战略功能转型,需大规模土地使用性质和物质形态的改变。	显著提高	提升原城市功能,优二进三,形成商业、办公、居住混合功能区,成为第三产业发展主要载体和城市形象地区。
重建型	原空间不适应用地功能规模需求,或建筑破旧无法通过局部整治达到效果。	变化较大	不改变用地性质,原用地扩建、改建、加建建筑物,或拆除部分建筑,提升建筑空间品质、优化功能载体。
置换型	旧建筑功能不适应发展要求,但具有历史保留价值,可延续文脉。	变化较小	注入新功能,与原空间结合,形成创意产业、工业设计等生产性服务业,为第二产业提速,为地区带来新活力。
整治型	建筑物年久破损,环境污染或配套设施不完善。	用地性质、强度均不变	对具有历史保护价值的建筑、街区和村庄进行整治、修复和维护,重点改善人居环境、完善配套。

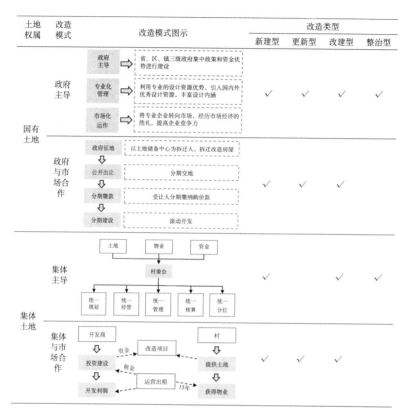

图4—5　佛山市基于开发主体所有权变化的改造模式

资料来源：卢丹梅，"规划：走向存量改造与旧区更新——'三旧'改造规划思路探索"。

2. 严格控制改造范围，全面开展了调查摸底工作

一是合理确定改造范围。佛山市在"三旧"改造范围的确定上，紧紧围绕产业结构调整和转型升级、城市形象提升和功能完善、城乡人居环境改善、社会主义新农村建设等战略部署，以有利于进一步提高土地节约集约利用水平和产出效益为前提，并严格遵循土地利用总体规划和年度实施计划、"三旧"改造专项规划、城镇规划和城市产

业发展规划及环境保护要求,将城中村、国家产业政策规定的禁止类、淘汰类产业的原厂房用地等十一类用地纳入了改造范围。

二是开展全面调查摸底工作。通过调查,摸清"三旧"用地的地类和权属状况,做好"三旧"用地的确权登记工作,为规范运行和保障权益打好基础。在对"三旧"用地充分调查,合理确定改造范围的基础上,将每宗"三旧"用地在土地利用现状图和土地利用总体规划图上进行标注,并建立了"三旧"改造项目库档案,从而实现以图管地、加强监督。据调查统计,佛山市 25.3 万亩"三旧"用地中,旧厂房约17 万亩,旧村居约 5.3 万亩,旧城镇约 3 万亩。

3. 为保障"三旧"改造有序推进,加强了规划指导的作用

一是编制统一规划。佛山市根据"三旧"改造工作总体要求和原则,编制了《佛山市"三旧"改造专项规划(2009—2020)》。该规划与新一轮土地利用总体规划、城镇建设规划以及产业发展规划相衔接,充分考虑经济功能和其他社会服务功能的协调,努力促进生产条件和生活环境同步改善,改造建设与历史名镇、名村、文物保护同步实施,城市建设和居民综合素质同步提升等。根据项目性质和所属的区位,确立了旧城镇改造、旧村居改造、工矿厂企改造、生态环境改造、都市农业和现代农业综合开发、主题文化公园建设等六种改造用途。对"三旧"项目进行改造方向上的引导,推动形成若干相对集聚的功能区,从改造目标、改造原则、改造方向、开发强度、开发流程等方面进行规划指引,使"三旧"改造更具科学性、规范性和可行性。在改造过程中,特别强调环保、生态、节能的原则,以有效推动经济社会和资源环境的全面协调可持续发展。

二是编制配套规划。佛山市要求县、镇政府根据专项规划认真组织编制"三旧"改造地区的控制性详细规划和改造方案,同时编制年度计划,以指导"三旧"工作的开展。

4. 加强组织领导,强化了"三旧"改造的实施监管

"三旧"改造的相关政策来之不易,必须要规范执行和严格监督管理。规范运作程序,既保障相关权利人的合法权益,又要防止出现滥用权力等违法违规现象,使每一个改造项目都能通过审计、纪检监察和群众的检验。

一是明确责任,加强组织领导。各县级以上人民政府对本地区的"三旧"改造工作负总责,规划、国土资源、建设等部门各司其职,共同推动"三旧"改造。

二是保证"三旧"改造合法运行。改造前坚决防止不属于"三旧"改造范围的用地借机利用改造政策办理用地手续,防止弄虚作假;改造中必须严格依照规定办理处罚、确权、征收、供地等手续,确保公开、公平。对"三旧"改造过程中涉及国家规定的税费,必须依照相关规定应收尽收,确保及时缴纳入库和按规定用途使用。各地政府应对纳入"三旧"改造范围的用地手续相关材料的真实性、合法性负责,每年年底前对本行政区域内的"三旧"改造工作进行自查,确保相关政策不被滥用。同时将"三旧"改造项目审批纳入电子监察系统进行管理,并作重点标注,以便监察机关严格监督。

三是加大监察监督力度。由纪检监察、检察院等部门制定加强对改造的重要环节相关监督制度,对相关职能部门履行职责情况进行全程监督和定期检查,依法保障建设单位、居民和其他利害关系人的合法权益。凡有违法违纪行为的,由监察机关依照有关规定严肃查处。

(三) 主要政策文件

1.《印发贯彻省政府推进"三旧"改造促进节约集约用地若干意见的实施意见》(佛府〔2009〕261 号)

(1)基本原则

①政府引导,市场运作。

②明晰产权,保障权益。

③统筹规划,有序推进。

④节约集约,提高效率。

⑤尊重历史,客观公正。

(2)"三旧"改造范围

围绕产业结构调整和转型升级、城市形象提升和功能完善、城乡环境改善、建设社会主义新农村等战略目标,在有利于耕地保护、土地进一步节约集约利用、产出和效益进一步提高的前提下,佛山市将下列土地列入"三旧"改造范围:

①根据城市规划建设需要,进行城中村改造的用地。

②因城市基础设施和公共设施建设需要或实施城市规划要求,进行旧城镇改造的用地。

③布局分散、土地利用效率低下以及不符合安全生产和环保要求的工业用地。

④产业"退二进三"企业的工业用地。

⑤须按产业调整、城市规划、消防、环保等要求进行改造的集体旧物业用地。

⑥国家产业目录规定的禁止类、淘汰类产业转为鼓励类产业或以现代服务业和先进制造业为核心的现代产业原厂房用地。

⑦布局分散、不具保留价值、公共服务设施配套不完善的村庄。

⑧因城乡规划已调整为商服用地或其他用途,不再作为工业用途的厂房(厂区)。

⑨国土资源部"万村土地整治"示范工程确定的示范村或列入"村居整治"工程的村。

⑩城乡建设用地增减挂钩试点中农村建设用地复垦区域。

⑪其他经区级或以上人民政府认定属"三旧"改造范围的用地。

（3）旧城镇改造

①鼓励原土地使用权人自行进行改造。

②各地块的使用权人可共同成立项目公司联合自行改造，或市场主体与其他土地权利人协商签订土地转让合同，在落实相关补偿安置措施的前提下，自行收购改造范围内的多宗地块及地上房屋建筑后，申请对收购的地块取得拆迁许可后进行集中改造。

（4）旧村庄改造

①土地利用总体规划确定的城市建设用地规模范围内的旧村庄改造。农村集体经济组织申请将集体建设用地转国有的，经村民（代表）大会表决同意后向区国土资源部门申请。其中，确定为农村集体经济组织使用的，在建新必须拆旧的前提下，交由农村集体经济组织依照规划自行改造或与有关单位合作开发建设。

②土地利用总体规划确定的城市建设用地规模范围外的旧村庄改造，在符合土地利用总体规划和城乡规划的前提下，除属于市、区人民政府应当依法征收的外，可由农村集体经济组织或者用地单位在建新必须拆旧的前提下依照规划自行组织实施，并可参照旧城镇改造的相关政策办理。

（5）用地政策

①允许土地置换。为满足"三旧"改造需要，允许在符合土地利用总体规划和控制性详细规划的前提下，通过土地位置调换等方式调整使用原有存量建设用地。集体建设用地与集体建设用地之间、集体建设用地与国有建设用地之间、国有建设用地与国有建设用地之间的土地均可置换。当事人置换土地须经县级以上国土资源部门批准并办理相应的土地变更登记手续。

②开展城乡建设用地增减挂钩试点。旧村庄改造涉及的拆旧腾挪的合法用地，确能实现复耕的，可根据国土资源部的相关规定，纳

入城乡建设用地增减挂钩试点。涉及新增建设用地和占用农用地（耕地）的，由市国土管理部门安排专用周转指标。

③历史用地处理：用地行为发生在1987年1月1日之前，依照原国家土地管理局1995年3月11日发布的《确定土地所有权和使用权的若干规定》进行确权，经公告无异议后直接办理建设用地确权登记发证手续。用地行为发生在1987年1月1日至1998年12月31日之间，用地时已与农村集体经济组织或农户签订征地协议，且未因征地补偿安置等问题引发纠纷，迄今被征地农民无不同意见的，依照1988年修订的《中华人民共和国土地管理法》有关规定，落实处理（处罚）后按土地现状完善征收手续。用地行为发生在1999年1月1日至2007年6月30日之间，按照1998年修订、2004年修正的《中华人民共和国土地管理法》有关规定，落实处理（处罚）后按土地现状完善征收手续。凡用地行为发生时法律和政策没有要求听证、办理社保审核和安排留用地的，在提供有关历史用地协议或被征地农村集体同意的前提下，无需听证、办理社保审核和安排留用地。对"三旧"改造中涉及的各类历史用地，禅城、南海、顺德区处罚标准为每平方米不低于5元，三水、高明区每平方米不低于3元。"三旧"改造中涉及的各类历史用地手续工作应当在2012年完成。2007年6月30日之后发生的违法用地不适用上述办法。

④边角地、夹心地、插花地等问题的处理：现状为建设用地的边角地、夹心地、插花地，以单块面积3亩为标准，3亩以下（含3亩）由区人民政府处理。单块面积超过3亩或多块累计面积大于改造总面积10%的边角地、夹心地、插花地按规定办理有关用地手续。现状为农用地的边角地、夹心地、插花地，以单块面积1亩为标准，1亩以下（不含1亩）、多块累计面积小于或等于改造总面积10%的边角地、夹心地、插花地由区人民政府处理并报市人民政府备案；面积1

亩以上、多块累计面积大于改造总面积 10% 的边角地、夹心地、插花地按规定办理农地转用、完善用地手续和转为国有土地审批手续，并可在"三旧"改造方案中一并报批。

（6）财政扶持政策

①农村集体将国有留用地或集体转为国有的土地自行开发或通过招商引资合作开发而发生土地使用权转移的，土地出让金在扣除按规定计提的专项资金后，余额最高不超过 60%，按有关规定由财政列支，专项用于包括保证被征地农民原有生活水平补贴支出、补助被征地农村居民社会保障支出以及农村基础设施建设支出等。

②通过征收农村集体建设用地实施旧村庄改造进行经营性开发的，土地出让纯收益可按最高不超过 60% 的比例返拨给原农村集体经济组织。

③"2+5"组团城市规划城区内的搬迁企业用地由当地政府依法收回后通过招标、拍卖、挂牌方式出让的，在扣除收回土地补偿费用后，其土地出让纯收益可安排部分专项支持企业发展。

④对"三旧"改造涉及的城市（城镇）公共基础设施建设，应从土地出让金中安排相应的项目资金予以支持改造。

⑤探索利用社会资金开展"三旧"改造，政府组织实施的"三旧"改造项目，在拆迁阶段可通过招标方式引入企业单位承担拆迁工作，拆迁费用和合理利润可以作为收（征）地补偿成本从土地出让收入中支付；也可在确定开发建设的前提下，由政府将拆迁及拟改造土地的使用权一并通过公开交易方式确定土地使用权人。

⑥工业用地在符合城乡规划、改造后不改变用途的前提下，提高土地利用率和增加容积率的，不再增收土地价款。

⑦属政府产权的公共建筑面积，不参加容积率计算，不收取土地出让金。

2.《印发关于加快推进"三旧"改造促进城市升级工作意见的通知》(佛府办〔2012〕37号)

(1)加大扶持和奖励旧厂房改造力度

①将旧厂房改造控制比例的适用范围在中心城区以及南海区里水镇、大沥镇、顺德区大良街道、容桂街道内延伸至商业、办公、生产性服务业、都市型产业、总部经济、文化创意产业等。

②已有控制性详细规划覆盖的旧厂房用地,改造后用于发展扶持产业的面积不应低于已批规划。

③将享受鼓励政策的工业厂房项目建筑物工程造价标准调整为1 200元/平方米,其他产业项目建筑物工程造价仍为2 000元/平方米。

④适当提高旧厂房用地转变功能用于非商品住房项目开发的,土地出让收益中土地权属人和政府分成比例。

(2)保障公益性用地的供给与落实

①用于商品住房开发的"三旧"改造项目改造时用于建设城市基础设施、公共服务设施和公共绿地等公益性项目建设的用地比例不得低于25%。

②鼓励原用地单位自愿将经营性用地调整为公益性用地。对于自愿提供控规(或地块规划设计条件)以外公共绿地或广场等城市公共开放空间的改造主体,其控规调整除视为"局部调整",并可给予其适当的计算容积率建筑面积奖励。奖励不得高于额外提供的城市公共开放空间用地面积的等量计算容积率建筑面积。

四、东莞市

(一)背景

2009年9月起,东莞市的"三旧"改造从部分试点转向在全市全面实施;12月,东莞市政府出台了《东莞市"三旧"改造实施细则(试行)》。随后,东莞市相继出台了一系列政策文件,着力对"三旧"改造工作进行了调整优化,使"三旧"改造工作从一项试点性工作转变为常态性的制度安排和工作部署。自 2010 年全面铺开"三旧"改造试点工作后,东莞的"三旧"改造逐步摸索出一条切合实际的土地二次开发、城市更新的路子。2010—2016 年,东莞市累计完成改造 1.54万亩(旧厂 8 669 亩、旧村 5 016 亩、旧城 1 739 亩),正在推动改造2.4 万亩(新华网,2016)。

表 4—10　近年东莞市与"三旧"改造有关的政策

出台时间	政策名称
2009.03.10	东莞市实施"三旧"改造土地管理暂行办法
2009.04.15	东莞市已建房屋补办房地产权手续总体方案
2009.08.13	东莞市推进"三旧"改造工作方案
2009.12.16	东莞市"三旧"改造实施细则(试行)
2009.12.16	东莞市"三旧"改造单元规划编制指引(试行)
2013.11.19	关于建立健全常态化机制,加快推进"三旧"改造的意见
2014.01.24	关于《东莞市"三旧"改造实施细则》的补充通知
2014.12.28	关于加强"三旧"改造常态化全流程管理的方案
2015.11.13	东莞市集体经济组织与企业合作实施"三旧"改造操作指引
2015.12.23	加快推进"三旧"改造提升产业转型升级若干意见
2015.12.23	东莞市"三旧"改造产业类项目操作办法
2017.06.19	东莞市"三旧"改造地价计收和分配办法(试行)

(二) 做法

1. 加强常态化全流程管理,建立健全了"三旧"改造常态化的工作机制

东莞市遵循"政府主导、规划管控、成片改造、计划实施"的原则,

对"三旧"改造流程进行了再造和优化,完善了"三旧"改造的申报、审批、实施、监管等完整流程,建立健全改造单元统筹、市场主体准入、年度实施计划、批后监管退出等"三旧"改造常态化机制。在常态化工作机制的指引下,东莞市推动了"三旧"改造在四个方面的转变:一是"三旧"改造区域从全市分散改造向城市中心和节点区域、近期重点开发区域、交通干线沿线区域等核心区域集中改造转变;二是"三旧"改造的主导方式从市场自发改造向政府统筹单元改造转变,实现"两先两后":先政府统筹,后市场进入;先单元整体统筹,后单宗项目实施;三是改造类型从偏重于地产类项目向各类型项目平衡转变。东莞市加强落实了产业类用地、公益性用地的改造项目;四是管理机制由随意上报、批而不管、只进不退向批次管理、批管结合、有进有退转变。

2. 完善了管理机构,确立政府在城市更新中的统筹地位

一是明确两级政府的权职关系。市级政府负责城市更新的顶层制度设计、市域更新资源的战略统筹,同时也是市级战略空间的实施主体,具体责任包括:(1)制度设计与平台搭建,即完善制度、设立程序、制定政策以及搭建各方合作的平台;(2)战略统筹与区域协调,即统筹战略空间,明确近期重点;统筹跨镇区域更新,协调镇街关系;统筹利益格局,平衡经济、社会与生态利益,局部与整体利益,市场与公众利益。镇街政府是辖区内城市更新的主要实施主体,激励与监督市场参与到城市更新中,需要对市级机构负责,具体责任包括:①规划制定与计划安排。以市战略统筹为基础,统筹镇域制定"三旧"改造专项规划、年度计划,由市政府审批确定;②对市场的激励与监督。开发商的逐利行为必然会与规划调控的要求产生某些冲突。政府部门介入城市更新,一方面为开发商提供必要的支持与辅助,调动开发商作为市场主体参与城市更新的自觉性和积极性,同时还可监控和

防止开发商忽视甚至是损害公共利益的行为。

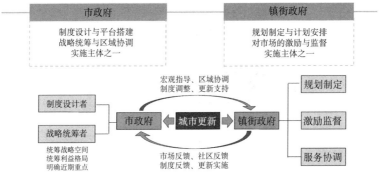

图4—6　东莞市城市更新中市—镇两级政府的职责分解图

二是设立城市更新专职管理机构。

建立城市更新的专职机构和土地储备机构,通过构建完善的城市更新管理架构,建立规范化、高效化的城市更新项目审批、操作和监管程序。形成"市政府—城市更新市级专职机构—城市更新土地储备中心—各行政、企事业单位—镇街政府"五级管理机构。各级机构职责如下。

市政府:战略部署、平台搭建、顶层设计。

城市更新市级专职机构:统筹、指导、协调、监督城市各项更新工作。将分散在各部门有关城市更新的审批权适当集中,提高城市更新工作效率和工作质量;统筹协调战略地区城市更新的各方利益;定期举办城市更新宣传培训讲座等。

城市更新土地储备中心:根据市场需求,有计划地盘活存量土地资产,按计划配置土地资源。

各行政、企事业单位:城市更新过程涉及土地、规划、建设、计划、财政,以及能源、电力、水务、通讯、绿化等众多部门和企事业单位,必须要求各涉及方共同遵守法定的工作程序。

　　镇街政府:组织、协调本辖区城市更新项目的实施。

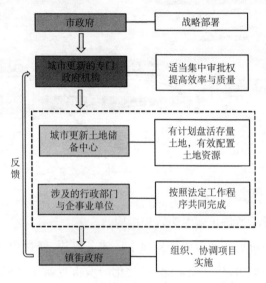

图 4—7　东莞市城市更新各级政府部门组织体系

　　3. 构建了系统化的城市更新规划体系,强化规划的引导与统筹

　　东莞市构建与城市规划体系相对应的"全市城市更新专题研究—全市'三旧'改造专项规划—镇街'三旧'改造专项规划—镇街'三旧'改造年度计划—改造单元规划"五级城市更新规划体系。其中,"全市城市更新专题研究"对接市域战略研究,重点研究政策、制度、机制等顶层设计的问题;"全市'三旧'改造专项规划"对接市域总体规划,其中,市域专项规划的纲要是纲领性文件,对全市"三旧"改造工作提出管控要求;"镇街'三旧'改造专项规划"对接镇街总体规划,是镇街城市更新资源的整体安排,重点管控改造区域、改造规模、功能指引、政策分区、时序安排等;"镇街'三旧'改造年度计划"对接

镇街总规的年度实施计划,重点确定当年改造规模和准入项目,并且确定改造项目主要的规划指标;"'三旧'改造单元规划"对接控制性详细规划,重点落实上层次规划安排,完善控规调整的程序。

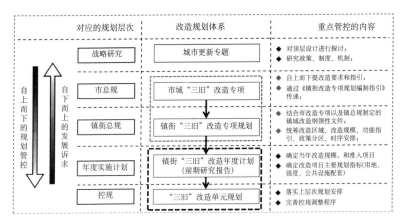

图4—8　系统化城市更新规划体系与常规法定规划体系对应关系

4. 制定了差异化的政策组合

一是制定了差异化的土地出让模式。东莞市转变了以往各类型改造用地均可协议出让、"一刀切"的土地出让模式。根据不同类型的改造项目采取了不同的土地出让方式:工改居(商)项目由政府统一收储后进行公开出让;在政府确定不收储的地区,工改工、旧村改居(商)、旧城改居(商)的项目允许采取协议出让的模式,以调动市场参与改造的积极性。

二是制定差异化的出让金返还政策。东莞市转变了所有改造项目政府均过度让利、简单化的返还政策。改造难度较大的旧村与旧城镇,政府应对产权主体进一步让利,扩大土地收益返还的比例,调动改造的积极性;土地增值较大的工改居(商),市政府应压缩土地收益的直接返还比例,并且收取一定的比例作为产业及公建发展的专项基金;工改工项目,政府应提供一定的资金补助,以促进产业的转型升级。

三是制定多样化的容积率制定方式。东莞市"三旧"改造项目容积率的确定应以密度分区为基础,并以成本核算以及容积率奖励等方法进行调整。

(1)成本核算法

适用于旧城镇改造、旧村改造项目,在保证"拆三留一"政策有效落实的基础上,采用成本容积率核算的办法核算改造容积率:

$$融资面积 = 改造成本 / 楼面地价$$

$$改造容积率 = (融资面积 + 回迁面积 + 公服面积) / 地块面积$$

其中:"改造成本",包括了改造过程中产生的拆迁安置成本、公共设施建设成本、补缴土地出让金、土地税费等一系列费用;"楼面地价"是指将地块的总地价平摊到建成后建筑量上,得出的单位建筑面积对应的地价,一般由专业评估机构评估而得。原则上,经过核算的改造容积率不能突破控规审查标准的上限。

(2)容积率奖励法

适用于工改居、工改商的项目,需在基准容积率的基础上,根据旧改项目公共设施的贡献程度来确定奖励容积率的量。

$$改造容积率 = 基准容积率 + 奖励容积率$$

其中,"基准容积率"是结合相关规划指引、区位、设施及环境支撑能力、现状建设情况综合确定,同时须满足下表的规定:

"补奖励容积率"是指改造主体提供公共服务设施的前提下,获得奖励的容积率。获取容积率奖励的项目必须满足以下条件:奖励建设总规模须按比例反算到各类用地上,禁止将奖励的建设规模集中反算到某一类用地上;可以获得建设规模奖励的公共设施,必须是改造后新增的公共设施,属于"三旧"改造标图建库红线范围内,必须与改造项目同步拆除,同步建设后无偿提交给政府。

表 4—11　东莞市地块基准容积率规定

类型	用地类别	地块基准容积率	备注
旧厂改造	居住用地(R2)	≤1.8	—
	商业金融业用地(C2)	≤3.5	—
	商住用地(R5)	≤2.2	居住建筑面积所占 比例不得超过 70

四是制定了差异化的"三旧"改造地价激励政策。根据改造主体的不同,东莞市制定了不同的地价计收体系。其中,政府主导改造项目参考单宗出让地块评估结果确定出让底价;土地使用权人自行改造、集体经济组织自行改造以及集体经济组织与企业合作改造等类型项目以区片市场评估价、修正系数以及折扣系数为基础,区分不同的改造情形,形成地价计收标准,再根据确定的标准计收地价款。

(三) 主要政策文件

1.《东莞市"三旧"改造实施细则(试行)》(东府〔2009〕144 号)

(1)"三旧"改造定义

特定城市建成区,在 2007 年 6 月 30 日之前土地利用现状图或卫星影像图(或航片、正射影像图)上显示为已有上盖建筑物的建设用地,包括旧城镇、旧村庄、旧厂房。

(2)"三旧"改造范围

①根据城市规划建设需要,进行城中村改造的用地;

②因城市基础设施和公共设施建设需要或实施城市规划要求,进行旧城镇改造的用地;

③布局分散、不具保留价值、公共服务设施配套不完善的村庄;

④城乡建设用地增减挂钩试点中农村建设用地复垦区域;

⑤须按产业调整、城市规划、消防、环保等要求进行改造的集体建设用地;

⑥布局分散、土地利用效率低下以及不符合安全生产和环保要求的工业用地;

⑦因城乡规划调整,产业"退二进三"企业的工业用地;

⑧国家产业目录规定的禁止类、淘汰类及限制类产业转为鼓励类产业或以现代服务业和先进制造业为核心的现代产业的原厂房用地;

⑨其他经市"三旧"改造领导小组认定属"三旧"改造范围的用地。

(3)"三旧"改造规划的要求

①"三旧"改造规划在控制好片区整体容积率的前提下,按"拆三留一"要求优先预留公共用地,即按拆迁用地面积计算,预留比例不低于1/3的用地,作为道路、市政、教育、医疗、绿化等公共用途。

②"三旧"改造规划分为"三旧"改造专项规划及年度实施计划、"三旧"改造单元规划两个层次。

③"三旧"改造专项规划的内容应包括:改造范围,改造目标,功能定位,总体用地布局和规模,用地功能布局,配套设施的总体规划与布局,道路交通的总体规划和道路网络构成,环境景观设计和公共空间规划,历史文化遗存保护、自然生态资源保护,实施机制等。

④"三旧"改造单元规划应以"三旧"改造专项规划及年度实施计划为依据,以成片改造单元为单位,以控制性详细规划为指导,以指导地块成片开发改造为目的,制定近期改造片区的详细规划,提出具体的改造要求和实施安排,要求达到城市设计的深度。

(4)"三旧"改造政策优惠

①改造用地指标政策

"三旧"成片拆迁改造中,建设用地改造为农用地的,原建设用地可调整使用,并按改造为农用地面积的20%奖励土地利用年度计划指标。"三旧"成片拆迁改造范围内涉及农地转用的,土地利用年度计划指标由市政府优先安排。属地镇街土地利用年度计划指标可申请配额不足的,由镇街向市国土资源局申请使用周转指标,再由市国土资源局有关规定向省申请周转指标。

②用地报批政策

纳入"三旧"改造范围、符合土地利用总体规划和"三旧"改造规划、没有合法用地手续且已使用的建设用地,用地行为发生在1987年1月1日之前的,直接办理确权手续;

用地行为发生在1987年1月1日之后、2007年6月30日之前的,按照土地现状(建设用地)办理征收手续,免土地利用年度计划指标,免缴纳新增建设用地有偿使用费、耕地占用税和耕地开垦费。

③财政税费、土地出让金优惠政策

"三旧"成片拆迁改造的项目,待土地出让后,可由镇街向市财政申请返还"三旧"成片拆迁改造建设用地征缴属市收入部分的土地税费。

镇街采用政府主导或引入社会资金参与的"三旧"成片拆迁改造项目,土地出让金扣除按规定计提的农业土地开发资金(15元/平方米)后,余额全部归镇街。

集体经济组织将集体所有的村庄建设用地改变为国有建设用地后自行改造的"三旧"成片拆迁改造项目,按基准地价缴纳土地出让金。

集体经济组织将集体所有的村庄建设用地改变为国有建设用地后与有关单位合作开发建设的"三旧"成片拆迁改造项目,按基准地价缴交土地出让金。土地出让金扣除按规定计提的农业土地开发资金(15元/平方米)后,市、镇、村按2∶4∶4比例分成。

对现有工业用地改造后不改变原用途,提高土地利用率和增加容积率的,不再补缴土地出让金。

"三旧"成片拆迁改造中,需要搬迁的国有企业用地,镇街可从土地出让纯收益中按不高于60%、不低于30%的比例返还给企业;通过征收农村集体建设用地进行经营性开发的,镇街可从土地出让纯收益中按不高于60%、不低于30%的比例返还给原农村集体经济组织。

2.《加快推进"三旧"改造促进产业转型升级若干意见》(东府办〔2015〕127号)

(1)总体要求

①通过试点先行、逐步铺开的方式,充分发挥市、镇二级政府统筹和引领作用,鼓励企业参与,在本"三旧"改造专项规划期限内,盘活和整合1万亩旧厂房用地,建设一批产业集聚区、都市型工业园和多层、高层工业楼宇。

②旧城镇、旧村庄改造应坚持"成熟一片,改造一片""规划先行,公共优先""以人为本,保障权益"的原则,综合考虑权利主体意愿、片区房地产价格、基础设施承载能力、补偿安置诉求、政府政策支持和财政补助等因素后稳步推进。

③政府直接投建,加大对"三旧"改造范围内道路、市政、文化、教育、医疗、体育、绿化等城市公共设施的投资建设力度。政府制定统一的征收补偿标准,统一整合收储城市公共设施用地。

④控制比例。"三旧"改造用地规划为居住用地和商业用地的比例,原则上市区不高于60%,各镇不高于40%。专项规划确定为工业、仓储、科研用地,不得擅自改为居住用地和商业用地。

(2)旧厂房用地改造

①旧厂房改造用于发展产业类项目,同时符合以下条件的,其工业生产使用部分可分割出售,并参照商品房办理《预售证》的做法,为分割出售部分办理独立的《房地产权证》:旧厂房用地为有偿出让的国有工业用地;项目竣工验收的容积率达到1.5以上(含本数);受让人为在莞登记注册的企事业单位,并符合产业准入条件。

②经市经信部门认定的生产性服务业项目,可使用工业用地,但不得改变用途。

③产业类项目可按用地面积不超过总用地面积的7%且建筑面积不超过总建筑面积30%的比例,统一规划、集中建设配套设施。

④现有工业用地改造后不改变原用途,只提高容积率的,免交土地出让金和市级基础设施配套费。村(社区)自行对原有工业厂房实施升级改造的,报建环节应缴纳的市级行政事业性收费先按规定征缴,竣工验收后按征缴额返拨50%。

⑤对产业类改造项目给予一定的补助:在具体实施拆除阶段:以租赁形式取得开发权的,补助60元/平方米;以收购、回购、流转出让、划拨补办出让、完善征收手续后协议出让方式取得土地的,补助80元/平方米;对原有厂房自行改造的,补助40元/平方米。在新建竣工阶段:容积率为1.5—2.0(下限含本数,上限不含本数,下同)的,补助60元/平方米;容积率为2.0—3.0的,补助80元/平方米;容积率为3.0以上,补助100元/平方米。

⑥镇(街道)与集体经济组织共同改造及集体经济组织自行改造建成的产业类项目,其引进的企业,自签订相关物业租约或购买合同第二年起该企业所得税市财政留成部分,每年提取20%奖励给项目业主,连续奖励3年。

(3)旧村改造

①集体经济组织申请,经批准将其集体建设用地转为国有建设

用地后自行改造的,可以协议出让方式供地到集体经济组织或该集体经济组织成立的全资子公司。土地出让金按基准地价缴纳,扣除按规定计提的农业土地开发资金(15元/平方米)后,余额归村(社区)。

②集体经济组织申请将集体所有的建设用地改变为国有建设用地后与有关单位合作开发的,需先以协议出让方式供地到集体经济组织或该集体经济组织成立的全资子公司,再转让(包括以土地使用权作价入股)到合作单位。转让应根据《村民委员会组织法》有关规定,经村民(代表)大会表决通过,并报市国土部门办理国有建设用地转让手续。

③设立旧村改造安置补偿资金监管账户,参与旧村改造的开发企业应将安置补偿资金存入监管账户。集体经济组织、监管账户开户银行与镇(街道)应当就安置补偿资金的管理签订监管协议,建立三方监管机制。

④统一全市的"三旧"改造拆迁安置补偿标准,制订"三旧"改造安置房管理办法,探索改造成本评估工作的新机制,严格控制旧村改造成本。

(4)"三旧"改造资金

①设立市"三旧"改造专项资金,重点支持旧厂房用地整合改造。

②原土地使用权人自行改造补缴的土地出让金市、镇、村分成比例由2:4:4(第三类镇1:5:4)调整为4:2:4(第三类镇3:3:4),市分成部分全额注入市"三旧"改造专项资金。集体经济组织与其他单位合作改造,办理转让手续缴纳的税费,市留成部分全额注入市"三旧"改造专项资金。

五、国内其他城市的更新政策

(一)上海城市更新政策

改革开放以来,上海市在不同时期城市更新方式可分为四个阶段:

1. 第一阶段 20 世纪 80 年代是计划经济体制下的政府主导,政府及公共部门的拨款补助为主要资金来源的机制。

2. 第二阶段 20 世纪 90 年代,计划经济向市场经济转轨,政府机制改革,城市更新的机制变化以市场为导向、以引导私人投资为目的,以房地产开发为主要方式、以经济增长为取向探索的新模式。

3. 第三阶段则是 21 世纪初,透过不断反思与探索,认识到城市更新不仅仅是房地产的开发与物质环境的更新。探索新条件下的城市更新,除鼓励私人投资与推动公司合作外,更强调本社区的参与,强调公、私、社区三方合作伙伴关系的建立,强调更新的内涵是经济、社会和环境等多目标的综合性更新(管娟,2008)。

4. 第四阶段是 2014 年以来,随着城市发展模式向"逆生长"转变,上海市城市更新进入了以注重品质、公共优先、多方参与、共建共享的有机更新。在城市"逆生长"的模式下,上海市的有机更新更加关注空间重构与社区激活,把社区作为一个功能完备的"小城市",构建以社区为基础"网络化、多中心、组团式、集约型"的城乡空间格局;更加关注生活方式和空间品质,强调以人为本,围绕社区构建生活圈,增强公共空间的品质和人性化的城市体验;更加关注功能复合与空间活力,通过土地混合使用,打造功能合理复合的创新空间;更加关注历史传承与魅力塑造,突出城市特色,营造兼具历史底蕴和现代气质的城市文化禀性;更加关注公众参与和社会治理,注重社会多元协同(包括规划者、建设者、运行者、管理者和需求者),构建和谐有

序、共建、共治、共享的社会关系；更加强调低影响与微治理，注重以
"小规模、低影响、渐进式、适应性"为特征的更新方式，推动城市的内
涵式创新发展。

　　为保障城市更新工作的有序开展，上海市相继出台了一系列政
策文件：2015 年 2 月，上海市规划和国土资源管理局发布了《上海市
城市更新规划实施办法（试行）》；2015 年 5 月，上海市政府颁布了
《上海市城市更新实施办法》；2016 年 3 月，上海市规划和国土资源
管理局制订了《关于本市盘活存量工业用地的实施办法》。同时，
2016 年，上海为了将城市有机更新的理念融入规划管理、土地管理
及其他城市管理的工作层面，加强机制创新，开展了"共享社区计划、
创新园区计划、魅力风貌计划、休闲网络计划"的四大更新行动计划，
并用"12＋X"的弹性管理方式对示范项目进行了选取与推进（匡晓
明，2017）。2017 年 7 月，上海市政府进一步发布了《关于深化城市
有机更新促进历史风貌保护工作的若干意见》。

　　一是注重文化、艺术的深度介入，提升城市内涵。上海城市更新
以"文化兴市、艺术建城"为理念，实施了魅力风貌计划，通过对具有
地方传统特色的里弄街区、公共建筑、产业遗存、风貌道路及其他城
市记忆进行抢救性保护工作。建立分级分类保护机制，协调风貌保
护与发展建设的关系。保护非物质文化遗产，提升城市文化内涵，建
设更富魅力的人文之城（新浪财经，2016）。目前，上海市在静安区东
斯文里、张家花园、四行仓库和虹口区中部地区等近年来推进的众多
城市更新项目中，都对延续历史文化脉络、加强成片历史风貌保护给
予了重视和落实。此外，上海市在城市更新过程中还注重强化城市
街区肌理的延续，更新、活化历史性城市区域，延续城市发展的记忆
和城市传统的空间特点；同时，注重微观空间构造的识别、整合和复
兴，如形成延续文脉的城市小轴线，打造吸引人们驻足的历史建筑场

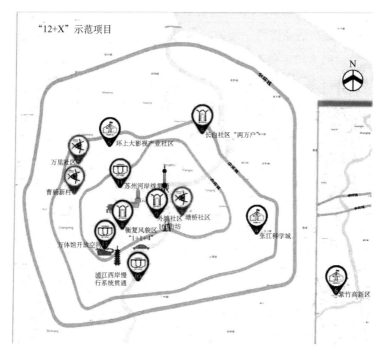

图 4—9　上海市 2016 年城市更新"12＋X"示范项目

资料来源:上海规土。

域(莫霞,2017)。

二是发挥社区平台作用,注重公共要素的强化与引导。当前,上海市城市更新以社区为基本生活单元,积极打造完善的生活圈。首先以市民需求和社区文体为导向,对更新地区进行综合评估,重点关注社区公共开放空间、公共服务设施、住房保障、产业功能、历史风貌保护、生态环境、慢行系统、城市基础设施和社区安全等方面内容,明确生活圈中的内容,提供更加宜人的社区生活方式(黄文炜等,2008)。针对公共设施(尤其是公共服务设施)尚不达标、能级不够,广场空间不足,公共绿地总量少、覆盖率低等现象,上海城市更新强化了对公共要素的供给,在城市更新领域中,为提供更多的公共服务设施等公益性活动提供一定的容积率等奖励。同时,上海市明确将公共要素列为城市更新区域评估的重要内容:一是增加公共及开放空间,建构公共活动网络;二是增加地区公共服务设施,优先保障公益性设施落地;三是注重环境品质的提升(莫霞,2017)。

三是发挥市民主体作用,构建鼓励多方参与、共享共建的开发机制。上海市城市更新坚持以民为本,保障市民权益。探索"政府—市场—市民—社团"四方协同的机制,注重物业权利人和设计师及政府部门的协作,发挥市民协商自治作用,努力避免将城市更新成为加重社会两极分化的过程。同时,上海市在《关于本市盘活存量工业用地的实施办法》中允许单一主体或联合开发体采取存量补地价的方式自行开发,又规定对于采取收储后公开出让的工业用地,原土地权利人可以分享一定比例的土地收储收益,并明确具体比例由区县政府集体政策确定。

四是实行区域评估、实施计划和全生命周期管理相结合的管理制度。其中:区域评估是确定地区更新需求,适用更新政策的范围和要求。主要包括地区评估、划定更新单元两项内容。实施计划是各项建设内容的具体安排。主要包括两项内容:一是明确城市更新单元内的具体项目。二是编制城市更新单元的实施计划。全生命周期管理是以土地合同的方式,约定更新权利义务、物业持有、权益变更、改造方式、建设计划、运营管理等要求,进行全过程管理。

(二) 香港城市更新政策

1. 城市更新背景

香港作为一个人口稠密、寸土寸金的国际性大都市,其经济发展离不开房地产业,旧城改造是其以往很重要的获利渠道。但是,由于经济利益的驱动和社会矛盾的交织,使得旧城改造面临不少困难。

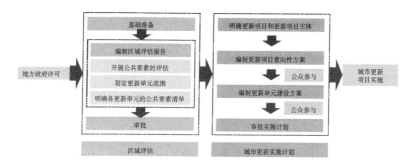

全生命周期管理

图 4—10　上海市城市更新的全生命周期管理制度

资料来源:清华同衡规划院,《城市更新制度的转型发展——广州、深圳、上海三地比较》。

1959 年,还在香港旧城改造的零星试点阶段,香港当局以当时的大坑村部分地区为试点,拟制了一份发展蓝图,试图合并小块土地,重新划定地界,并提供街市、学校、休憩用地等设施,但遭到害怕丧失发展业权的当地居民反对而搁置。经过长时间的筹划,从 1969 年开始分四期进行,直至 1984 年才完成,基本达到改善地区居住和交通环境、提供必要服务设施的规划目标。由此可见,由于复杂的土地产权和利益问题,政府进行改造会遇到很大的阻力,花费很长的时间。

　　为了提高市区重建的效率,加之不想背负沉重的经济负担,香港政府在 20 世纪 80 年代初进行了成立“土地发展公司”的可行性研究。1987 年底通过《土地发展公司法案》,并于次年成立土地发展公司。它是一个独立法定团体,独立于政府行政架构之外,其营运方式是依据“审慎的商业原则”(Prudent Commercial Principal),而且自负盈亏。土地发展公司带有半官方色彩,可以选定某一旧区为“综合发展区”(CDA: Comprehensive Development Area),因而自动拥有该项目的开发权,并且在特定情况下可向政府申请动用《官地收回条例》进行强制性征购。

可是,按照香港的法律规定,进行旧城改造时,必须保障原物业业主和租户的利益不受侵害,尽可能通过谈判协商的方式收购业权。由于待改造地区业权分散,有时甚至无法找到某些业主,土地发展公司为此大费周折,个别业主更是漫天要价。而土地发展公司若申请政府动用"官地收回"的权力,又需要耗费相当长的时间和复杂的程序,这种延误导致成本的上升。

针对这个难题,香港特区政府认为需要重整架构,对市区重建给予财政和行政支持。2000 年 6 月 27 日,政府通过了《市区重建局条例草案》,制定了新的《市区重建局条例》,于 2001 年 5 月 1 日成立一个新的法定机构——市区重建局。《草案》简化了规划和收地程序,其中包括:一旦 90% 的业主同意接受收购条件,开发商有权进行强制征购;由市区重建局负责在发展区内收购物业,在必要的时候应向政府会同行政局建议收回发展区内的物业,并进行收地和拆除楼宇等。

2. 香港城市更新历史

(1) 早期的市区重建(1988 年前):"积极不干预"政策下的市场主导模式

总的来说,20 世纪 60 年代以前,香港政府对城市更新基本上采取放任自流的态度,让私人发展商自发在市场中寻找重建机会,而政府本身极少介入旧区重建和改造。

自 20 世纪 60 年代开始,鉴于老旧市区环境的日益恶化,政府开始采取一些专项举措试图改善市区物质环境。在 20 世纪 60—70 年代期间,政府启动了一系列市区重建专项计划,主要包括上环城市更新试点项目(1969)、环境改善区计划(1973)、市区改造计划(1974)以及综合发展区计划(1978)等。然而,由于这些计划规模十分有限、又基本属于临时性质,在政策体系、机构设置和实施机制等方面缺乏有效的制度支撑,在项目实施、管理和协调方面产生不少问题,使得这些项目总的收效十分有限。

另一方面,从 20 世纪 70 年代开始,政府城市政策的重点是放在新市镇的建设方面。市区重建实际上仍然未能从战略层次上得到足够的重视。城市更新(亦称市区重建)基本上是由市场机制所主导,私人发展商是市区重建的最主要力量。

(2) 土地发展公司(LDC)时期(1988—2001):政府有限度介入、市场主导模式未变

到了 20 世纪 80 年代,那些以低层楼宇为主、重建难度小的旧市区已基本上被以赢利为目的的开发商重建完毕,而剩下不少以高层、高密度为主的残旧地区,因征地难度大、财务可行性低而令开发商失去重建兴趣。这样一种状况,使得长期单靠市场机制进行调节的香港市区重建陷入困境。此时政府才开始意识到公共部门有必要发挥更积极的作用,去填补因私营部门退出市区重建而留下的空白。于是,1988 年土地发展公司(LDC)成立,作为法定公营机构,专责市区重建事业,以推动香港的市区重建进程。

LDC 的成立,标志着公共部门对市区重建正式地、有限度地介入。然而,LDC 虽为公营机构,但仍然以完全市场准则运营。政府并未给予 LDC 实质性的财政支持,只是在其成立初期提供了一小笔仍需归还的贷款(仅 3 100 万港币)作为启动资金,而 LDC 的运作必须要依靠它自身在重建市场中寻找机会,滚动发展。这样的制度设计,令 LDC 在开展业务时不得不首先顾及其自身的财务平衡。这就迫使 LDC 采取与私人发展商相类似的商业运作模式,将焦点放在那些具有赢利性的项目,而回避那些真正迫切需要重建、但财务不可行或拆迁难度大的地区。结果,LDC 几乎蜕变成为一个与私人发展商

类似的、追逐重建利润的机器,这与其自身公营机构的身份和所担负的使命很不相称。

LDC 在其 12 年的运营中总共完成了 16 个重建项目,启动了 14 个项目。除了少数大型商业/写字楼开发项目,多数项目都是小规模的。总的来说,LDC 模式的市区重建以地产开发为导向、以财务可行性为首要考虑因素,进度缓慢、项目零散,总的收效并不理想。12 年间,LDC 只完成了 1991 年香港都会区规划所确定的 639hm² 待重建面积的 0.44%。在完成的 16 个项目中,有 80.5% 的建筑面积用作有利可图的商业/写字楼用途,只有 19.5% 的面积用于居住、公共设施和社区休憩用地。

LDC 这种缺乏长远目标和策略性政策体系支持的商业运作模式无法从根本上解决香港市区重建所面临的问题。

第一,它所能实施或带动的重建规模和进度根本无法阻挡香港旧区衰败的速度。

第二,LDC 原本所被寄予的引导私有投资进行市区重建的功能也并未收到显著成效。私人发展商参与居住用地重建的程度在 20 世纪 90 年代不断下滑:1989 年通过重建形式提供的私人住宅单位有 20 000 多个,而到 1997 年,这一数字下降到不足 5000 个(张更立,2005)。

第三,LDC 模式的重建突出了经济利益,过于注重财务可行性,而在很大程度上忽视了城市更新的社会功能。商业模式的开发造成了重建机构与社区大众的利益冲突,缺乏有效的公众参与机制使得决策过程缺少透明与沟通,在自上而下的决策过程中,社区的作用几乎被边缘化,而完全推倒重建式的开发活动和缺乏社区安置措施更造成对社区居民的逐离,导致社区网络的解体和社区文化的破坏。

（3）市区重建局（URA）时期（2001 年起）：新思维的出现

2001 年市区重建局（URA）成立，这是城市更新体制改革的产物。与 LDC 时代相比，以 URA 为主体的城市更新政策框架在管理架构、实施战略、财务机制、规划程序、土地征用、赔偿安置、社区利益保障等方面做出了改进。通过这些新的举措，URA 模式试图表明，它代表着政府在城市更新领域的一种新思维、新趋向。主要体现在三个方面，即市场机制前提下政府角色的强化、全面化城市更新理念的主张以及"以人为本"的城市更新价值观的初步形成。

①市场机制前提下政府角色的强化

URA 的建立象征着政府或公共部门对市区重建介入程度的进一步加深。在保持市场机制为主导的前提下，强化了公共部门对城市更新的责任。

首先，从战略角度上，政府专门制定了《市区重建策略》，为 URA 开展城市更新做出指引，并在全港划定了 9 个重建目标区和 225 个优先项目，作为 URA20 年内的实施任务。

其次，为了加强 URA 实施该策略的能力，政府在财务方面对 URA 进行了"输血"性的补助。由于原 LDC 在"荃湾市中心"等项目中的巨额亏损，URA 成立之初就面临严重的财务危机。政府提供了 100 亿港币的拨款，为 URA 开展前期项目提供启动资金，另外还豁免 URA 项目的地价款（合 92 亿港币）和其他税费。

第三，政府在规划和征地等环节上也做出了对 URA 有利的安排。比如，在征地方面，赋予 URA 向政府申请直接征用土地的权力，而不必像以前那样必须由 LDC 首先与业主谈判。这样的安排显著加强了 URA 可以行使的公共权力，其目的在于减少征地难度，促进重建效率。

②"4R"原则与全面化的城市更新

URA 时代在城市更新实施策略方面一个最有代表性的变化可以说是"4R"原则的提出。所谓"4R",就是:Redevelopment(重建发展):对残旧建筑物进行拆除式重建,去旧立新;Re-Habilitation(楼宇复修):对残旧建筑物进行保养和维修,防止建筑物老化;Revitalization(旧区更新):通过适当途径改善某些地区的经济和环境状况,为旧区带来新气象;Reservation(文物保育):对具有历史、文化或建筑价值的楼宇、地点及建筑物给予保存和修葺,并致力保留地方特色(黄文炜等,2007)。

通过"4R"的提出,URA 试图建立一个崭新的形象以呼应它所宣称的全面化的、可持续的、"以人为本"的城市更新政策取向,令城市更新中社会、经济、文化和物质环境等各个要素得到综合、平衡的考虑。

③"以人为本"的城市更新价值观

URA 时代城市更新策略中的一个响亮口号是"以人为本",其基本涵义是促进公众参与,加强社区关怀,保障社会公平,并提高URA 的决策透明度和公共问责性。其中最主要的措施有三个:

第一,对 URA 的每个重建项目在项目开始前分两个阶段进行社会影响评估,以掌握重建项目对社区居民的影响,居民对重建的态度和愿望,以及赔偿、安置等各种实际需求;

第二,在 URA 划定的 9 个重建目标区各设立一支市区重建社会服务小组。小组由 URA 在全港各主要非政府社会服务机构中招标产生,在 URA 的财政资助下独立开展社区服务工作;

第三,是在各重建目标区建立一个有关市区重建工作的分区咨询委员会。成员由 URA 委任,包括业主、租户、区议会议员以及其他关注区内失去重建的非政府机构代表,负责就本区重建项目向URA 提供意见和协助。上述安排旨在促进 URA 与社区之间的沟通,加强 URA 重建项目的社会功能。

从上述措施可以看出,URA 模式的城市更新试图展示一个"以人为本"、注重社会关怀和社会公平的新形象,对社会效益的关注正在逐渐加强。一个更强调公众利益和社会公平的城市更新价值观正在萌芽。

3. 香港城市更新政策措施

(1)设置了完善城市更新管理机构,为统一开展城市更新提供组织保障

香港于 2001 年成立专责城市更新工作的机构——市区重建局(以下简称"市建局")。成立伊始,市建局就被确定为一个独立于政府的法人团体。根据香港《市区重建局条例》规定,市建局不得被视为政府的雇员或代理人,亦不得被视为享有政府的地位、豁免权或特权。市建局拥有维护公众利益、为公众服务、运作公众资源的权利,在设立时没有被设立为政府常设机构。原因与其独立资金运作、允许适当盈利并具有商业性的业务特点有关,而行政机构应当是非营利性的监管组织。但市建局又有政府支持作为背景。香港特区政府会对市建局的运作、资金来源、财政、回收土地、政策制度等方面给予支持,只是对其业务干预较少。市建局的决策交由该局董事会进行,而特区政府在市建局的组织架构、决策机构人员任命、运作制度、财政控制上相应做了一些监管规定(黄文炜等,2008)。

根据规定,市建局的主要责任和目标包括:

①改善老城区居民的住房标准、居住环境和生活条件;

②通过提供更为开放的空间、社区和其他设施,改善城市环境和基础设施条件;

③增强城市布局、道路网络和其他基础设施;

④替换或改革陈旧的建筑;

⑤优化衰退地区的土地利用,实现更好的城市化发展;

⑥通过维修和更新,防止建筑环境的进一步衰退;

⑦保护具有历史、文化意义的建筑等。

市建局的主要权限有:

①行使为了实现改善香港住房标准和建筑环境这一目的服务的所有权力;

②签订合同的权力,包括劳动合同或与任何人签订其他协议;

③制定更新规划的权力;

④租赁、购买或以其他方式获得并持有土地的权力;

⑤项目实施权;

⑥对任何建筑的修改、建设、拆除、维护、维修、保持或恢复的权力;

⑦对任何道路、人行道、公园、停车场、停车位、娱乐设施和开放空间、桥梁、排水沟、下水道、其他交通和娱乐设施的管理权、服务收费权;

⑧对土地和建筑的出售、转让、分配、拆除、许可等权力;

⑨开展城市更新调查、统计、研究等权力(陶希东,2016)。

市建局的决策交由该局董事会进行,而特区政府在市建局的组织架构、决策机构、人员任命、运作制度、财政控制上相应做了一些监管规定。尤其是在人员组织方面,市建局高级行政人员的主席、行政总监及 5 名执行董事都由香港特区政府任命。从性质上看,市建局是有官方背景支持和约束的独立运作机构(黄文炜等,2008)。

与此同时,为鼓励其他相关政府机构积极参与城市更新,发挥不同政府机构的必要功能和作用,谋求多元利益的平衡。香港根据政府职能部门的主要功能,将政府机构分成四种类型,按照政策执行和实施相分离的原则,让不同机构分工负责不同职能。通过分工合作、跨部门协同的工作方式,最大程度地支持并发挥多元政府部门对城市更新的协同参与。

①发展局——负责政策制定;

②文物古迹办公室、古迹咨询委员会、城镇规划委员会——承担城市更新顾问角色,参与更新政策制定过程;

③文物保育办事处和市建局——负责政策的执行和落实;

④规划部门、土地部门、建筑部门全程参与并支持上述机构开展工作(陶希东,2016)。

(2) 不断修订完善"市区重建策略",对城市更新做出顶层设计

香港政府在制定了相关法律和成立专业机构之后,在 2001 年 11 月开展社会咨询,制定了第一版《香港城市更新策略》。这是政府开展的基本政策,由市区重建局(市建局)、相关政府部门及其他持份者负责执行并交由市建局加以执行。但随着城市内外部环境的变化,市民与政府之间围绕重建更新的矛盾不断增加。为了更好地适应市民的发展需求,在 2008 年 7 月至 2010 年 9 月之间,香港政府对《市区重建策略》进行了广泛的社会检讨和民众咨询,期间收集超过 2400 份公众意见。在吸收大量社会意见的基础上,2011 年 2 月公布了新版《市区重建策略》。新版《市区重建策略》明确了市区更新的原则、目的及目标;土地征集过程、项目发展过程、社会影响评估、财务安排等,对新时期城市更新工作做出了全新的制度安排和顶层设计。这是新时期指导城市更新工作的顶层设计和行动指南(陶希东,2016)。

(3) 践行公平补偿,确保城市更新有序、和谐

实行公平的补偿策略,最大程度地维护业主利益不受损失,是香港城市更新有序推进的重要手段。香港的《市区重建策略》规定,政府在进行市区更新时,因进行重建项目而物业被收购或收回的业主

必须获得公平合理的补偿;受重建项目影响的住宅租户必须获得妥善的安置;市区更新应使整体社会受惠;政府既会兼顾社会上各方人士的利益与需要,亦不会牺牲任何社群的合法权益(陶希东,2016)。

具体而言,在住宅物业安置补偿上,香港按照"同等地段 7 年楼龄住房"的原则给予补偿,其拆迁安置补偿款包括三部分,即收购市值交吉价(被收购住宅完全市场价格)、自置住所津贴(自住部分给予的补贴)和补贴津贴(出租部分或全部空置给予的补贴)。在支付被收购住宅市场价格的价款外,市建局通过额外支付一笔"自置居所津贴"(是指以周边 7 年楼龄、同等面积房屋的市场价格与业主原有住房估值之间的差价),使业主能够有足够能力在同等地段、素质相当的 7 年楼龄住宅内再次购买住宅居住。同时,香港执行了差别化的住宅物业安置补偿标准,将按照业主拥有物业的自住、出租情况和套数多少进行区别对待,以保障城市更新中的社会公平。同时,香港对租住房屋的群体也有补偿,主要有公屋安置或给予津贴两种方式,目标是能让租户继续有能力居住(黄文炜等,2008)。

表 4—12　不同情况下香港住宅收购补偿构成表

	住宅物业用途	自置居所津贴	补助津贴	可获物业市值
1	自住	100%津贴	交吉价	
2	部分自住、部分出租	自住部分100%津贴	出租部分 75%津贴	交吉价
3	全部出租		50%津贴	交吉价
4	空置		50%津贴	交吉价

资料来源:黄文炜、魏清泉,"香港的城市更新政策"。

在非住宅物业拆迁安置补偿上,市建局对非住宅单位业主按照物业市值交易价和津贴/营业损失进行补偿。津贴区分物业出租/空置和自用两类支付标准,同样偏向多保障自用业主的利益。香港对商户的利益十分关注,市建局在支付非住宅物业市价之外,还给予津贴或营业损失补偿。在损失较大时,自用业主亦可选择就其营业损失申请补偿,以代替非住宅单位津贴(黄文炜等,2008)。

(4)采取多元化的城市更新模式和方法,提高城市更新的效率和效益

从政府与社会合作的视角出发,香港采用了"自上而下"和"自下而上"相结合的更新模式,因地制宜地采取不同的更新方法,确保了香港城市更新应有的效率和效益。香港城市更新主要采取两种模式:

①以政府为主导、自上而下的更新模式。政府或市建局承担着"实施者"的角色,即市建局会参照"咨询平台"的建议、楼宇状况调查及考虑本身的人力及财政状况,主动选择区域开展城市重建项目,但在把任何重建提议纳入其业务纲领及业务计划前,先寻求财政司司长批准。香港城市更新中大部分为政府主导型重建项目。

②业主自发的业主需求主导型重建模式(称为"先导计划"),即一座大厦或地区是否开展城市更新,从一开始由大厦业主联合建议在其地段/大厦开展重建项目,并向市建局提出申请。市建局根据楼宇状况,重建该地盘可带来的规划裨益及其他有关因素进行评估,对所有符合条件的项目申请,酌情(拥有绝对权力)在每个财政年度挑选并实施一些需求主导重建项目。被市建局挑选的需求主导重建项目须经财政司司长批核方可实施。在这一计划中,对申请地区资格存在 5 条基本规定:67% 即约三分之二业主共同提出申请作为申请门坎;在发出有条件收购建议后,该建议需要获得 80% 的业主接受,也就是说获得大部分业主的支持;申请地盘内地段的总面积应大于 400m² ;申请地盘不能处于地区"咨询平台"建议的"保育区"内;申请

地盘内的建筑物,不可包括由"咨询平台"或古物古迹办事处界定为具历史、建筑或文化价值的建筑物(陶希东,2016)。

(5)注重公众参与,构建了多方参与的城市更新协商机制

香港《市区重建策略》规定,政府在进行城市更新时,要充分确立和运用"以人为本、社区导向、公众参与、与民共议"的工作方针,受重建项目影响的居民应有机会就有关项目表达意见,依法保障市民的充分参与权和知情权。具体做法包括:

①设立专门的"城市更新地区咨询平台"(更新区域咨询委员会等)。成员由政府委任,主席由熟悉市区更新工作的专业人士担任。成员包括区议员/分区委员会成员、专业人士、区内具规模的非政府组织和商会,以及市建局和有关政府部门的代表。咨询平台通过进行各项规划及相关研究,包括社会影响评估,及举办多项广泛的公众参与活动,全面收集来自公众对城市更新的看法和意见,然后以全面、综合的方式,向政府建议以地区为本的市区更新工作,包括市区更新及重建的范围、需要保育的目标,以及进行更新的执行模式等,发挥了公众参与城市更新的公共平台的功能和作用。

②在一些更新个案中,政府利用问卷调查、聚焦小组、访问、展览、第三方研究机构参与评估等形式,全方位听取各种团体和民众的需求与意见,确保政府的更新方案与民众的需求相一致。

③更新区域居民的自我参与。在城市更新过程中,当更新区居民对政府单方面制定的更新方案不满意时,会自发组织起来,积极表达利益诉求,迫使更新计划满足当地居民的合理需求和意愿(陶希东,2016)。

六、小结

（一）城市更新要加强政府规划管控

城市更新从来就不是片面和孤立的,它往往与城市空间拓展、城市功能提升结合在一起。为有序推进城市更新的实施,政府首先就必须从宏观层面出发,抓好城市更新专项规划的编制工作,将城市更新规划与城市总体规划、土地利用总体规划、控制性详细规划等紧密衔接起来,确保规划的权威性,强化规划对土地指标的控制和空间布局优化方面的作用,重视规划对城市更新项目实施的引导与控制。城市更新不是简单的用地指标获取,而是对城市功能的再造。在城市更新过程中应充分发挥规划这只有形之手的作用,做到适当超前,避免低水平重复建设。科学编制实施城市更新专项规划,作为总纲对城市更新的总体规模、改造目标、任务、功能引导和用地布局、开发强度总体控制、近期改造重点、规划实施机制等方面做出宏观层次的规划。完善各个层次的规划编制工作,鼓励把高科技和土地利用结合起来,确保规划及技术的科学与先进,大力提高规划的水平,强化规划的指导作用。

同时,为避免城市更新政策执行过程中产生偏差,政府还要加强对城市更新实施的统筹协调和有效监管。政府必须对城市更新工作的实际情况进行充分的调研,全面听取各方意见,制定出稳定的城市更新政策,并明确不同部门的职责,以及各审批主体的权限和流程。在实际工作过程中,政府可通过成立专门的城市更新机构或明确不同部门在城市更新中的职责来加强对城市更新的管理。

（二）城市更新应制定差异化的政策

随着城市更新实践的深入推进,目前城市更新活动涉及的范围十分广泛,包括传统的旧居住区、老旧商业区、旧厂房、旧村庄的推倒重建、社区更新、区域更新，以及文化复兴、经济复兴等。由于不同城市更新活动所牵扯的位置、用地类型、用地规模、用地权属、利益主体等不同，城市更新的目的以及改造手段均有所不同。城市更新不能简单地"一刀切"。根据不同的城市更新类型，制定相应的城市更新政策，对于城市更新活动的顺利推进至关重要。城市更新政策应结合区情因地制宜地推行。总体而言，老城区通过城市更新，缓解用地紧缺瓶颈，推动城区经济发展方式转变，优化城区空间布局，实现城市空间的更新和产业的转型升级，为老城区发展注入新活力；新城区通过城市更新改变过去单靠新增用地供应推动发展的模式，实现土地利用向存量要增量，向效率要空间，促进城乡土地节约集约利用，优先考虑满足城市公共服务设施，改善城乡面貌和人居环境，促进城乡可持续发展，使群众得到实惠，并明确再开发的产业发展方向、用地功能调整原则、开发控制强度、生态保护等内容。

（三）城市更新需建立利益共享机制

在城市更新的过程中，妥善处理好居（村）民利益、企业利益、政府管理等各方关系，力求达到多方共赢，既要保障被改造方及开发商的利益，也要根据当地实际，注意保护好自然景观和历史建筑，全面实现经济价值和历史价值相统一；既要细致地做好思想工作，防止矛盾激化，又要按照规定，追究相关人员责任。首先，城市更新要建立合理的补偿制度，将改造区土地的经营权转换为土地收益权，通过明确产权、折股量化，建立以土地为主要内容的股份合作制，将股份以一定比例分配给集体和个人。其次，城市更新还应充分尊重原有土地权利人、开发商在城市更新中的主体地位，以公开出让或自主改造协议出让等方式，以市场主体自愿自筹为原则，提高开发主体、原有土地权利人、开发商参与城市更新的积极性。此外，城市更新还应加大宣传力度，让公众积极主动地加入到改造的行列中。落实公众参与,不仅要宣传张贴等被动式的参与,也要赋予公众更多的权利,使其有效参与政策的编制、审查、实施整个过程。保障公众的利益,有利于协调各利益主体之间的关系,有利于确定和选择最优方案,有利于提高城市更新的工作效率。

第五章　东莞市城市更新实践

第一节　经济转型

　　当前,东莞正处于转型升级的关键时期。改革开放以来,东莞依靠廉价劳动力、土地等资源优势,通过发展外向型经济,实现了近 30 年的高速增长。然而国际金融危机以来,受世界经济持续低迷的影响,加上传统的要素红利、外需红利逐渐消退,东莞经济从高速增长转入中高速增长的新常态。传统的发展模式已难以为继,转型升级迫在眉睫。新常态是一个历史的分水岭,与旧常态相比,虽然从表面上看是经济增长减速换挡,但本质上是产业结构重构和增长动力重塑的过程。近年来东莞市委市政府出台了一系列推进经济转型升级的政策措施。面对全球经济深刻调整、国内经济"三期叠加"等错综复杂的不利环境,东莞坚持以加快转变经济发展方式为主线,着力推进经济结构战略性调整,大力实施"东莞制造 2025""科技东莞""机器换人""重点企业""倍增计划"等重大战略举措,全力打造创新型开放型经济强市,经济发展质量不断提升,经济转型升级取得较好成效。

一、推动技术进步创新驱动发展

　　美国著名经济学家迈克尔·波特提出,一个国家或地区的经济发展,主要经历生产要素驱动、投资驱动、创新驱动和财富驱动等阶段。要素驱动、投资驱动属于外延式增长,最终必然面临要素报酬递减、投资收益递减而难以为继,只有创新驱动才能提供稳定持续的增长源泉。为应对人口红利、土地红利和政策红利不断衰减的不利局面,东莞早在 2006 年就已开始实施"科技东莞"工程。"十一五"期间每年安排 10 亿元("十二五"增至每年 20 亿元)支持科技创新发展。2015 年东莞市政府出台了《关于实施创新驱动发展战略走在前列的意见》,以及相应的一系列配套政策,形成了较为完整的"1+N"创新驱动政策体系。经过几年的引导扶持,东莞创新能力显著增强,2015 年全市拥有国家高新技术企业 985 家,省级创新科研团队数 26 个,国家级科技企业孵化器数 6 家,发明专利授权量 2 795 件,PCT 国际专利申请量 336 件,均排名全省地级市第一。

二、推动产业结构高端化发展

经济转型升级的主要任务和标志是产业结构的优化升级。改革开放以来,东莞以外向型经济起步,以制造产业立市,成为国内外举足轻重的制造业基地。但长期以来,东莞制造业一直处于国际产业价值链的中低端环节,发展方式粗放、创新能力薄弱、盈利能力低下。尤其是近年来发达国家纷纷实施再工业化战略,加快抢占科技创新和产业发展制高点,一些新兴经济体也凭借更低的劳动力成本优势,积极承接劳动密集型产业转移,对东莞中低端产业形成分流。为应对来自发达国家和其他新兴经济体的双向挤压,东莞近年来高度重视发展高新技术产业、战略性新兴产业,出台了《"东莞制造 2025"规划》《关于大力发展机器人智能装备产业打造有全球影响力的先进制造基地实施方案》等一系列规划文件和扶持措施加快构建产业竞争新优势。

在政府的引导扶持下,近年来东莞经济虽然整体增速趋缓,但产业升级和结构转型却取得良好成效,产业高级化步伐日趋加速。

2015 年东莞高技术制造业增加 869.18 亿元,在珠三角仅次于深圳位居第二,是广州的 1.53 倍、佛山的 2.65 倍;"十二五"时期东莞高技术产业产值年均增长 16.28%,在珠三角仅次于佛山位居第二,远高于珠三角 10.98%的平均增速;2015 年高技术制造业占东莞规限上工业增加值的比重为 33.28%,在珠三角仅次于深圳、惠州,位居第三,远高于珠三角 24.33%的平均水平。

三、推动传统产业技术升级改造

长期以来东莞制造业以劳动密集型产业为主,技术水平、劳动生产率和附加值率一直较为低下。为加快制造业的技术更新改造,2014 年东莞在全国率先启动"机器换人"计划,每年安排 2 亿元专项资金推动"机器换人",计划在"十三五"时期完成 2 000 个"机器换人"项目,带动全市一半以上工业企业实施新一轮技术改造。同时积极创新融资租赁扶持政策,设立 2 亿元融资租赁专项资金,用于设置融资风险池及中小企业融资租赁贴息补助,以提升企业"机器换人"的积极性。在政府的大力扶持下,2014 年 9 月至 2016 年 10 月,东莞申报"机器换人"专项资金项目共 1 370 个,拉动综合投资 220 亿元人民币,新增设备仪器约 4.8 万台(套)。通过实施"机器换人",企业劳动生产率平均提高 1.7 倍,产品平均合格率从 92%提升到97%,单位产品成本平均下降 11%,有效促进了企业的技术进步和效益提升。"十二五"时期东莞规模以上工业企业劳动生产率年均增长 10.39%,提升速度在珠三角仅次于肇庆位居第二。

四、推动优质企业"倍增"成长

优质企业是一个地区产业升级和创新发展的主体力量。多年来东莞企业数量庞大,企业数长期居广东省地级市之首,但企业结构不尽合理,主要是以小微企业为主,大型骨干企业匮乏,产业集中度较低,产业竞争力和抗风险能力较差。国际金融危机以后东莞着力培育扶持骨干优质企业,出台了《东莞市高新技术企业"育苗造林"行动计划(2015—2017)》《关于实施重点企业规模与效益倍增计划全面提升产业集约发展水平的意见》等政策文件,并以政府购买服务方式,聘请专业机构、专家顾问等,为试点企业分类开展"诊断把脉""一企一策"提供定制化的政策支持,实现对企业的靶向精准扶持。根据重点企业"倍增计划",东莞将从民营制造企业、高新技术企业、外商投资企业、已上市或已挂牌"新三板"企业中选取 200 家作为试点,力争通过 3—5 年,推动试点企业实现规模与效益倍增,最终带动全市产业集约化水平有效提升。在政府的引导扶持下,东莞大型骨干企业和高新技术企业数量有了明显增加。大型工业企业数量从 2010 年的 84 家增加至 2015 年的 240 家,年均增加 31 家,年均增长 23.36％,大型工业企业数量目前在珠三角仅次于深圳(385 家),超过广州(180 家)、佛山(154 家)位居第二。高新技术企业也有大幅增长,国家高新技术企业从 2010 年的 336 家增至 2015 年的 985 家,年均增长 24％。国家高新技术企业培育入库数已达 646 家,国家高新技术企业数和培育入库数目前均居广东省地级市首位。预计到 2020 年东莞高新技术企业总数将超过 1 500 家。

五、推动开放型经济高水平发展

改革开放以来,东莞一直是我国发展外向型经济的典范城市,2016 年成为全省唯一构建开放经济新体制综合试点试验城市(全国 12 个试点城市、区域之一)。目前东莞已形成了第一批共 17 项在全国或全省具有复制推广意义的改革成果清单。在外贸服务监管方面,2015 年东莞在全国率先推行"三互"(信息互换、监管互认、执法互助)大通关改革,通过搭建涵盖海关、检验检疫、外汇、边检、海事等部门的"一站式"综合管理服务平台,全面优化口岸监管执法流程和通关流程,为企业提供了高效的通关服务,外贸通关成本大幅降低。2015 年东莞外贸出口 1 036 亿美元,居全国第四,"十二五"期间外贸出口年均增长 8.31%,增速位居全国外贸前五名城市第一。在外商投资管理方面,东莞率先在全国推行外商投资"一站受理,十证联办"的审批服务,以及"先建后验、宽进严管"的投资项目建设模式,新设外资企业办齐证照只需 3—4 个工作日,成为全国投资审批效率最高、审批时间最短的城市之一。"十二五"期间东莞实际利用外资年均增长 14.26%,增速位居珠三角第一,2015 年实际利用外资达53.2 亿美元,居全国第八。在加工贸易转型发展方面,东莞早在2008 年就在全国首创了"非法人"来料加工企业不停产转型的新模式,2016 年出台《东莞市关于促进加工贸易创新发展全面提升外经贸水平的实施方案》,每年拿出近 3 亿元推动加工贸易企业创立品牌、研发创新。到 2015 年底,东莞共有 7 688 家外资企业从加工贸易转向一般贸易或混合贸易形式,有 950 家转型企业设立了研发机构,有 26.1% 的转型企业(1315 家)拥有自有品牌,委托设计生产及自有品牌出口占转型企业出口比重的 78.8%。

第二节　社区更新

一、桥头镇中心区迳联村改造

(一) 项目概况

1. 地理区位

迳联村位于桥头镇综合服务中心区,属于旧城区副中心与城镇

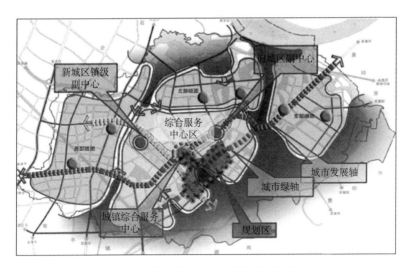

图 5—1　桥头镇中心区迳联村地理区位图

资料来源:桥头镇人民政府、东莞市城建规划设计院,《桥头镇中心区

迳联村地块"三旧"改造单元前期研究报告》。

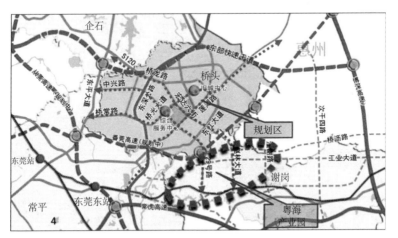

图 5—2　桥头镇中心区迳联村对外交通图

资料来源:桥头镇人民政府、东莞市城建规划设计院,《桥头镇中心区

迳联村地块"三旧"改造单元前期研究报告》。

综合服务中心的一部分,紧临城市发展轴,城市中心主轴与城市绿轴穿越规划区,是桥头中心区的主要组成部分。

迳联村对外交通联系便利,是谢岗粤海产业园进入桥头的门户区域。其中:

中兴路——对接 29 号路,联系谢岗粤海产业园、常平、企石。

宏达六街——对接赵林大道,联系谢岗粤海产业园、企石。

桥光大道、莲湖路——联系常平、惠州。

2. 改造单元范围

北至桥光大道,南至莲湖路,西至中兴路,东临工业大道,主要包括桥头广场、公园和迳联村,面积约 144 公顷。

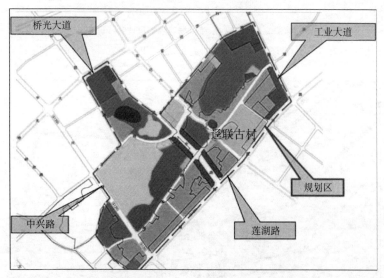

图 5—3　桥头镇中心区迳联村改造单元范围图

资料来源:桥头镇人民政府、东莞市城建规划设计院,

《桥头镇中心区迳联村地块"三旧"改造单元前期研究报告》。

3. 用地现状

改造单元现状存在大量旧村,北部为桥头公园和广场,环境较好,并有多个优质小区。中部有多个自然山体,自然环境较好。迳联村部分用地混杂:旧村、新村、古村(文保)、工业等用地相互混杂,用地布局有待完善。改造单元内涉及国有用地 66 宗,面积 31.68 公顷,集体用地 7 宗,面积 112.49 公顷。

图 5—4　桥头镇中心区迳联村改造单元土地利用(左)和用地权属(右)现状图
资料来源:桥头镇人民政府、东莞市城建规划设计院,《桥头镇中心区
迳联村地块"三旧"改造单元前期研究报告》。

4. 建筑现状

迳联旧村严控多年,较为破旧,改造动力充足。除正丰豪苑、凤凰山庄外,规划区整体建筑质量一般。旧村内部建筑最为破旧,由于村委对新建建筑严控多年,村内主要为一些 1—2 层平房,大部分建筑存在一定程度的损坏。

迳联古村落建于南宋时期,迄今已近 800 年历史,是远近闻名的"进士村"。由于缺乏保护,迳联古村逐渐变成残破的古村落,急需加

强对古村的保护。虽然村民对历史文化的重视度很高,对古村保护
积极,桥头镇政府组织编制了《东莞市桥头镇迳联社区创建名村规
划》,已对部份重点历史建筑进行修复,但由于资金问题,古村的修缮
难以全面开展,古村破败难以避免。

表5—1　桥头镇中心区迳联村改造单元现状用地汇总表

用地代号	用地性质			用地代号	面积（公顷）	占建设用地比例（%）	占总用地比例（%）
R	居住用地			R	80.45	68.34	55.8
	其中	一类居住用地		R1	28.78	24.45	19.96
		二类居住用地		R2	17.67	15.01	12.26
		三类居住用地		R3	30.94	26.28	21.46
		中小学及幼儿园用地		R6	3.06	2.6	2.12
		其中	幼儿园用地	R61	0.52	0.44	0.36
			小学用地	R62	2.54	2.16	1.76
C	公共设施用地			C	1.68	1.43	1.17
	其中	行政办公用地		C1	1.21	1.03	0.84
		商业金融业用地		C2	0.18	0.15	0.13
		文化娱乐用地		C3	0.04	0.04	0.03
		文物古迹用地		C7	0.25	0.21	0.17
M	工业用地			M	10.74	9.13	7.45
	其中	一类工业用地		M1	1.16	0.98	0.8
		二类工业用地		M2	9.59	8.14	6.65
S	道路广场用地			S	14.76	12.54	10.24
	其中	道路用地		S1	10.72	9.11	7.44
		广场用地		S2	4.04	3.43	2.8

续表

用地代号	用地性质			用地代号	面积（公顷）	占建设用地比例(%)	占总用地比例(%)
U	市政公用设施用地			U	2.12	1.8	1.47
	其中	供应设施用地		U1	0.02	0.02	0.01
		交通设施用地		U2	0.71	0.61	0.49
		其中	公共加油站用地	U24	0.71	0.61	0.49
		邮电设施用地		U3	1.39	1.18	0.96
G	绿地			G	7.95	6.76	5.52
	其中	公共绿地		G1	7.95	6.76	5.52
合计					117.71	100	81.66
E	水域和其他用地			E	26.46		18.35
	其中	水域		E1	2.89		2.01
		林地		E4	19.62		13.61
		闲置地		E10	3.95		2.74
总计					144.17		100

数据来源：桥头镇人民政府、东莞市城建规划设计院，《桥头镇中心区迳联村地块"三旧"改造单元前期研究报告》。

5. 道路交通现状

迳联村道路交通现状表现出对外道路已成型，内部道路不成系统的特点。其中：

对外交通——依托桥光大道、中兴路、宏达六街、莲湖路、工业大道可快速联系常平、企石、东莞市区、惠州等。

内部交通——旧村内道路不成系统，道路较弯曲狭窄（约3—4米），通行能力差。

图 5—5 桥头镇中心区迳联村改造单元建筑现状图

资料来源:桥头镇人民政府、东莞市城建规划设计院,《桥头镇
中心区迳联村地块"三旧"改造单元前期研究报告》。

6. 配套设施现状

迳联村的配套设施以镇级配套为主,日常生活配套有待完善。

镇级配套:镇级设施沿桥光大道集中分布,主要是桥头广场、桥
头公园。

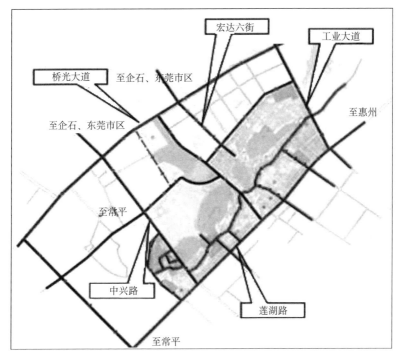

图 5—6 桥头镇中心区迳联村改造单元建筑道路交通现状图

资料来源:桥头镇人民政府、东莞市城建规划设计院,《桥头镇中心区迳联村地块"三旧"改造单元前期研究报告》。

日常生活配套:主要在旧村中分布,包括迳联村委会、幼儿园、小学等,设施以服务村民基本生活需要,服务水平不高。

7. 景观现状

迳联村旅游资源丰富,但相互割裂,不成系统。其中:

莲湖景区——已经成为桥头镇的名胜,荷花更是桥头镇的城市名片。

表 5—2 桥头镇中心区迳联村改造单元配套设施现状汇总

类别	名称	面积(公顷)	备注
教育设施	迳联幼儿园	0.52	位于莲湖路旁
	华立学校	2.54	位于莲湖路旁
医疗卫生设施	联城社区卫生站	——	位于工业路旁
	桥头镇迳联村卫生站	——	位于茂盛路旁
文化娱乐设施	桥头广场	3.86	位于桥光大道旁
	骆塘广场	0.19	位于中兴路旁
	东莞图书馆桥头岭头分馆	——	位于桥头广场
	老人活动中心	0.04	位于迳联旧村
体育设施	体育场	——	位于迳联旧村
行政管理和社区服务设施	迳联社区居委会	1.21	位于莲湖路旁
	社区警务室		
市政公用设施	中国电信桥头营业厅	1.39	位于桥头广场旁
	环市油站	0.71	位于莲湖路旁
	迳联瓶装石油气供应站	0.02	位于迳联旧村
	冯屋变电站	0	位于迳联旧村
	公共厕所	——	位于桥头公园

资料来源:桥头镇人民政府、东莞市城建规划设计院,《桥头镇中心区迳联村地块"三旧"改造单元前期研究报告》。

迳联古村——迳联古村是广东省古村落,由东、北两座围门、麻石路、水塘、古井、薰莱亭、天主教堂、福音堂、民居群等构成。西方两大教派和东方古典建筑会聚,体现出古村落东、西文化合璧的特色。

桥头广场、公园——是桥头现代城市形象的展示区,大型城市活动的主要区域。

三大景区现状被旧村、山体分割,没有形成规模效应,有待整合。

此外,迳联村的莲湖公园与桥头公园结合现状自然山体,形成较好的城市开敞空间。然而,内部仍有多个自然山体:龙岭、珠岭、虎岭和麒麟岭,现状自然植被较好,但被旧村和小区包围,可达性较差,人们难以进入。

8. 周边环境现状

迳联村周边配套齐全,服务功能不断完善。其中,东部为桥头镇政府、桥头中心小学及多个高档居住小区,拥有桥头人民医院、桥头中学、小学、市场、敬老院等设施;西部为华尔登酒店片区,已纳入"三旧"改造,完善居住、商业服务功能;北面为桥光大道,是桥头主要商业街,目前以中低端商业为主,未来将结合"三旧"改造不断完善服务功能。

(二) 功能定位

1. 政策指引

2015 年 4 月国标委发布了《美丽乡村建设指南》,关注乡村地区的经济、政治、文化、社会和生态文明 5 大方面协调发展。建设范畴包括建制村和自然村。美丽乡村内涵为规划科学、生产发展、生活富裕、乡风文明、村容整洁、管理民主、宜居、宜业的可持续发展乡村。

同年 6 月,由东莞市住建局牵头印发了《东莞市美丽幸福村居建设工作实施方案》,同时出台《东莞市美丽幸福村居专项资金管理暂行办法》。提出村(社区)建设美丽幸福村居工作要以美化村居建设为基础,同时兼顾挖掘特色优势,根据已有的自然禀赋、历史文化资源,结合发展优势,实现一村一品、一村一特色,打造特色风情,避免千村一面。

迳联村地块位于桥头镇"十里文化长廊"的核心区域,包含迳联古村、自然山体等元素,村落特色明显。在"三旧"改造中,应从村民的视野出发,注入人文情怀元素,通过对周边环境的梳理,整治生态

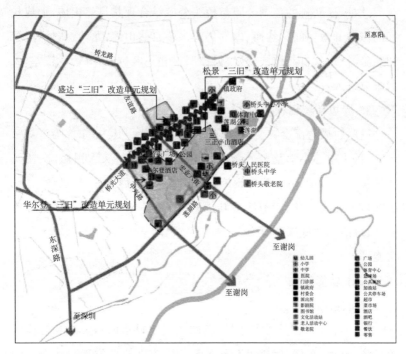

图5—7　桥头镇中心区迳联村改造单元周边设施分布图

资料来源:桥头镇人民政府、东莞市城建规划设计院,《桥头镇

中心区迳联村地块"三旧"改造单元前期研究报告》。

环境,完善基础设施,加强古村保护与利用,建设美丽幸福村居。

2. 上位规划指引

(1)《东莞市桥头镇总体规划修编(2004—2020)》

该规划确定桥头镇性质为:"东莞市东北部以制造业为主体,以休闲旅游为特色的环境优美的生态型城镇"。

总体规划的发展思路为:

①桥头镇今后应以传统制造业以及商贸、旅游等第三产业作为主导产业。

②商贸旅游业发展重点是要突出特色,具体表现在深入挖掘文物古迹等人文景观特色,塑造自然山水特色,发展特色商品贸易,让人们在购物中感受桥头镇的历史、享受桥头镇的自然,在休闲中体会购物的乐趣。

③特色经营战略:通过发展特色产业、建立旅游项目、创造特色景观、提供特色服务创造特色城镇,从而在提高经济效益的同时提高城镇的知名度。

迳联村作为镇内自然景观条件及人文景观要素均较为丰富的片区,未来发展应重视自身旅游资源整合,深入挖掘文物古迹等人文景观特色,结合周边旅游资源统筹考虑片区的整治改造,以带动片区综合价值的整体提升。

(2)《东莞市桥头镇中心城区(东、西片)控制性详细规划》

本次改造地块涉及中心区东西两片的控规,位于多条城市发展轴的围合区域:桥光大道发展轴、中兴路发展轴、工业大道发展轴,是城市发展的主要区域。在功能引导上,以生态休闲、历史文化旅游为主,居住及教育配套等生活服务功能相结合。

(3)《东莞市桥头镇"三旧"改造专项规划(2015—2020)》

根据桥头最新编制的"三旧"改造专项规划,改造单元属于重点改造区域与核心改造区。在功能指引上,片区属于居住休闲片区与居住商贸片区,是两个片区的连接区域。

3. 功能定位

以"三旧"改造为抓手,以历史文化保护与利用为重点,整合周边旅游资源,构筑桥头文化旅游休闲度假区;完善规划区城市功能与环境,建设美丽幸福村居。

4. 业态策划

(1)业态策划目标

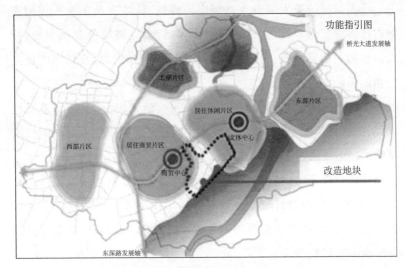

图5—8 桥头镇中心区迳联村改造单元在"三旧"改造专项规划中的位置图

资料来源:桥头镇人民政府、东莞市城建规划设计院,《桥头镇

中心区迳联村地块"三旧"改造单元前期研究报告》。

①推动单纯"观光型"旅游转变为多元复合"体验型"度假。

②打造"人文＋自然＋现代"多要素组合,强调旅游模式四季均衡。

③强调复合型发展,游与栖(短时度假居住)趋于融合。

④塑造核心引领,逐次提升,循序渐进的运营建设过程。

(2)业态策划

根据地区现有资源及特色设计出历史文化、生态休闲、特色商业、文体运动、创意产业多个主题的节事主题,并结合主题及其季节属性设计出具体的节事活动计划,保证活动的连续性,促进桥头休闲旅游业的发展,提高文化凝聚力和吸引力。

表 5—3　桥头镇中心区迳联村改造单元业态策划表

分类	功能、活动	地点	适宜季节
历史文化	文化建筑参观	罗氏宗祠、进士府、罗少彦故居、天主教堂、福音堂	春、夏、秋、冬
	历史建筑改建	企业会馆、老年人活动中心、文化博物馆	春、夏、秋、冬
生态休闲	赏花节	莲湖(荷花、油菜花)	夏、冬
	花卉展	花卉小镇	春、夏、冬
	亲子爬山活动	山体公园	春、夏、秋、冬
特色商业	精品酒店	结合民居建筑群改造	春、夏、秋、冬
	特色餐饮		春、夏、秋、冬
	日杂仓库		春、夏、秋、冬
	酒吧街		春、夏、秋、冬
	特色精品		春、夏、秋、冬
文体活动	绿道自行车	慢行系统	春、夏、秋、冬
	十里长廊徒步	十里长廊旅游文化长廊	秋
创意产业	微电影、摄影、画廊、小小说	结合民居建筑群改造	春、夏、秋、冬

资料来源:桥头镇人民政府、东莞市城建规划设计院,《桥头镇中心区迳联村地块"三旧"改造单元前期研究报告》。

(三)改造方案

1. 改造分区

迳联村的改造将分为综合整治、功能改变、拆除重建、新增用地和现状保留几大类型。

(1)综合整治用地

现状山体、质量较好的住宅,主要提升居住环境,改善设施配套。

其改造项目包括：

①城市公园整治项目，整治目标结合古村保护，通过整治环境，完善设施，建设成为环境优美的公园；

②村民住宅区整治项目，整治目标以村民住宅现状为基础，通过整治环境，完善设施，并结合古村保护进行形象提升，提供环境优美、舒适便捷的居住环境；

③中学整治项目，整治目标以华立学校（民办）现状为基础，结合新增用地和改造用地，改善办学环境；

④福音堂保护整治项目，整治目标对福音堂的保护、修缮。改造主体为东莞市桥头镇迳联股份经济联合社。

（2）功能改变用地

主要是对迳联古村保护与活化利用，改造目标是结合古村落进行保护利用，利用现有村民旧居（非历史建筑）增加旅游服务及文化休闲功能，实现古村的保护与利用。改造主体为东莞市桥头镇迳联股份经济联合社。

同时，改造还将要求"三旧"改造的经营性用地。每期改造项目预留古村保护专项资金，由桥头镇政府和村集体共同监督，以保证基金的落实和专款专用，保护基金可纳入旧村改造的成本核算。

（3）拆除重建用地

现状以旧村为主，将其改造为居住、商业、公共设施，及改善道路交通联系。拆除重建用地的改造目标是对"三旧"改造用地进行二次开发，挖掘土地价值，优化功能，完善配套，美化环境，改善交通，提升居住品质，打造宜居社区。改造主体为东莞市桥头镇迳联股份经济联合社，由集体经济组织自行改造、自行开发。资金来源为自筹资金，供地方式为协议出让。

（4）新增用地

改造用地周边的边角地、插花地,将与改造用地一并整备使用。其建设目标为土地整备,连片开发,完善交通。建设主体为由政府收储,通过土地市场获得该地块的土地使用权人。建设项目含居住、商业、道路、停车、小学等功能。

（5）现状保留用地

包括桥头广场及周边用地、正丰豪苑、加油站、迳联幼儿园。

表 5—4　桥头镇中心区迳联村改造单元改造用地统计表

改造分类	面积(公顷)	所占比例(%)	备注
综合整治	31.98	22.18	现状山体、质量较好的住宅
功能改变	5.5	3.82	迳联古村
拆除重建	47.88	33.21	旧村改造为主
新增用地	9.4	6.52	——
现状保留	34.23	23.74	桥头广场、正丰豪苑
道路	15.18	10.53	——
总计	144.17	100	——

数据来源:桥头镇人民政府、东莞市城建规划设计院,《桥头镇中心区迳联村地块"三旧"改造单元前期研究报告》。

2. 用地布局与规划

（1）用地布局

地块作为桥头中心区重要组成部分,规划结构结合周边城市功能考虑,通过"一轴、三区、五组团"构建,重点整合桥头核心旅游资源,完善片区公共服务职能,打造美丽幸福村居。

一轴:开敞绿轴,结合现状山体,建设城市公园,连通莲湖景区——迳联古村——桥头公园、桥头广场——中兴路,串联桥头主要旅游文化资源,打造中心区的休闲、景观绿廊。

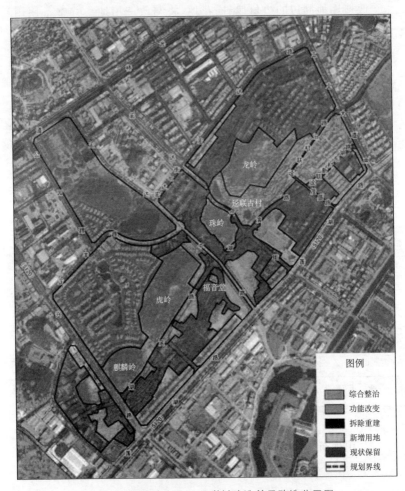

图5—9　桥头镇中心区逆联村改造单元改造分区图

资料来源：桥头镇人民政府、东莞市城建规划设计院，《桥头镇中心区

逆联村地块"三旧"改造单元前期研究报告》。

　　三区：莲湖景区——已经成为桥头镇的名胜，荷花更是桥头镇的
城市名片；古村旅游区——结合逆联古村活化与利用，打造桥头重

要的人文旅游区;中心服务区——桥头镇的综合服务中心。

五组团:形成一个服务组团和四个居住组团,结合多个商业服务节点和教育节点,完善配套,打造美丽幸福村居。

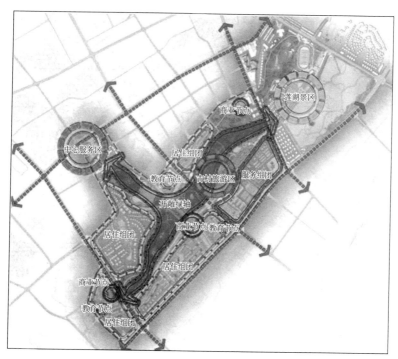

图5—10 桥头镇中心区迳联村改造单元用地布局图

资料来源:桥头镇人民政府、东莞市城建规划设计院,《桥头镇中心区迳联村地块"三旧"改造单元前期研究报告》。

（2）用地规划

本次规划的总用地面积 144.17 公顷,其中建设用地面积为 142.36 公顷,占规划总面积的 98.74%。

表5—5 桥头镇中心区迳联村改造单元规划用地汇总表

序号	类型名称		用地面积(公顷)	比例(%)
1	规划总用地		144.17	100
2	城镇建设用地		142.36	98.74
3	水域和其他用地		1.81	1.26
	其中	水域	1.81	1.26

数据来源:桥头镇人民政府、东莞市城建规划设计院,《桥头镇中心区迳联村地块"三旧"改造单元前期研究报告》。

表5—6 桥头镇中心区迳联村改造单元建设用地平衡表

序号	用地代号		用地名称	用地面积(公顷)	占建设用地比例(%)
	R		居住用地	62.35	43.8
R	其中	R1	一类居住用地	17.09	12
		R2	二类居住用地	30.5	21.42
		R5	商住混合用地	3.55	2.49
		R6	中小学及幼儿园用地	11.21	7.87
	C		公共设施用地	13.64	9.58
R	其中	C2	商业金融用地	7.48	5.25
		C3	文化娱乐设施用地	0.52	0.37
		C7	文物古迹用地	5.64	3.96
	S		道路广场用地	28.52	20.03
S	其中	S1	道路用地	23.24	16.32
		S2	广场用地	3.39	2.38
		S3	停车场库用地	1.89	1.33

续表

序号	用地代号		用地名称	用地面积 （公顷）	占建设用 地比例(%)
G	G		绿地	35.37	24.85
	其中	G1	街头绿地	35.21	24.73
		G2	防护绿地	0.16	0.11
U	U		市政设施用地	2.48	1.74
	其中	U2	交通设施用地	0.74	0.52
		U3	邮电设施用地	1.74	1.22
合计			城镇建设用地	142.36	100

数据来源：桥头镇人民政府、东莞市城建规划设计院.《桥头镇中心区迳联村地块"三旧"改造单元前期研究报告》。

3. 公共设施规划

结合"三旧"改造,打造多元化的公共服务设施。其中：

城市公园建设：以村集体为主导,把北部多个山体建设为城市公园,形成开敞绿轴,连接桥头公园和莲湖景区,形成桥头中心区的主要城市公园。公园建设资金纳入旧村成本核算,与旧村改造捆绑实施,以保证公园的建设和资金的落实。

学校建设：结合"拆三留一",规划新增一所小学和一所幼儿园,以解决原来规划的小学、幼儿园难以实施的问题(原规划落在新村上),中学结合"三旧"改造分期实施。

其他设施建设：为形成多元化的服务,结合"三旧"改造,建设片区公共停车场、社区服务中心、文化活动站、社区体育活动场地、老人活动中心、居委会等服务设施。设施主要结合经营性用地建设,同步实施。

4. 交通规划

图 5—11　桥头镇中心区迳联村改造单元用地规划图

资料来源：桥头镇人民政府、东莞市城建规划设计院，《桥头镇

中心区迳联村地块"三旧"改造单元前期研究报告》。

　　结合"三旧"改造，重点完善内部交通，以打造便利安全的交通系
统。具体包括：对宏达中路南段、湖滨路东段现状已开通的道路进行
完善，如增加人行道；新增湖滨路（东西贯通迳联村，连通中兴路和工
业大道）、宏达六街南段、连接宏达六街和宏达中路的东西向道路，以

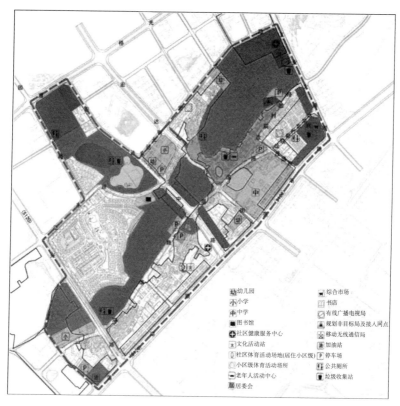

图 5—12　桥头镇中心区迳联村改造单元公共设施规划图

资料来源:桥头镇人民政府、东莞市城建规划设计院《桥头镇

中心区迳联村地块"三旧"改造单元前期研究报告》。

及其他内部道路等道路。

此外,结合古村保护,道路建设,梳理片区慢行系统,使莲湖景区、迳联古村、桥头中心片区(桥光大道沿线),形成完善的慢行系统网络,营造优美、舒适、富有趣味的慢行空间。

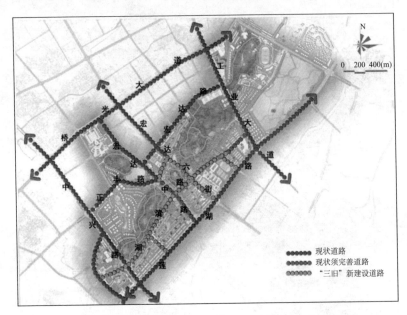

图 5—13　桥头镇中心区迳联村改造单元交通规划图

资料来源：桥头镇人民政府、东莞市城建规划设计院，《桥头镇
中心区迳联村地块"三旧"改造单元前期研究报告》。

二、清溪镇居民区旧村地块改造

(一) 项目概况

1. 地理区位

清溪镇居民区旧村地块位于清溪镇中心区的核心位置，镇行政中心南面，地理区位条件优越。

2. 改造单元范围

清溪镇居民区旧村地块改造单元范围包括居民黄屋村、连屋村、

图5—14　桥头镇中心区迳联村改造单元绿道规划图

资料来源:桥头镇人民政府、东莞市城建规划设计院,《桥头镇

中心区迳联村地块"三旧"改造单元前期研究报告》。

刘屋村、杨屋村等现状村落,用地规模约为19.53公顷。同时,将以城市道路和自然边界围合形成界线,北起香芒东路,南临广场路,东至茅峯水库泄洪渠,西靠清溪河与聚富路的地块纳入规划研究范围,总面积为31.3公顷。

3. 改造单元现状

(1)用地现状

改造地块以旧村改造为主,居住用地占71.74%。其他用地所占比例较少,主要是与村配套的商业、市场用地和停车场用地等,

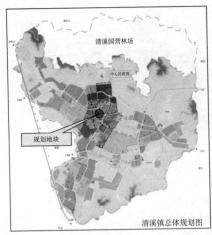

图 5—15　清溪镇居民区旧村地块区位图

资料来源：东莞市清溪镇规划管理所，《东莞市清溪镇居民区旧村地块三旧改造单元规划》。

也包括少量水域和其他用地。改造范围中国有性质土地 1.317 8
公顷，集体土地 18.212 2 公顷。需申请将集体建设用地报省征为
国有土地的面积 18.212 2 公顷，需完善历史用地手续面积 11.322
公顷。

（2）建筑现状

改造单元范围内，沿街建筑多为新建建筑，质量较好；内部建筑
密度大，建筑质量参差不齐，新建筑与旧建筑相互混杂，布局混乱。
改造单元范围内，沿香芒路与广场路的临街建筑较高，多为 5—7 层，
个别建筑最高达 18 层。内部村民住宅区建筑密度较高，基本上没有
留出开放空间，握手楼现象严重，村民住宅大部分为 1—3 层，局部
4—5 层。

改造单元内现状容积率从 0.64—2.35 不等；居民黄屋村、居民

连屋村、原中心小学后地块建设强度较低,均小于 1.0 容积率;香芒路旁地块容积率较高,为 2.35,其余地块容积率约 1.0—2.0 之间,建设强度不高。

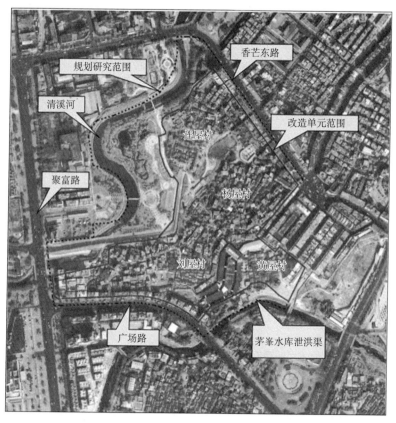

图 5—16 清溪镇居民区旧村地块改造单元范围

资料来源:东莞市清溪镇规划管理所,《东莞市清溪镇居民区旧村地块三旧改造单元规划》。

表 5—7   清溪镇居民区旧村地块现状用地统计表

序号	用地代号		用地名称	用地面积（公顷）	比例(%)
1	R		居住用地	14.01	71.74
	其中	R2	二类居住用地	0.12	0.61
		R3	三类居住用地	1.9	9.73
		R4	四类居住用地	10.52	53.87
		R5	商住混合用地	1.47	7.53
2	C2		商业金融业用地	2.1	10.75
	其中	C21	商业用地	0.23	1.18
		C26	市场用地	1.87	9.58
3	S		道路广场用地	0.67	3.43
	其中	S1	道路用地	0.3	1.54
		S3	社会停车场库用地	0.37	1.89
4	E		水域和其他用地	2.75	14.08
	其中	E1	水域	0.17	0.87
		E2	耕地	2.12	10.86
		E9	闲置地	0.46	2.36
合计			—	19.53	100

数据来源：东莞市清溪镇规划管理所,《东莞市清溪镇居民区旧村地块三旧改造单元规划》。

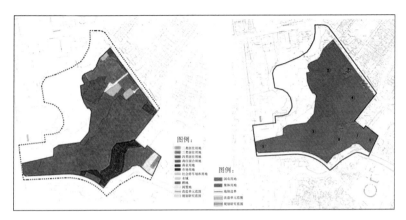

图5—17 清溪镇居民区旧村地块改造单元土地利用(左)和用地权属(右)现状

资料来源:东莞市清溪镇规划管理所,《东莞市清溪镇居民区旧村地块三旧改造单元规划》。

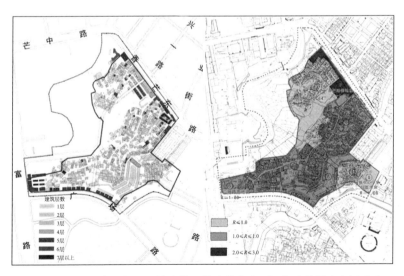

图5—18 清溪镇居民区旧村地块现状建筑高度(左)和建筑强度(右)分布

资料来源:东莞市清溪镇规划管理所,《东莞市清溪镇居民区旧村地块三旧改造单元规划》。

表 5—8   清溪镇居民区旧村地块现状建设强度统计表

序号	项目	容积率
1	居民黄屋村	0.97
2	居民连屋村	0.64
3	居民刘屋村	1.08
4	居民杨屋村	1.63
5	广场路旁地块	1.88
6	农贸市场	1.88
7	香芒路旁地块	2.35
8	原中心小学后地块	0.8

数据来源:东莞市清溪镇规划管理所,《东莞市清溪镇居民区旧村地块三旧改造单元规划》。

(3)公共设施现状

规划区内公共服务设施情况有公共停车场 2 处,综合市场 1 处,地块内公共服务设施相对缺乏。周边公共服务设施情况如下:

教育设施——中心区现有幼儿园 4 所,共 42 班;小学 2 所,共 77 班;九年制学校 1 所,共 46 班;中学 2 所,共 56 班;职业技术学校 1 所。

医疗卫生设施——中心区现有综合医院 1 座,床位 339 张;门诊部 2 个,及各管理区卫生站和门诊部若干。

文化娱乐设施——中心区现有文化设施 1 处,即清溪镇文化中心,位于鹿鸣路和广场路交叉口的西北侧,包括图书馆、文化广场、电影院等设施。

地块周边汇集了镇级公共服务设施,是清溪镇的公共服务中心,为改造地块的更新提供了较好的外部条件。

(4)交通现状

①道路系统

中心区现状外围骨干路网格局已经基本形成,但部分城市干道红线宽度不一,沿线交通组织存在一定困难。规划范围内部旧村的道路路面狭窄,断头路多,通行不畅,严重影响了居民的对外出行。部分旧村内部没有通路,存在极大的消防隐患。

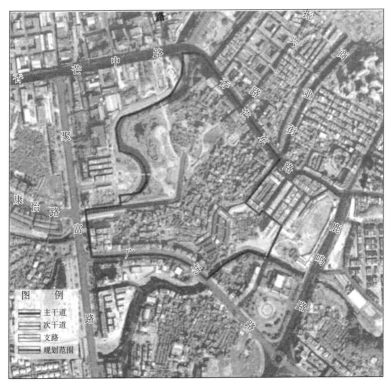

图5—19　清溪镇居民区旧村地块改造单元现状道路分布

资料来源:东莞市清溪镇规划管理所,《东莞市清溪镇居民区旧村地块三旧改造单元规划》。

②停车设施

中心区内仅在北部、香芒路两侧建成区内有一些临时社会停车场,不能满足需求。旧村内车辆乱停乱放情况严重。

③公共交通

中心区内的香芒路、清风大道、鹿鸣路、广场路、康怡路均为城市主要公共交通线路,区内设有 1 个港湾式公交停靠站,位于鹿鸣路上,公交设施比较缺乏。

（5）基础设施现状

给水工程——镇区供水设施建设较好,但水厂出水水压偏低,树枝状供水管较多,大部分地区存在管网乱接现象,管网零乱,部分管径偏小及老化。在用水高峰期部分地区的供水得不到保障。

排水工程——现状雨污水合流排放,污水没有经过处理直接排入三坑水库、茅峰水库及契爷石水库的排洪渠,最后排入石马河,对石马河造成严重污染。

电力工程——现状清溪、大窝两电站基本已满负荷工作。随着中心区南片区的开发建设,用电负荷将有所增长,需要对现有变电站进行主变扩容及新建变电站。大量架空线路对生存空间、城市环境均造成了一定的破坏。

通信工程——中心区内主要市政道路下通信管孔数量均较充足。部分支路通信管空数量偏少或尚未建设。邮政设施陈旧,档次较低,服务半径过大,给城镇居民用电造成较大不便。

燃气工程——现有两个瓶装气供应站布置在居民生活集中点,安全隐患大,对居民生活有影响。市政道路未敷设燃气管道,不能满足日益增多的高品质住宅小区对管道燃气的需求,管道燃气未能与镇区的城市建设同步发展。

（6）环境现状

①卫生环境

由于卫生管理与设施的不足,再加上居住密度较大,现状旧村内整体卫生环境较差,主要问题包括以下几点:设施严重不足,如垃圾桶相对缺乏,同时设施使用质量较差,缺乏统一管理;旧村内垃圾收集系统不完善,尽管已采用垃圾集中收集的措施,但住户将垃圾堆放于路旁现象严重,影响整体卫生环境;旧村内部卫生条件较差,管理缺乏,垃圾随处可见,同时对环境卫生设施损坏的情况也较严重。

②绿化环境

沿清溪河的滨河公园绿化景观环境优美。其他区域,如中心市场附近及旧村内缺少集中公共绿地。

③景观环境

整体上的建设并没有进行规划与控制,同时绿化、卫生等环境均不理想,旧村内部景观环境相对较差,道路景观、天际线、开敞空间等方面均较差,总体上有待进一步改善。

(二) 功能定位

1. 自身发展条件分析

(1) 良好的区位条件和交通优势

良好的区位交通条件带来级差地租效应,为中心区的改造带来了较强的源动力。

(2) 成熟的商业基础和浓烈的商业氛围

作为清溪镇起步最早、发展最为成熟的商业服务中心,清溪中心区具备浓烈的商业氛围和完善的商业基础。清溪中心市场、商业街、香芒路沿线的商业集聚区,一直都是清溪镇范围内商业地价最高的区域。

(3) 宏观政策的支持和政府的主动引导

适逢东莞市为了推动产业结构调整和转型升级,加快实施"三旧"改造,相关部门陆续出台配套政策。镇政府明确总体思路,下决心花大力气对中心区进行新一轮的改造和更新。一方面在政策上采取更为宽松的引导性政策,另一方面在财政投入上制定了基础配套建设倾斜等具体的工作方案,促进和引导中心区的改造。

(4)长期以来的行政决策为中心区的更新改造创造了良好的条件

在历届镇政府不懈的努力下,中心区范围内自发的农房建设被有效地控制,低效占用土地的行为被有效地遏制,为新一轮的土地更新改造创造了良好的条件。

(5)村民改造意愿强烈

建筑物的不断老化、生活环境的恶化,数十年来建房需求的抑制,村民对改善自身的生活环境、提高生活品质、获得土地收益等意愿日益突出。

2. 上位规划指引

(1)《东莞市清溪镇总体规划(2002—2020)》

根据清溪镇总体规划,未来清溪镇将形成圈层式结构。其中,最里层的是中心区,大约9平方公里;中间的圈层为产业圈,由四大工业园区组成;最外层是生态圈,主要由镇区外围的山体组成。总体规划提出:镇中心区以生活、服务与管理中心职能为主;未来在该区域内将形成行政中心区、商业中心区、文化服务区、生活居住区、一类工业区等。本次规划改造的区域为中心区的核心区域,其核心功能将主要围绕生活、商业服务、文化服务等功能展开。

(2)《东莞市清溪镇中心区控制性详细规划》

中心区控规中,中心区将形成"一心、两轴、六区"的规划结构。一心指商业服务中心;两轴指沿着香芒路和清凤大道形成的两条轴线;六区指生活居住区、商住混合区、商业服务区、行政办公区、工业发展区、生态休闲区。

本地块在由香芒路、聚富路、清凤大道(鹿鸣路)围合而成的中心区域内。该地区位于清溪镇的中心地带、交通便利。中心区控制性详细规划中,提出片区"远期通过整体拆迁改造,建设成为高标准的商住综合区"的目标。

(3)《清溪镇三旧改造专项规划及年度实施计划(2010—2015年)》

规划确定对本单元用地的开发意向为"商住、文化、居住、公共绿地、停车场"。

3. 功能定位

通过对该地块的发展条件与上层规划指引的分析,提出本地块的功能定位为:清溪中心区内集商业、居住、文化、休闲和办公等功能于一体的具备多元化、综合性服务能力的"中心城"。

其中:

中心——具备较强辐射和带动周边区域的作用;

多元化——强化"中高档商业购物区""特色休闲娱乐活动区""中央生活区"等多元化的城市职能,并将"办公商务区"等部分职能纳入远期城市产业转型升级的核心;

综合性——强调多种职能在中心区范围内的有机融合和相互促进关系;

服务型——以服务镇区为主要目标,较广的服务人群、较完善服务体系的区域,强化在生态休闲、文化活动、餐饮美食、商业购物等方面的服务职能。

(三) 改造方案

1. 改造模式

清溪镇居民区旧村改造属于成片拆迁改造与保留整治结合、社会资金参与改造与集体经济组织自行改造结合的改造模式。改造主体为清溪镇居民委员会。主要改造措施包括:

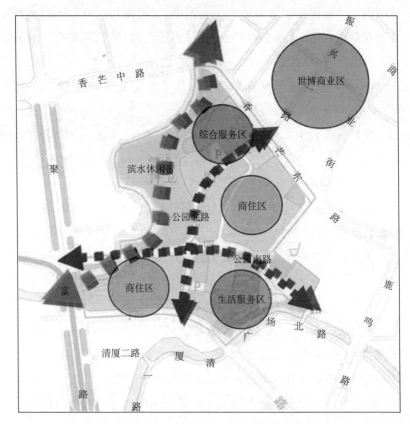

图 5—20 清溪镇居民区旧村地块改造单元规划结构图

资料来源:东莞市清溪镇规划管理所,《东莞市清溪镇居民区旧村地块三旧改造单元规划》。

（1）旧村破旧、能整体拆除建筑——拆迁重建。具体包括拆除破旧房屋,腾出土地,置换功能;完善落实控规配置的公共配套设施。

（2）建筑质量较好,近期难以拆除建筑——保留整治。具体包括整治建筑立面;抽疏释放开放公共空间;开通道路,消除消防隐患;改善内部环境,完善公共基础设施;引导村民进行自改。

2. 空间结构

规划提出"一带、两轴、四区"的规划结构。

"一带"：指滨水休闲带。

"两轴"：指由于"三旧"改造而开通的公园北路和公园南路，是地块南北、东西联系的重要轴线；

"四区"：综合服务区——位于香芒东路南侧，滨水公园东面，将与北面的世博商业区共同建成清溪中心区新的集商业、办公、娱乐等综合服务区；生活服务区——结合保留的清溪中心市场，建设成满足周边居民日常生活的生活服务区；商住区——规划通过拆迁改造与保留整治的方式形成两个集中的商住区。

3. 用地方案

改造单元研究范围内总用地面积为 31.30 公顷。其中，二类居住用地 0.35 公顷，占 1.12%；商住用地为 11.15 公顷，占 35.62%；商业用地为 2.01 公顷，占 6.42%，市场用地 2 公顷，占 6.39%，公共绿地为 7.47 公顷，占 23.87%，幼儿园用地 0.54 公顷，占 1.73%，社会停车场用地为 0.86 公顷，占 2.75%，道路用地为 5.44 公顷，占 17.38%，水域 1.48 公顷，占 4.73%。

表 5—9　清溪镇居民区旧村地块改造单元规划用地汇总

类别	用地代码	用地性质	用地面积（公顷）	比例（%）
经营性用地	R2	二类居住用地	0.35	1.12
	R5	商住混合用地	11.15	35.62
	C21	商业用地	2.01	6.42
	C26	市场用地	2	6.39
		小计	16.05	51.28

续表

类别	用地代码	用地性质	用地面积(公顷)	比例(%)
非经营性用地	G1	公共绿地	7.47	23.87
	R61	幼儿园用地	0.54	1.73
	S3	社会停车场库用地	0.86	2.75
	S1	道路用地	5.44	17.38
	E1	水域	1.48	4.73
小计			15.25	48.72
合计			31.3	100

数据来源:东莞市清溪镇规划管理所,《东莞市清溪镇居民区旧村地块三旧改造单元规划》。

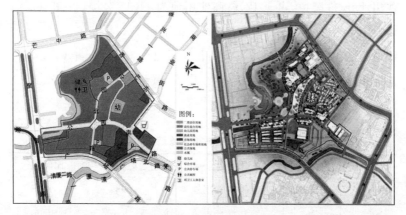

图5—21　清溪镇居民区旧村地块改造单元用地规划(左)和总平面(右)图

资料来源:东莞市清溪镇规划管理所,《东莞市清溪镇居民区旧村地块三旧改造单元规划》。

4. 公共设施规划

由于清溪镇居民区旧村改造在建设规模和人口数量上没超过已批控规,在公建配套方面主要是落实已批控规的公建规模和数量,包括 18 班幼儿园、综合市场、公共停车场、公共厕所、环卫工人作息室、居住小区级文化室、社区体育活动场地。

表 5—10　清溪镇居民区旧村地块改造单元公共设施规划统计表

项目	用地面积（平方米）	建筑面积（平方米）	规模	备注
幼儿园	5 400	4 320	18 班	独立占地
综合市场	17 099	12 000		独立占地，居民区级设施，每处服务人口 4—6 万人
居住小区级文化室	—	500—1 000		附设，居住小区级设施，每处服务人口 1—2 万人
社区体育活动场地	3 000—6 000	—		附设，居住小区级设施，每处服务人口 1—2 万人
公共厕所	—	40—80		附设，每处服务人口 1—2 万人
环卫工人休息室				附设，每处服务人口 1—2 万人
公共停车场	8 583	—	280 个	独立占地

数据来源：东莞市清溪镇规划管理所，《东莞市清溪镇居民区旧村地块三旧改造单元规划》。

5. 公共空间控制引导

（1）开放空间控制

由于地块位于城市的两条滨水景观带之间，规划沿公园北路与公园南路交叉口的东南位置设置公共绿地、公共停车场等开放空间，与滨江公园对应，以利于两条滨水景观带的连通。

（2）视线通廊控制

本地块的视线通廊控制，主要是控制滨水公园周边建筑的视线

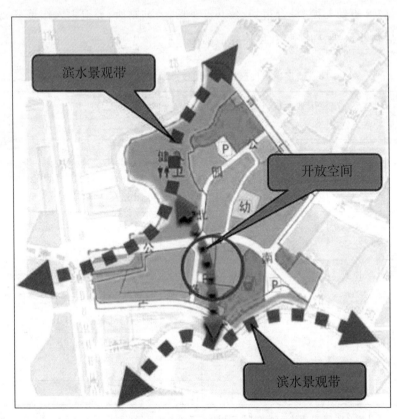

图 5—22 清溪镇居民区旧村地块改造单元开放空间控制示意图

资料来源：东莞市清溪镇规划管理所，《东莞市清溪镇居民区旧村地块三旧改造单元规划》。

通廊，保证滨水公园的开放性与视觉通透性。由于规划用地只有靠公园北路西面的商业、商住用地与滨水公园相连，建议在商业与商住用地之间留出视线通廊，具体位置如图 5—23 所示。

通过对不同宽度的视线通廊分析，认为 30 米的视线通廊显得狭窄，40 米和 50 米的视线效果较好。从景观和经济性考虑，建议视线通廊宽度控制在≥40 米。

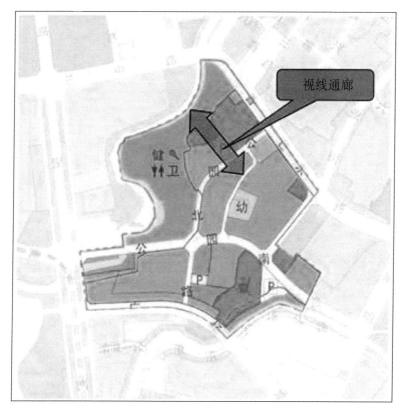

图 5—23　清溪镇居民区旧村地块改造单元视线廊道控制示意图
资料来源：东莞市清溪镇规划管理所，《东莞市清溪镇居民区旧村地块三旧改造单元规划》。

（3）入口广场控制

从平面图上分析，进入本地块主要有 5 个出入口：A、D 入口两边为保留建筑，改造难度较大；C、E 出入口旁边均有河流绿地，开敞性较好；B 入口正对香芒东路，是中心区的主要景观大道。现状入口狭窄，可通过地块改造增加入口广场，优化地块正对香芒东路的景观效果，同时起到对人流与交通的集散作用。本地块入口广场的设置，有利于优化香芒东路的景观,也能增加地块入口的识别性,建议入口广场控制面积≥1 000平方米。

图5—24   清溪镇居民区旧村地块改造单元出入口控制示意图

资料来源:东莞市清溪镇规划管理所,《东莞市清溪镇居民区旧村地块三旧改造单元规划》。

(4)高度控制

地块位于清溪镇中心区的核心位置,是清溪镇城市形象的代表。通过意向方案的对比分析,认为片区的建筑限高可以适当放宽。因此,高层建筑控制高度为≤80m,商业裙楼高度控制≤20米。

（5）主要景观界面控制

清溪镇居民区旧村改造的主要景观界面包括香芒东路景观界面、滨水景观界面、公园北路景观界面和公园南路景观界面。主要控制要素包括：高层建筑连续面宽控制和面宽比（K）的控制。

①香芒东路景观界面

由于香芒东路界面主要是低层的保留整治界面，只有公园北路西北段为拆迁改造区，同时西北段保留整治界面的东莞银行大楼为高层建筑，面宽约 32 米，高 18 层。拆迁改造地块为商业用地，建议新建高层建筑面宽≤40 米；本段 K 值的计算总长以公园北路以北段（保留整治区界面＋拆迁改造区界面）总长核算，建议 K≤60％。

②滨水景观界面

滨水景观界面主要是与滨水公园相邻地块的景观界面，为保证滨水公园的开敞性，通过方案对比，建议高层建筑面宽≤40 米，面宽比 K≤50％。

③公园北路景观界面与公园南路景观界面

公园北路与公园南路均为城市支路，等级与功能相同，建议采用统一的景观界面控制要素，对一般城市支路的界面控制，建议高层建筑连续面宽≤70 米，面宽比 K≤60％。

（6）道路交通规划

①外部交通联系

地块对外交通联系便利，地块北面通过香芒路（主干道）直达塘厦、深圳，东面接鹿鸣路（主干道）、西面接聚富路（次干道）贯通中心区南北两端；南面接广场路。与周边城镇形成快速的交通衔接系统。

②内部交通组织

地块内部主要通过公园北路和公园南路形成十字形的支路网组织交通。通过开通内部车行道增加各地块内部的交通可达性；在旧村的保留改造片区，通过抽疏的方式开通消防车道，既满足消防需求,也优化了旧村的交通系统;滨水地块通过 10 米的建筑退缩控制,留出滨水车行道,以保证滨水空间的公共性。

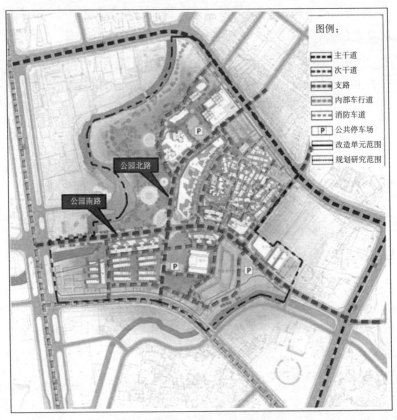

图 5—25　清溪镇居民区旧村地块改造单元交通规划图

资料来源:东莞市清溪镇规划管理所,《东莞市清溪镇居民区旧村地块三旧改造单元规划》。

三、塘厦镇水电三局花园街北地块改造

(一) 项目概况

1. 地理区位

塘厦镇水电三局花园街北地块位于塘厦镇北部片区,位于塘厦

镇北部发展轴上。改造地块东临塘厦大道,西有广深铁路,交通较为便捷,具有一定的区位优势。

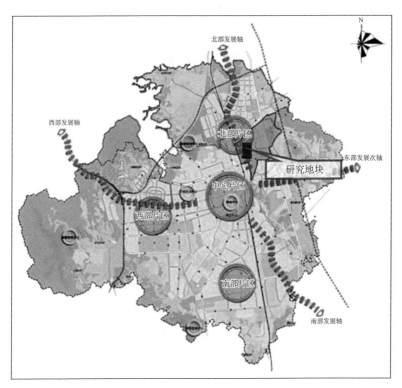

图5—26 塘厦镇水电三局花园街北地块区位图

资料来源:塘厦镇人民政府、东莞市城建规划设计院,《塘厦镇
水电三局花园街北地块"三旧"改造单元规划》。

2. 改造范围

塘厦镇水电三局花园街北地块改造范围北至鸡爪桥水沟,南至建安花园,东至塘厦大道,西至花园北路,面积约为10.59公顷。

3. 用地现状

图 5—27　塘厦镇水电三局花园街北地块改造单元范围图
资料来源：塘厦镇人民政府、东莞市城建规划设计院，《塘厦镇
水电三局花园街北地块"三旧"改造单元规划》。

地块用地总面积约 10.59 公顷，现状用地由工业用地、文化娱乐
用地和二类居住用地构成。其中，工业用地约 6.71 公顷；文化娱乐
用地约 0.5 公顷；二类居住用地主要为沿塘厦大道临街一排的居民
住宅，约 0.53 公顷。根据现状用地权属调查，改造单元范围内涉及
拆迁的权属用地为 2 宗，均为国有用地。

表 5—11　塘厦镇水电三局花园街北地块改造单元现状用地汇总

用地代码	用地性质	用地面积（平方米）	百分比
R2	二类居住用地	5 257	4.97％
C3	文化娱乐用地	4 990	4.71％
M2	二类工业用地	36 898	34.85％
M3	三类工业用地	39 352	37.17％
S1	道路用地	16 137	15.24％
G1	公共绿地	1 399	1.32％
合计	建设用地面积	104 033	98.25％
E1	水域	1 848	1.75％
合计	非建设用地面积	1 848	1.75％
	规划区面积	105 881	——

数据来源：塘厦镇人民政府、东莞市城建规划设计院，《塘厦镇水电三局花园街北地块"三旧"改造单元规划》。

4. 建筑现状

改造地块的建筑物以建造年代、结构类型、外观类型等条件进行综合评价分析，主要分为两类：

二类建筑——指建筑质量一般，有一定使用年份的建筑。主要为村民住宅；

三类建筑——指使用年份很久，外观有不同程度破旧的建筑。包括破旧厂房及老民房，是改造单元内现状建筑的主要组成部分。

地块内主要是以三类建筑为主，有部分为二类建筑（主要是沿街商铺和文化娱乐用地）。

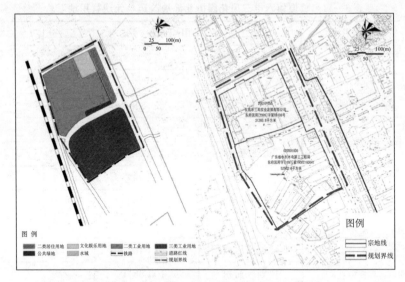

图 5—28　塘厦镇水电三局花园街北地块土地利用(左)和用地权属(右)现状

资料来源:塘厦镇人民政府、东莞市城建规划设计院,《塘厦镇水电

三局花园街北地块"三旧"改造单元规划》。

表 5—12　塘厦镇水电三局花园街北地块建筑质量汇总

类型	面积(平方米)	比例(%)
二类建筑	30 130	83
三类建筑	6 130	17
合计	36 260	100

数据来源:塘厦镇人民政府、东莞市城建规划设计院,《塘厦镇水电三局花园街北地块"三旧"改造单元规划》。

改造单元范围内部分建筑体量较大,多为厂房建筑,建筑密度大,公共开放空间较为缺乏。建筑主要是以 3—5 层的工业厂房为主,沿街的商住多为 5 层。改造单元现状总建筑面积 10.36 公顷,单元用地面积 10.59 公顷,现状毛容积率为 0.98。

表 5—13　塘厦镇水电三局花园街北地块建筑高度汇总

层数	建筑面积(平方米)	比例(%)
1—3F	40 103	38.71
4—6F	63 239	61.04
7F 以上	260	0.25
总计	103 602	100

数据来源:塘厦镇人民政府、东莞市城建规划设计院.《塘厦镇水电三局花园街北地块"三旧"改造单元规划》。

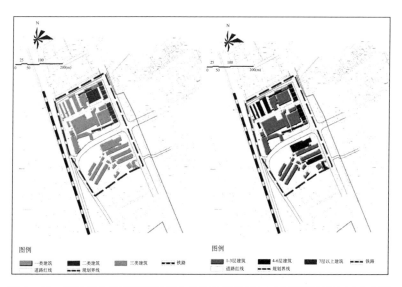

图 5—29　塘厦镇水电三局花园街北地块建筑质量(左)和建筑高度(右)分析图
资料来源:塘厦镇人民政府、东莞市城建规划设计院.《塘厦镇水电
三局花园街北地块"三旧"改造单元规划》。

5. 公共设施现状

规划范围内的公共设施较少,除了规划区东北角的一处保龄球馆和花园新街北面的一处街头绿地外。其他公共设施相对匮乏。

6. 交通现状

改造地块现状道路系统可分为外部交通和内部交通。

（1）外部交通

改造单元主要靠塘厦大道和环市北路与外界连接。其中塘厦大道为南北向城市主干道，环市北路为城市次干道，花园新街为社区生活性支路。

（2）内部交通

内部交通主要依靠花园新街和巷道解决，社区内巷道多为3—5米的道路，主要以承载人行通行为主。现状内部道路交通存在以下问题：

社区内现状道路基本已硬质化，但部分路面由于缺乏修缮管理，状况较差。

整体道路系统虽形成消防环道，但大部分区域宽度不够，消防车难以进入。

（3）交通设施

区域内无公共停车场，多为路边停车，其他交通设施缺乏。

7. 景观环境现状

（1）卫生环境

由于改造地块外围为市政道路，所以整体卫生环境较好，但旧厂区内的卫生情况较差，废弃的器材及建筑材料随意堆放。

（2）绿化环境

现状规划范围内没有集中公共绿地，现状绿化多为道路绿化和零散的厂区内部绿化。

（3）景观环境

由于整体上的建设并没有进行规划与控制，同时绿化、卫生等环境均不理想，厂区内部景观环境相对较差，道路景观、天际线、开敞空

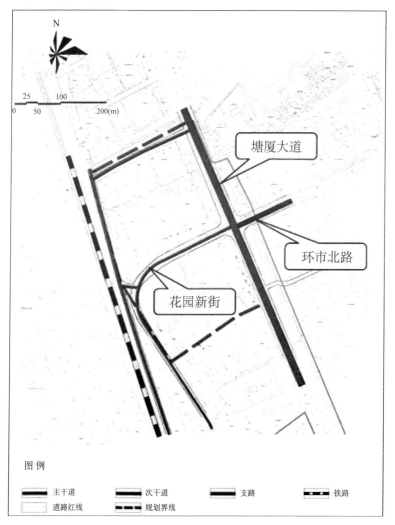

图 5—30 塘厦镇水电三局花园街北地块交通现状图

资料来源：塘厦镇人民政府、东莞市城建规划设计院，《塘厦镇水电

三局花园街北地块"三旧"改造单元规划》。

间等方面均较差,总体上有待进一步改善。且由于建设年代较早,厂房呈现老旧化,与周边现代化城市形象极不协调。

(二) 功能定位

1. 上位规划要求

(1)《东莞市域总体规划(2005—2020)》

根据《东莞市域总体规划(2005—2020)》的要求,塘厦镇的功能定位:塘厦镇是东莞市重要的现代制造业基地之一,山水宜居地区,集休闲旅游、物流及文化教育等职能于一体的东南部片区的综合服务中心。

(2)《塘厦镇莲湖社区控制性详细规划》

根据《塘厦镇莲湖社区控制性详细规划》,改造地块位于花园街商业带的北端,塘厦大道与环市北路交汇处西侧,属于花园街商业带向北延伸的终点,同时也是塘厦镇北部发展轴与环市北路发展轴上一个重要节点。

(3)《塘厦镇"三旧"改造专项规划》

改造地块在《塘厦镇"三旧"改造专项规划》中控制为二类居住、商住和一类工业用地。

2. 功能定位

依据塘厦总体规划、莲湖社区控规、塘厦镇"三旧"专项规划的要求,结合本单元的发展条件、规划目标,确定本单元的功能定位为:

通过对旧厂房的改造,依托项目优越的区位及便利的交通,形成配套设施完善,环境优美,安全舒适的高品质商住社区。

(三) 改造方案

1. 改造模式

本次改造属于成片拆迁改造中的原土地使用权人自行改造类型。结合水电三局改造单元的用地权属和水电三局的改造意向,本次改造地块的改造主体为广东省水利水电第三工程局(即塘厦水电三局)。

2. 用地规划

根据功能定位,结合改造地块的发展条件及开发意向,初步拟定本次改造地块的土地利用规划如图5—31所示。

表5—14　规划用地汇总表(单位:公顷)

序号	用地代号及用地性质			用地面积	比例
1	R		居住用地	6.92	65.34%
	其中	R2	二类居住用地	3.69	34.84%
		R5	商住混合用地	3.24	30.59%
2	C		公共设施用地	0.92	8.69%
	其中	C11	市属行政办公用地	0.92	8.69%
3	S		道路广场用地	2.57	24.27%
	其中	S1	道路用地	2.12	20.02%
		S2	广场用地	0.45	4.25%
4	E1		水域	0.17	1.61%
5	规划总用地			10.59	100.00%

数据来源:塘厦镇人民政府、东莞市城建规划设计院,《塘厦镇水电三局花园街北地块"三旧"改造单元规划》。

3. 公共空间控制引导

(1)廊道与景观的控制

①视线廊道控制

在编制《东莞市塘厦镇总体规划(2008—2020)》中,改造地块北边,广深铁路与塘厦大道之间控制了大面积的防护绿地。改造地块位于广深铁路与塘厦大道之间,属于开敞空间与密集空间的过渡地

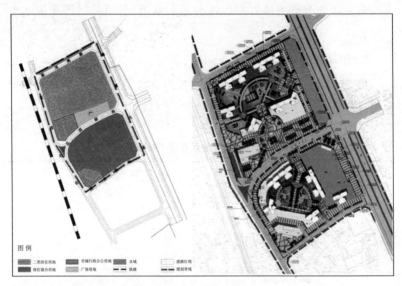

图 5—31 塘厦镇水电三局花园街北地块用地规划(左)和总平面(右)图

资料来源:塘厦镇人民政府、东莞市城建规划设计院,《塘厦镇水电

三局花园街北地块"三旧"改造单元规划》。

带,但是开敞空间已被公共绿地之间的商业所打断,故改造地块控制
纵向廊道意义不大,主要以控制广深铁路与塘厦大道之间的横向视
线廊道为主。通过研究分析,当 D(廊道建筑间距)＝30 米时,廊道
视觉空间能形成较好的视觉通透性;当 D(廊道建筑间距)＝20 米
时,廊道视觉空间相对封闭。为保证廊道在视觉上形成通透的效果,
建议建筑之间应留出的间距 D≥30 米。

②绿化景观控制

广场景观节点:在大型商业之间设置的集散广场的景观设计应
结合花园街的绿化设计,形成景观节点,丰富花园街的景观。

小区集中绿地:小区内部形成独立的组团景观与相对应的景观
节点,优化小区的景观环境。建议集中绿地面积应≥4000 平方米,

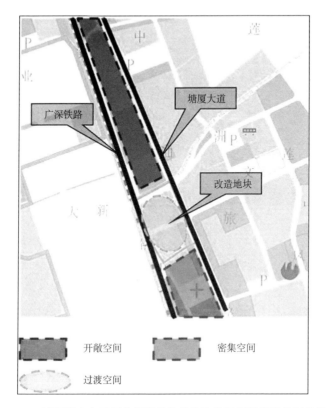

图5—32 塘厦镇水电三局花园街北地块改造单元视线廊道控制示意图

资料来源:塘厦镇人民政府、东莞市城建规划设计院,《塘厦镇水电

三局花园街北地块"三旧"改造单元规划》。

位置位于小区中部,住宅楼之间。

(2)广场的控制

改造单元共设置广场2处:

①集散广场

根据大型商业人流集散的需要,在大型商业之间设置一集散广场,有利于人流的疏散及景观的营造,建议广场面积≥4000平方米。

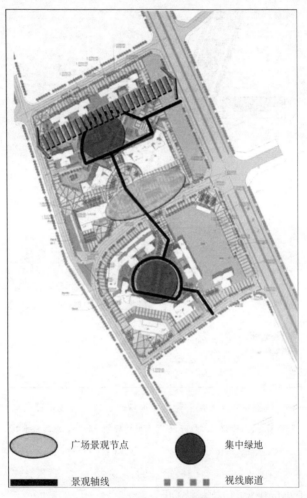

图 5—33　塘厦镇水电三局花园街北地块改造单元绿化景观控制图

资料来源:塘厦镇人民政府、东莞市城建规划设计院,《塘厦镇水电

三局花园街北地块"三旧"改造单元规划》。

②景观广场

改造地块位于花园街北端,在南组团办公大楼前设置一景观广场,作为花园街北端终点的一个节点,同时营造一个开敞空间,突出景观性、地标性。

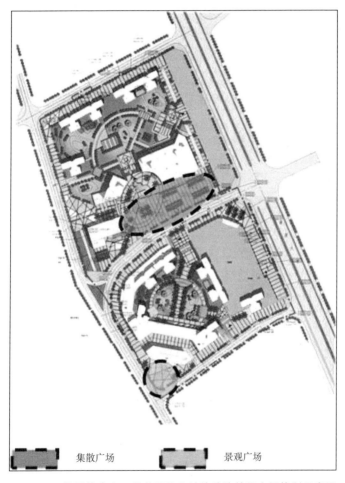

图 5—34　塘厦镇水电三局花园街北地块改造单元广场控制示意图

资料来源:塘厦镇人民政府、东莞市城建规划设计院,《塘厦镇水电
三局花园街北地块"三旧"改造单元规划》。

（3）沿塘厦大道界面控制

①建筑高度

由于北组团沿塘厦大道为现状保留的 6 层住宅楼,改造小区非塘厦大道一线建筑,故建筑高度控制区域主要为南组团沿塘厦大道一侧的建筑。塘厦大道为主干道,周边的商业氛围较为浓厚,介于中心商贸区和普通城市街区之间,根据高宽比的原理:H/D(高宽比)应控制在 1—2 之间,道路宽度为 46 米,地块后退红线为 10 米,故建筑控制高度为 80 米。

②建筑天际线

塘厦大道是塘厦镇南北向重要景观轴,是南北向联系的主要道路,现状天际线较平乏,缺少变化和亮点。根据现状天际线情况来看,缺少一个具有一定标志性的建筑。综合地块的开发强度,建议改造地块的建筑高度可适当放宽到 100 米,丰富塘厦大道建筑天际线。现状中沿街底商性住宅大多数为 5—6 层,根据现状建议将改造地块东侧裙楼控制在 30 米以下。经方案模拟,考虑日照通风等间距要求,本次研究推荐塘厦大道、新河南路沿线高层建筑 K 值为 0.5—0.6。推荐花园北街、花园新街沿线高层建筑 K 值≤0.5。

③建筑面宽控制

依据以往的经验,当高层建筑连续面宽＞3 个住宅单元面宽(90—100 米)时,建筑界面过长且密闭产生压抑感;当高层建筑连续建筑面宽＜2 个住宅单元面宽(60—70 米)时,人的视觉较为舒适;且鉴于住宅建筑朝向设计及日照要求,地块住宅建筑的沿街高层建筑连续面宽控制为≤70 米。

4. 道路交通规划

（1）外部交通规划

①主干道

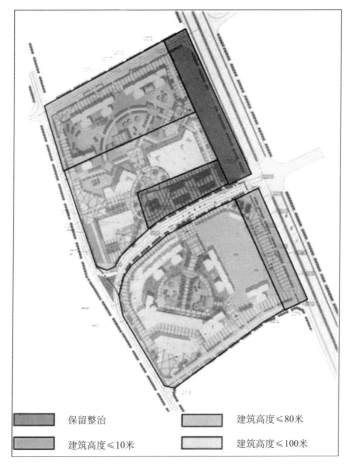

图 5—35　塘厦镇水电三局花园街北地块改造单元建筑高度分区控制图

资料来源：塘厦镇人民政府、东莞市城建规划设计院，《塘厦镇水电

三局花园街北地块"三旧"改造单元规划》。

　　塘厦大道——位于改造地块东侧，南北向贯穿塘厦镇，可连接东莞市区和深圳，为塘厦镇最重要的综合性交通干道之一。

　　②次干道

花园北街——位于改造地块西侧,是莲湖片区的一条重要的商业街。

花园新街——从中间横穿改造地块,连通塘厦大道与花园北街。

新河南路——位于改造地块北边,往西连接 138 片区。

建安新街——位于改造地块南边,连通塘厦大道与花园北街。

（2）内部交通规划

小区内部交通实行人车分流方式。

①小区车流——在小区出入口直接进入停车场和地下车库。

②小区人流——通过环境宜人的步行道,将小区开放空间和广场连接起来。

③商业人流——围绕着商业建筑沿路进行组织。

（3）交通出入口规划

塘厦大道——综合性主干道,车流和人流量较大,不建议设置主要出入口。北段可结合公交停靠站设置次要出入口,由于塘厦大道有中央分隔带,建议设置为右进右出式出入口;南段有集中商业,可设置商业人流出入口,但必须留有足够的缓冲空间。

花园新街——生活性支路,宜结合广场设置主要出入口。

花园北街——生活性支路,过境车流较少,可设置主要出入口

建安新街——生活性支路,主要交通为周边居民出行人流,可设置主要出入口。

新河南路——交通性支路,由于穿越铁路,所以过境车流较多,同时受现状制约,缺乏足够的缓冲空间,不宜设置出入口。

5. 公共设施规划

现状保留公共设施:公交停靠站;

规划新增公共设施:广场、10KV 开关站、居住小区级文化室、居委会、社区服务站、警务室和 6 班幼儿园。

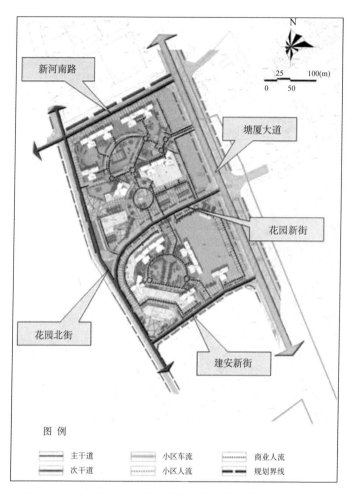

图5—36　塘厦镇水电三局花园街北地块改造单元交通规划图

资料来源：塘厦镇人民政府、东莞市城建规划设计院，《塘厦镇水电

三局花园街北地块"三旧"改造单元规划》。

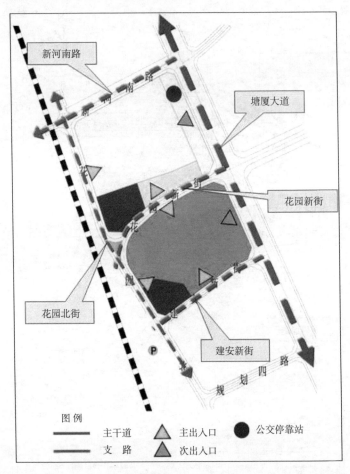

图 5—37 塘厦镇水电三局花园街北地块改造单元交通出入口规划图

资料来源：塘厦镇人民政府、东莞市城建规划设计院，《塘厦镇水电

三局花园街北地块"三旧"改造单元规划》。

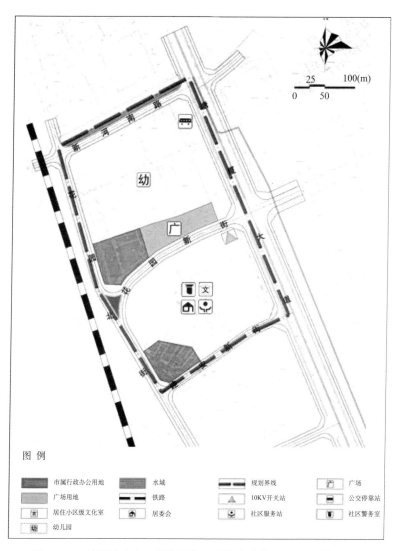

图 5—38　塘厦镇水电三局花园街北地块改造单元公共设施规划图

资料来源:塘厦镇人民政府、东莞市城建规划设计院.《塘厦镇水电

三局花园街北地块"三旧"改造单元规划》。

第三节　工业区再造

一、虎门镇 CDC 电缆厂改造

(一) 项目概况

CDC 电缆厂"三旧"改造单元位于虎门镇中心区,其东侧紧靠轨

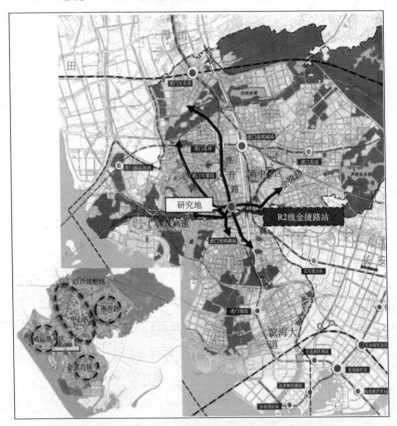

图 5—39　CDC 电缆厂区位图

资料来源:城市空间设计集团,《虎门镇 CDC 电缆厂"三旧"改造单元规划》。

道 R2 线南延线(规划)金捷路站,可通过太沙路、连升路联系滨海大
道、广深珠高速路等,对内对外交通便捷,区位条件优越。改造范围
为西至金龙路,南至太沙路,东南至金捷路,面积约 7.8 公顷。

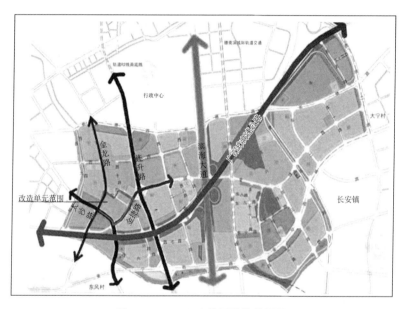

图 5—40　CDC 电缆厂改造范围图

资料来源:城市空间设计集团,《虎门镇 CDC 电缆厂"三旧"改造单元规划》。

　　CDC 电缆厂现状用地主要为 CDC 电缆厂国有工业用地,占总
用地的 74%,沿金捷路与太沙路有少量街头绿地,改造单元西侧有
少量旧村。现状建设量 2.06 万平方米,毛容积率为 0.26;现状建筑
质量差,功能与物质老化严重。同时,改造单元周边主干路网基本形
成(位于主干路太沙路与次干道金捷路的交汇处,紧靠连升路、广深
珠高速公路),内部道路主要为自发形成的村路,联系不畅,内部交通
的优化是改造的重点。

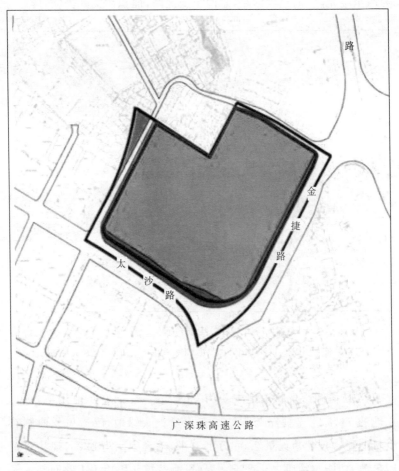

图5—41　CDC电缆厂改造单元现状用地图

资料来源:城市空间设计集团,《虎门镇CDC电缆厂"三旧"改造单元规划》。

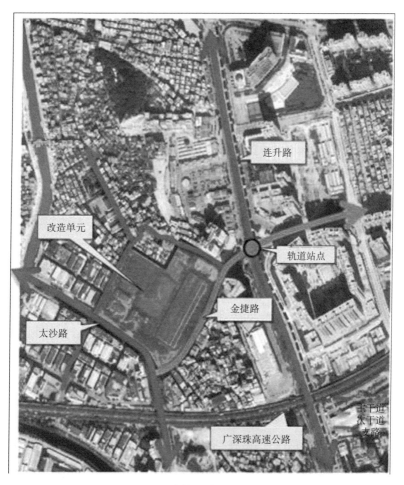

图 5—42　CDC 电缆厂改造单元现状交通图

资料来源:城市空间设计集团,《虎门镇 CDC 电缆厂"三旧"改造单元规划》。

表 5—15 CDC 电缆厂改造单元土地利用现状统计表

序号	用地性质		用地代号	面积(公顷)	用地比例
1	居住用地		R	0.16	2.05%
	其中	三类居住用地	R3	0.16	2.05%
2	工业用地		M	5.79	74.04%
3	道路广场用地		S	1.22	15.60%
	其中	道路用地	S1	1.22	15.60%
4	绿地		G	0.65	8.31%
	总用地			7.82	100%

数据来源:城市空间设计集团,《虎门镇 CDC 电缆厂"三旧"改造单元规划》。

CDC 电缆厂改造单元的现状配套设施情况为:(1)连升路沿线以商业设施为主,包括餐饮设施(虎门不夜天)、龙泉酒店、虎门地标等。(2)西北面为金洲社区服务中心,包括公园、文化中心、居委会、肉菜市场、小学等。总体而言,周边基础生活配套较为完善,但缺乏一些提升型的公共设施,停车占用道路较为严重,公共开敞空间较为缺乏。

(二) 定位与策略

1. 功能定位

(1)上位规划及相关规划

①土地利用总体规划:在《虎门镇土地利用总体规划》中,改造单元范围内为建设用地。

②城市总体规划:在《虎门镇总体规划(2012—2020)》,改造单元范围内为建设用地。

③生态控制线规划:在《东莞生态控制线规划》中,改造单元范围内为建设用地。

图 5—43　CDC 电缆厂改造单元现状公共设施分析图

资料来源:城市空间设计集团,《虎门镇 CDC 电缆厂"三旧"改造单元规划》。

④控制性详细规划:在《虎门镇中心南片区控制性详细规划》中,确定本改造单元承担居住和商业功能,用地布局以商住用地为主。

(2)功能定位

通过对上位规划及相关规划的研究,将本改造单元定位为虎门中心城居住板块的重要组成部分。主要功能为:

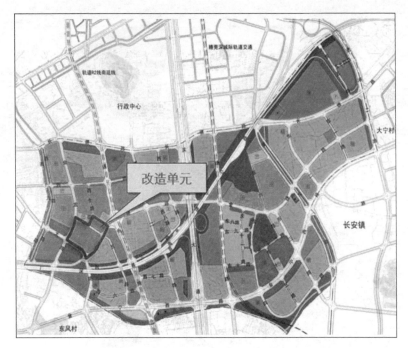

图 5—44　《虎门镇中心南片区控制性详细规划》土地利用

资料来源:城市空间设计集团,《虎门镇 CDC 电缆厂"三旧"改造单元规划》。

①结合原控规功能定位,主要发展商住功能;

②该地块区位条件优越,位于轨道 R2 线延长线金捷站周边,可进行 TOD 开发,发展公共服务、商业、居住等功能;

③改造单元的商业功能在立足于服务周边地区的前提下,可依托轨道站点适度承接现状中心区商业功能的疏解。

2. 改造目标

结合功能定位,虎门镇 CDC 电缆厂改造单元主要有两大目标:

(1)提高土地利用效率。充分发挥中心区的区位优势以及在轨道站点周边的交通条件优势,将改造单元的工业用地改造成为高品质的商住项目,高效集约开发。

（2）完善设施配套,提升居住环境。

3. 发展策略

（1）总体策略

依托虎门中心区完善配套设施,以及未来通畅的交通系统,打造环境优美的新型居住社区,成为虎门中心城居住板块的重要组成部分;同时依托轨道站点的带动作用,发展商业功能。

（2）公共设施配套策略

在上层次规划的基础上,重点完善片区作为组团服务中心的配套设施,包括幼儿园、公共绿地、体育用地、社会停车场等。

（3）交通策略

重点完善轨道交通出行的相关配套设施,针对轨道站点人流量大的特点建设集散空间,同时发展慢行交通,完善慢行网络,增加公交配套,提高公共交通分担率。

（三）改造方案

1. 用地方案

（1）用地布局构思

①落实原控规布局思想,主要落实为商住用地;

②结合轨道站点建设及开发需求,增加开敞空间,布置公共绿地、广场等;

③结合北面区域开发,共同打造片区公共服务设施节点。本次为满足周边居民需求,主要布置幼儿园、体育公园、社会停车场等;

④改善交通微循环,北面增加城市支路,提高通行能力,并对部分道路断面进行优化,加大人行空间,打造慢行社区。

（2）土地利用

此次规划的总用地面积 7.82 公顷,均为建设用地。其中,商住用地 4 公顷,占总用地的 51.16%;幼儿园、体育用地、广场、绿地、停车场、道路等公共用地合计 3.82 公顷,占总用地的 48.84%。

表 5—16　CDC 电缆厂改造单元规划用地汇总表　单位:公顷

序号	用地代号		用地名称	用地面积	占建设用地比例(%)
1	R		居住用地	4.27	54.60
	其中	R5	商住混合用地	4.00	51.16
		R61	幼儿园用地	0.27	2.83
2	C		公共设施用地	0.28	3.58
	其中	C4	体育用地	0.28	3.58
3	S		道路广场用地	2.37	25.19
	其中	S1	道路用地	2.05	21.09
		S2	广场用地	0.21	2.69
		S3	社会停车场库用地	0.11	1.41
4	G		绿地	0.80	7.97
	其中	G1	公共绿地	0.80	7.97
5	U		市政公用设施用地	0.10	1.28
	其中	U21	公共交通用地	0.10	1.28
合计			城镇建设用地	7.82	100.00

数据来源:城市空间设计集团,《虎门镇 CDC 电缆厂"三旧"改造单元规划》。

(3)开发强度

根据《编制指引》按公共设施贡献率确定容积率,即:

$$地块容积率＝基准容积率＋补偿容积率$$

CDC 电缆厂改造项目为工业改商住,容积率为 3.45。改造后,商住用地总建设量为 13.79 万平方米,比原控规减少 3.85 万平方米。

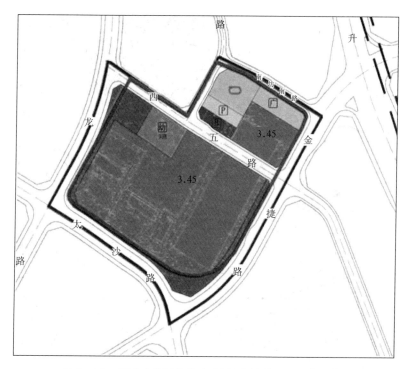

图 5—45 CDC 电缆厂用地方案图(土地利用及开发强度)

资料来源:城市空间设计集团,《虎门镇 CDC 电缆厂"三旧"改造单元规划》。

2. 交通方案

(1) 交通方案

①完善交通微循环:在现有道路系统的基础上,改造实施西五路、西十路等路段,同时扩建北部村路为城市支路,改善交通微循环,增强改造单元交通通行能力;

②点线面结合的慢行网络:设置一定的慢行交通设施无缝衔接各个主要设施节点,形成点线面结合的完善慢行网络。

③设置公交首末站,提倡公交出行,与周边设施无缝接驳。

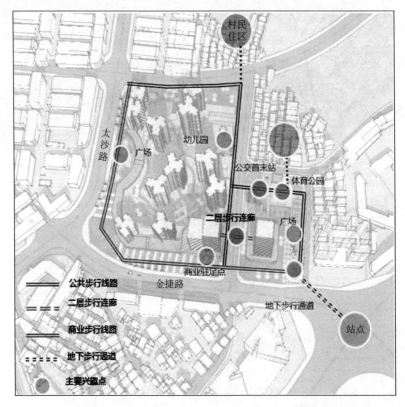

图5—46　CDC电缆厂改造单元交通规划方案

资料来源:城市空间设计集团,《虎门镇 CDC 电缆厂"三旧"改造单元规划》。

(2)交通影响研究

①研究范围

本次交通影响研究范围扩至相邻干路围合的区域用地范围,总面积约为 19.1 公顷(改造单元面积为 7.8 公顷)。周边用地以控规确定的用地性质和开发强度进行交通需求预测。

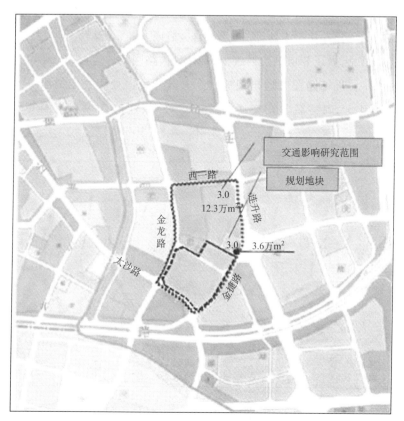

图 5—47　CDC 电缆厂改造单元交通影响研究范围

资料来源:城市空间设计集团,《虎门镇 CDC 电缆厂"三旧"改造单元规划》。

②情景模拟

情景一:对规划的各条道路贯通后的路况进行模拟——模拟理想状况。

路网基本能承受地块开发所产生的交通量。

情景二:对近期具有可实施性的路况进行模拟——模拟近期可行的状况。

　　不做交通改善和组织时：交通压力较大，交叉口非常拥堵，路网已不能承受地块开发所产生的交通量，造成大面积拥堵。

　　可见，做了相应的交通改善和组织后，路网整体运行尚处于可接受水平。局部路段交通出现拥堵。大部分路口处于稳定的服务水平。因此，调整后方案交通运行基本可行，能够支撑相应的开发强度。

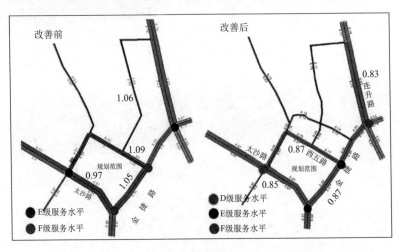

图 5—48　CDC 电缆厂改造单元交通情景模拟

资料来源：城市空间设计集团，《虎门镇 CDC 电缆厂"三旧"改造单元规划》。

（3）交通优化措施

　　本次规划采取了一系列的交通优化措施来提高交通通行能力，倡导公交出行，完善慢行系统，主要包括：

　　①优化道路断面，增加人行道宽度，增加慢行空间，提高公共活力；

　　②改造金捷路与连升路交叉口，提高交通安全性，提高通行能力；

③设置临时访客通道,减少临时停车对干道路网的影响;

④增加公交停靠站,与轨道、慢行系统无缝接驳。

3. 公共设施方案

①与周边片区共同打造片区公共服务节点

为提升整体服务配套,满足周边居民使用需求,公共设施主要布置在改造单元北侧,未来结合金洲村、虎门不夜天等项目进行改造,

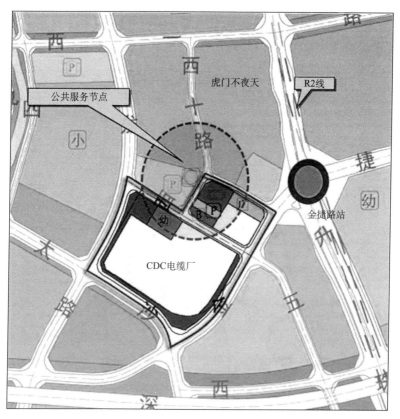

图5—49　CDC电缆厂改造单元公共设施布局图

资料来源:城市空间设计集团,《虎门镇 CDC 电缆厂"三旧"改造单元规划》。

打造片区公共设施节点。本次主要布局体育用地、停车场、公交首末站、幼儿园等设施,满足实际需求。

②轨道站周边预留开敞空间

重点增加了轨道站点周边的交通集散广场和公共绿地,增加轨道周边开敞空间,提升城市形象。

二、塘厦镇中心区 A03 地块改造

(一) 项目概况

塘厦镇中心区 A03 地块改造单元位于塘厦镇新城市中心地区,

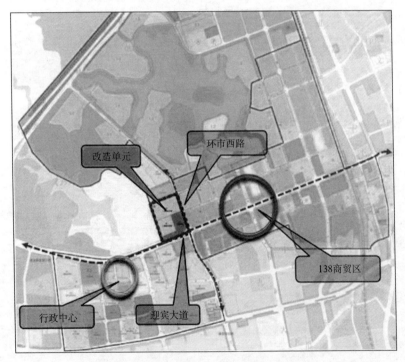

图 5—50   塘厦镇中心区 A03 地块区位图

资料来源:塘厦镇人民政府,《塘厦镇中心区 A03 地块"三旧"改造单元规划》。

紧临塘厦行政文化中心,东靠规划的138商贸片区,是塘厦中心区的重要组成部分。地理区位优越,属于塘厦的门户区域。改造单元对外交通联系便利,处于迎宾大道与环市西路交汇处。其中,迎宾大道是龙林高速进入塘厦的主要景观性道路,同时也是塘厦东西向主要干道。环市西路是塘厦南北向主要干道。

改造单元现状为工业厂房,已停业荒废。工业用地面积为12公顷,占建设用地比例82.99%,道路用地为2.46公顷,占建设用地比例17.01%。从用地权属来看,改造单元用地全部为国有用地,权属清晰。

图5—51　塘厦镇中心区A03地块改造单元土地利用
现状(左)和用地权属(右)图

资料来源:塘厦镇人民政府,《塘厦镇中心区A03地块"三旧"改造单元规划》。

表 5—17　塘厦镇中心区 A03 地块改造单元现状用地汇总

序号	用地性质	用地代号	面积(公顷)	占建设用地比例(%)
1	二类工业用地	M2	12	82.99
2	道路用地	S1	2.46	17.01
	总计		14.46	100

数据来源:塘厦镇人民政府,《塘厦镇中心区 A03 地块"三旧"改造单元规划》。

　　改造单元建筑物现状均为旧工业厂房,建筑质量一般。建设最高为宿舍区,高 7 层,工业厂房高 1—6 层。总建筑面积为 164 295 平方米,容积率为 1.37。

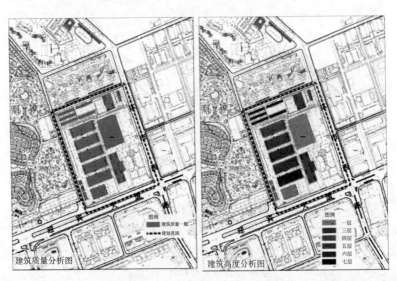

图 5—52　塘厦镇中心区 A03 地块改造单元建筑质量分析和建筑高度分析图

资料来源:塘厦镇人民政府,《塘厦镇中心区 A03 地块"三旧"改造单元规划》。

改造单元周边交通条件较好，拥有主干道——迎宾大道、环市西路，支路——半山一路、康业路。周边道路已经建设完成，周边行政、文化、体育、娱乐、教育、居住生活设施配套齐全，属于城市更新的成熟区域。

图 5—53　塘厦镇中心区 A03 地块改造单元周边道路情况

资料来源：塘厦镇人民政府，《塘厦镇中心区 A03 地块"三旧"改造单元规划》。

（二）功能定位

1. 上位规划指引

（1）《东莞市塘厦镇总体规划（2012—2020）》

规划确定了塘厦镇的城市性质为："世界高尔夫名镇、莞深融合的先行试验区、东莞市东南部区域中心"。改造单元属于塘厦镇中心组团，是全镇行政、经济、文化中心，东莞东南部片区的综合服务中心。以行政办公、商业服务、文化娱乐、居住等功能为主。

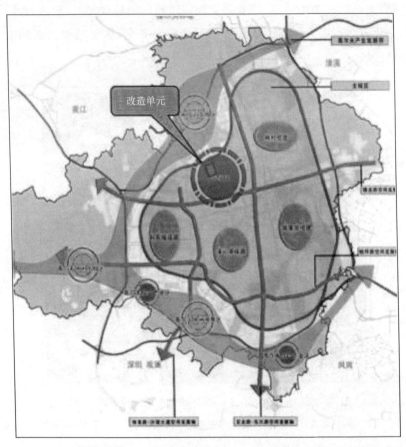

图 5—54   塘厦镇中心区 A03 地块改造单元在塘厦镇城市空间结构中的位置图

资料来源：塘厦镇人民政府，《塘厦镇中心区 A03 地块"三旧"改造单元规划》。

（2）《东莞市塘厦镇新城市中心地区控制性详细规划》

该规划确定了塘厦镇新城市中心地区的性质为多功能综合性城市组团是塘厦镇的行政、金融、商贸、文化中心，也是重要的城市居住组团和东南部重要的经济发展中心之一。改造单元在塘厦镇新城市中心地区属于居住组团，该规划对改造单元的功能指引为居住生活。

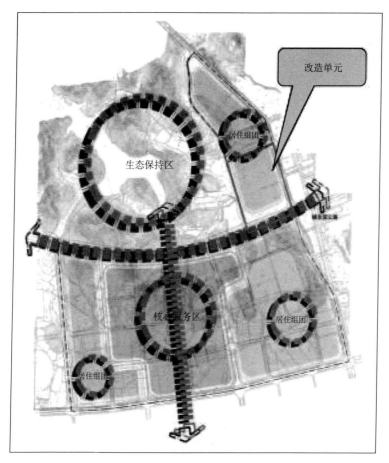

图 5—55 塘厦镇中心区 A03 地块改造单元在塘厦镇新城市中心地区的位置
资料来源：塘厦镇人民政府，《塘厦镇中心区 A03 地块"三旧"改造单元规划》。

（3）政府发展计划

改造单元是塘厦中心区宝贵的土地资源，以提升中心区的服务
与集聚能力为目标，以高效集约利用土地资源为原则，塘厦政府已经

对土地进行收储,整合中心区土地资源,计划把该地块打造成城市综合体,提升片区综合服务水平。

2. 功能定位

以"三旧"改造为抓手,打造城市综合体,建设塘厦乃至东莞市东南部区域中心的综合服务组团,提升中心区综合服务水平,强调功能

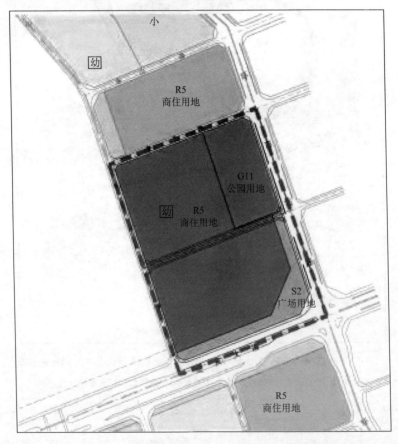

图 5—56　塘厦镇中心区 A03 地块改造单元用地规划图

资料来源:塘厦镇人民政府《塘厦镇中心区 A03 地块"三旧"改造单元规划》。

的复合利用。功能组成包括了商业零售、餐饮娱乐、商务办公、酒店、住宅居住、城市公园、广场、社区服务等多元消费功能体系，打造 24 小时活力区域。

（三）改造方案

1. 用地方案

本次规划的总用地面积为 14.46 公顷，其中商住用地为 9.09 公顷，占 62.86%，道路用地为 2.27 公顷，占 15.7%，广场用地为 1.17 公顷，占 8.09%，公园用地为 2.03 公顷，占 14.04%。

表 5—18　塘厦镇中心区 A03 地块改造单元用地平衡表

序号	用地代号		用地名称	用地面积（公顷）	占建设用地比例（%）
1	R		居住用地	9.09	62.86
	其中	R5	商住混合用地	9.09	62.86
2	S		道路广场用地	3.44	23.79
	其中	S1	道路用地	2.27	15.7
		S2	广场用地	1.17	8.09
3	G		绿地	2.03	14.04
	其中	G11	公园用地	2.03	14.04
合计				14.46	100

数据来源：塘厦镇人民政府，《塘厦镇中心区 A03 地块"三旧"改造单元规划》。

2. 公共设施布局

（1）总体思路

①落实原控规的公共设施布局：落实公园绿地及幼儿园，考虑未来片区具有较大量商业开发，规划将原有控规的部分公园绿地调整为广场用地，便于商业周边有较多的公共空间集聚人气。

②打造迎宾路沿线开敞空间：重点增加了迎宾路周边的交通集散广场及其周边开敞空间，提升城市形象。

（2）公共设施实施方案

结合调整地块与周边功能关系，在改造单元内布置城市广场、城市公园和 12 班幼儿园三大公共设施。

城市广场：考虑大型商业临迎宾大道的形象展示和使用功能需要，以及迎宾大道与环市西路交叉口的景观需求，合理布置城市广场用地，面积约 1.17 公顷。

城市公园：考虑到北部大型居住社区的服务需要，把城市公园布置在地块东北角，面积约 2.03 公顷。

12 班幼儿园：要求在 A-03-01 地块内布置独立占地面积不少于 4 600 平方米的幼儿园。

本次改造新增公共设施基本在"三旧"政策线范围内，与 A-03-01 地块改造同步实施。其中广场用地与公园用地由塘厦镇政府供地。A-03-01 地块开发主体同步建设。12 班幼儿园和 15 米引导性道路由 A-03-01 地块开发主体同步建设，因此可实施性强。

3. 交通方案

（1）路网功能

迎宾大道：景观性大道，城市主干道，红线宽度 110 米，断面控制结合景观和功能需要有 A-A、B-B 两种断面；

环市西路：城市主干道。红线宽度 40 米，断面形式为 E2-E2 断面；

康业路、半山一路：城市支路。红线宽度 15 米，断面形式为 H-H 断面；

引导性道路：地块内部道路。功能参照城市支路，红线宽度控制不少于 15 米。断面形式结合具体方案要求进行设计。

（2）交通组织

居住车流：主要依靠康业路和半山一路解决。

商业车流：主要依靠环市西路，结合内部引导性道路与半山一路解决。

对引导性道路的要求：在地块东西方向增加引导性道路，宽度不小于 15 米。环市西路路口要求对接宏业北十三路。内部具体线型可结合未来地块的具体方案确定。

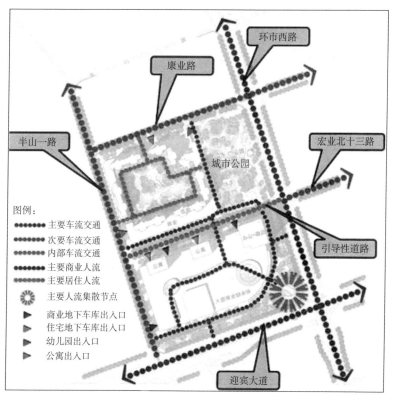

图 5—57　塘厦镇中心区 A03 地块改造单元交通组织

资料来源：塘厦镇人民政府，《塘厦镇中心区 A03 地块"三旧"改造单元规划》。

停车以地下停车为主，形成人车分流的交通系统。

4. 城市设计

结合空间模拟分析，改造地块现状为工业厂房。因处于城市主要景观界面，与中心区形象不协调，急需改造升级，成为提升中心区形象的主要空间载体。

按照原控规建设，调整地块规划为纯居住功能，结合空间模拟分析，沿主要景观界面，有大量的居住建筑布局，不利于中心区形象的塑造。中心区缺乏具有标志性的建筑。

为此，改造提出建设城市综合体，打造150米高的地标性建筑，结合空间模拟分析，沿主要景观界面布置大型商业及地标性建筑，以符合中心区门户形象的要求，塑造中心区形象。

表5—19　塘厦镇中心区 A03 地块改造单元主要技术指标

指标类型		数值
用地面积（平方米）		90 855
总建筑面积（平方米）		340 706
其中	普通住宅	133 247
	公寓楼	34 000
	幼儿园	3 000
	商业	99 659
	办公	35 400
	酒店	35 400
容积率		3.75
建筑密度		—
建筑限高（米）		150

数据来源：塘厦镇人民政府，《塘厦镇中心区 A03 地块"三旧"改造单元规划》。

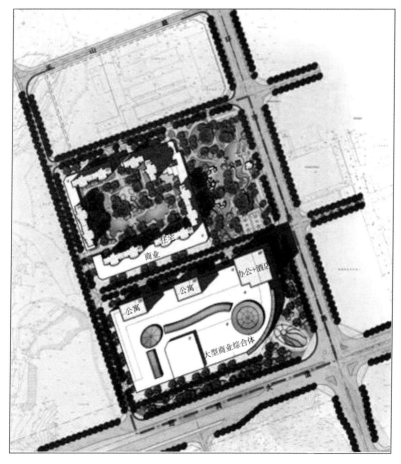

图 5—58　塘厦镇中心区 A03 地块改造单元总平面图

资料来源：塘厦镇人民政府，《塘厦镇中心区 A03 地块"三旧"改造单元规划》。

三、寮步镇牛场片区改造

(一) 项目概况

1. 地理区位

改造单元位于寮步镇东南部，隶属牛杨社区，与松山湖科技产业园北部产业区相邻,改造面积为 13.17 公顷。

图 5—59　寮步镇牛场片区地理区位图

资料来源:东莞市寮步镇规划管理所、东莞市城建规划设计院,
《东莞市寮步镇"三旧"改造单元规划——牛场片区》。

2. 用地现状

现状用地以工业用地为主,并有少量闲置地。工业用地面积为
11 公顷,占总用地的 83.52%;闲置地为 1.14 公顷,占总用地的
8.66%。根据现状用地权属调查,改造单元范围内共涉及 13 宗地
块,其中 6 宗地块为集体用地,4 宗用地为国有用地,3 宗用地为未知
性质用地。

表 5—20　寮步镇牛场片区现状用地汇总表

用地性质	面积(公顷)	占总用地的比例(%)
工业用地	11	83.52
道路用地	1.03	7.82
闲置地	1.14	8.66
总用地	13.17	100

数据来源:东莞市寮步镇规划管理所、东莞市城建规划设计院,《东莞市寮步镇"三旧"改造单元规划——牛场片区》。

图 5—60　寮步镇牛场片区土地利用(左)和用地权属(右)现状

资料来源:东莞市寮步镇规划管理所、东莞市城建规划设计院,

《东莞市寮步镇"三旧"改造单元规划——牛场片区》。

3. 建筑现状

改造单元现状建筑类型主要为工业厂房,建筑高度以 1—3 层为主,个别建筑为 4—5 层。以建筑物的建造年代、结构类型、外观类型等条件进行综合评价分析,建筑质量主要分为两类。

建筑质量较好:近年来修建,框架结构,外观整洁,主要为部分厂房和宿舍建筑。

建筑质量较差:年代久远,砖混结构和框架结构都有,外观破旧,主要是厂房建筑。

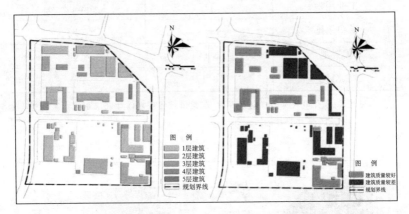

图 5—61   寮步镇牛场片区建筑高度(左)和建筑质量(右)分析图

资料来源:东莞市寮步镇规划管理所、东莞市城建规划设计院,

《东莞市寮步镇"三旧"改造单元规划——牛场片区》。

4. 道路交通现状

（1）对外道路交通

主要依靠工业西路和 D1 号路与外界连接。

工业西路:南北向次干道,向北连接松山湖大道,向南连接工业南路,能便捷的连接松山湖和东莞市区;

D1 号路:东西向次干道,向东连接新城路,向西连接石大公路。通过石大路可以连接莞深高速。

（2）内部道路交通

主要为牛杨横路,现状宽约 9 米,从中间横贯规划地块。西接工业西路,向东断于规划区内,基本满足现状交通需要。

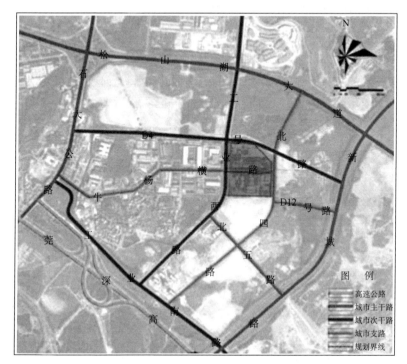

图 5—62　寮步镇牛场片区交通现状图

资料来源:东莞市寮步镇规划管理所、东莞市城建规划设计院,

《东莞市寮步镇"三旧"改造单元规划——牛场片区》。

(二) 功能定位

1. 上位规划指引

(1)《东莞市寮步镇总体规划(2004—2020 年)》

总规对寮步镇的功能定位为东莞市域中部主城区重要的功能节点,以 IT 产业为主导,新型的二、三产业为支柱,建设成为设施完备、环境优美,适宜居住、休闲和创业的花园式城区。

总规对牛场片区的功能定位为借助位于中心城与松山湖园区交

界地带的区位优势,大力发展居住和相关服务行业。

(2)《东莞市寮步镇牛杨片区控制性详细规划》

控规对牛杨片区的用地定位为:成为松山湖北部产业基地配套居住服务的一部分。提升产业类型,融入松山湖北部产业区,使编制区的产业区成为松山湖北部产业区的有机组成部分。

(3)《东莞市寮步镇"三旧"改造专项规划(2010—2015 年)》

"三旧"改造专项规划对本单元用地的功能定位确定为:发展现代居住和商业功能。

2. 功能定位

依据寮步总体规划、牛杨片区控规、寮步"三旧"专项规划的定位要求,结合松山湖北部片区规划的功能定位,确定本单元的定位为:

(1) 功能定位

建设以商业与居住为主的综合服务区,成为周边功能区的有效补充。

(2) 形象定位

由于研究地块紧临松山湖北部片区,距离莞惠城际松山湖北站约 700 米,其形象定位应与松山湖北部片区总体空间形态相协调,强调研究地块与松山湖北部片区形成的空间关系,打造出配套设施完善、环境优美、能展现松山湖新城市形象的商住混合区。

3. 发展目标

通过"三旧"改造单元规划的实施,改造已衰败的旧工业厂区,充分发掘旧工厂地块的土地效益,为城市升级和环境改善创造条件,并实现以下目标:

(1)盘活土地资源,提高土地利用效率,实现城市土地再开发;

(2)理顺人地关系,解决制约城市发展的用地权属关系;

(3)提升服务水平,完善公共服务设施和市政设施;

（4）优化产业结构，策划创新功能，提升地区形象；

（5）改善环境质量，打造高品质的城市公共空间，提升片区形象。

（三）改造方案

1. 改造模式

本次改造属于集中成片拆迁改造，改造类型确定为集体经济组织自行改造。改造的主体为寮步镇牛杨居委会和星城国际公司共同成立的项目公司——东莞市星城绿湖风景房地产有限公司（下称星城绿湖风景公司）。

表 5—21　寮步镇牛场片区规划用地汇总表

序号	用地代号		用地性质	用地面积（公顷）	占建设用地的比例（%）
1	R		居住用地	8.32	63
	其中	R2	二类居住用地	4.03	31
		R5	商住用地	3.65	28
		R61	幼儿园用地	0.64	5
2	C		公共设施用地	1.12	9
	其中	C2	商业金融业用地	1.12	9
3	S		道路广场用地	1.5	11
	其中	S1	道路用地	1.31	10
		S3	社会公共停车场	0.19	1
4	G		绿地	2.23	17
	其中	G1	公共绿地	2.23	17
总计				13.17	100

数据来源：东莞市寮步镇规划管理所、东莞市城建规划设计院，《东莞市寮步镇"三旧"改造单元规划——牛场片区》。

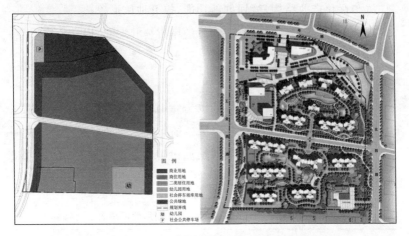

图 5—63　寮步镇牛场片区改造单元用地规划图(左)和总平面图(右)

资料来源:东莞市寮步镇规划管理所、东莞市城建规划设计院,

《东莞市寮步镇"三旧"改造单元规划——牛场片区》。

2. 用地规划

改造采用商业、商住与居住用地结合的混合开发模式,总建筑面积约 37.35 万平方米,其中商业面积约 11.4 万平方米,住宅面积约 25.6 万平方米,幼儿园面积约 0.39 万平方米。

3. 公共空间引导和控制

(1) 公共空间引导

地块的公共空间引导主要结合松山湖北部片区规划进行分析,提出地块的三个主要公共引导空间:

①从莞惠城际松山湖北站到工业西路形成的公共开放空间

由于研究地块的东南角正对松山湖北部片区的主要公共空间轴线,在本地块延续其空间轴线,有利于加强研究地块与松山湖片区的空间联系。公共空间轴线宽度控制为≥40 米。

②沿工业西路形成的公共空间

由于本研究地块是松山湖北部片区的嵌入地,沿工业西路形成的公共空间有利于增强松山湖北部片区南北空间的完整性,也延续了从莞惠城际松山湖北站到工业西路形成的公共开放空间。公共空间轴线宽度控制为≥20 米。

③沿北四路形成的公共空间

由于本研究地块沿北四路与松山湖北部片区相临,研究地块与北四路之间有 15 米的绿化带,且存在约 6 米的高差,为形成较好的道路绿化景观,沿北四路增加绿化空间。公共空间轴线宽度控制为≥35 米。

(2) 主要界面的控制

结合地块周边环境分析,本地块主要控制的界面有四个:沿工业西路的界面控制、沿 D1 号路的界面控制、沿北西路的界面控制、沿绿带的界面控制。

①沿工业西路的界面控制

工业西路是城市次干道,道路南北走向。为形成较好的城市景观,保证较好的建筑朝向,沿工业西路的界面控制:

高层建筑连续面宽控制≤40 米;

高层建筑连续面宽比控制≤50%。

②沿 D1 路的界面控制

D1 路是城市次干道,道路东西走向,结合周边城市设计的界面控制,沿工业西路的界面控制:

高层建筑连续面宽控制≤70 米;

高层建筑连续面宽比控制≤60%。

③沿北四路的界面控制

虽然北四路是城市支路,但与松山湖片区界面紧密相连,其界面景观应进行严格控制,沿北四路的界面控制:

高层建筑连续面宽控制≤40米；

高层建筑连续面宽比控制≤50%。

④沿40米绿带的界面控制

地块内40米绿带，是对松山湖绿廊的延续，景观功能较强，其界面景观应进行严格控制，须对沿绿带的居住建筑进行公建化处理；同时还需对沿绿带的居住建筑进行界面控制：

高层居住建筑连续面宽控制≤40米；

高层建筑连续面宽比控制≤50%。

（3）建筑限高

结合控制原理与用地周边的建筑高度分析，地块东面的商住用地限高100米，东西方向的轴线两边限高为100—150米，地块北面的科研用地限高75米，由于本地块开发建设强度较大，本地块建筑限高控制为100米。

4．道路交通规划

（1）主要出行流线

① 往牛杨片区外交通

主要依托以下道路：

工业西路（38m）——综合性次干道，有中央分隔带，是牛杨片区连接松山湖、东莞市区的一条重要道路，过境交通较多，车流量大。

D1号路（30m）——交通性次干道，主要连通牛杨工业区和松山湖，交通量较大，以货流为主。

北四路（24m）——生活性支路，主要连通松山湖北部产业区南边的研发用地和服务配套用地。居民出行是未来交通的主要构成。

② 往牛杨片区中心交通

主要依托牛杨横路。其工业西路以东为15米宽，以西为30米宽，主要连接牛杨片区中心。现状有公交经过，客流量较大。牛杨横路为生活性支路,工业西路为综合性次干道,交叉口处易形成堵塞,故设置人行天桥。

(2) 内部交通组织

①主要人流

规划通过公共绿带组织地块的主要人流,其主要步行空间包括:商业与商住间形成的步行空间,与松山湖北片区的步行空间相联系;

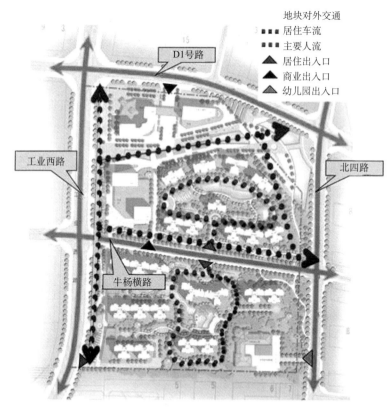

图 5—64　寮步镇牛场片区交通规划图

资料来源:东莞市寮步镇规划管理所、东莞市城建规划设计院,

《东莞市寮步镇"三旧"改造单元规划——牛场片区》。

沿工业西路形成南北向的步行空间;沿牛杨横路形成的东西向步行空间,连接地块东面的商住区;三个主要步行空间相互联系,形成地块的主要步行系统。

②居住区出入口

沿牛杨横路布置,居住小区路通而不畅,最大限度地减少对人们生活的干扰。

③商业出入口

沿牛杨横路和 D01 号路布置。商业车流与居住车流互不干扰。

5. 公共设施规划

原控规在本改造单元内的配套设施主要有:幼儿园、公共厕所和环卫工人休息室。本次单元改造规划结合方案设计和控规要求配置:幼儿园、社区服务站、社区警务室、社区健康服务站、公共厕所、环卫工人休息室和公共停车场。

表 5—22 寮步镇牛场片区公共设施表

类别	项目名称	面积（平方米/处）	服务规模（万人）	规划数量
教育设施	幼儿园(18 班)	6296	0.9	1
医疗卫生设施	社区健康服务站	—	1.0—2.0	1
行政管理和社区服务设施	社区服务站	—	1.0—2.0	1
	社区警务室	—	1.0—2.0	1
市政公用设施	公共厕所	—	1.0—2.0	1
	环卫工人休息室	—	—	1
交通设施	公共停车场	1907	—	1

数据来源:东莞市寮步镇规划管理所、东莞市城建规划设计院,《东莞市寮步镇"三旧"改造单元规划——牛场片区》。

公共设施规划图

图 5—65　寮步镇牛场片区公共设施规划图

资料来源:东莞市寮步镇规划管理所、东莞市城建规划设计院,

《东莞市寮步镇"三旧"改造单元规划——牛场片区》。

第四节　商业综合体与轨道站点

一、厚街镇标志片区改造

（一）项目概况

该项目位于厚街大道与 256 省道交叉口的西北角,地处厚街中心商业区,东临省道,南接厚街大道,西抵康乐北路,北至北环路。改造总面积 21.47 公顷,该地块现用途为工业,为东莞市厚街镇对外经济发展总公司自 1988 年开始使用。现有建筑面积 325 374.4 平方米,容积率为 1.506 9。

（二）改造模式

项目将实施以政府主导的改造模式,其中 13.98 公顷由大连万达商业地产股份有限公司竞得。

（三）改造方案

1. 功能定位

厚街城市中心板块将整合该镇原有的城市中心元素,打造以重点发展民营企业总部、商业中心、高档住宅、商品展示、商业办公、文化休闲、娱乐餐饮等为主的高端综合商贸区。标志片区作为厚街中心板块的四大组成片区之一,将着重发展现代服务业,建设成为以高档商务办公为主,包括高档酒店、写字楼、商务公寓、文化娱乐、精品商业及高端商品展示的复合功能区。同时,增加城市配套,形成一个完善的城市功能区。

2. 改造规划

项目规划总建设规模约 102.35 万平方米,其中居住建面约 37.18 万平方米,商业建面约 65.17 万平方米,商住比约 1.75∶1,平均容积率约 2.8,建筑密度为 26%(东莞市国土资源局,2014)。

(改造前)　　　　　　　　　　　　(改造后)

图 5—66　厚街镇标志片区改造对比

资料来源:东莞市国土资源局,《案例七厚街镇标志片区改造项目》。

二、长安镇中心区南片区 07-18 地块(莲城酒店)改造

(一) 项目概况

1. 地理区位

改造地块位于长安镇中心区南片区,处于长怡路与莲峰路交叉口西南侧。地块西面是长安行政文化中心,包括长安镇政府、长安公园、长安广场,图书馆和体育中心;地块周边生活气息浓厚,地理位置优越。

2. 改造范围

结合控规路网与权属情况,单元改造研究范围约为 4.03 公顷。07-18 地块(莲城酒店)政策线范围为 2.48 公顷。

3. 用地现状

改造地块现状以商业金融业用地为主(为莲城酒店),约 2.6 公顷,占片区规划总用地的 65% 。根据现状调查,单元改造政策范围内只有 1 宗产权地块,为集体用地。

图 5—67　长安镇中心区南片区 07-18 地块区位图

资料来源：东莞城建规划设计院，《东莞市长安镇中心区南片区 07-18 地块三旧改造单元规划》。

表 5—23　长安镇中心区南片区 07-18 地块现状用地汇总

序号	用地代码	用地性质	用地面积（公顷）	比例（%）
1	C2	商业金融业用地	2.60	65
2	R3	三类居住用地	0.05	1
3	——	空地	0.67	17
4	S1	道路广场用地	0.71	17
合计			4.03	100

数据来源：东莞城建规划设计院，《东莞市长安镇中心区南片区 07-18 地块三旧改造单元规划》。

图 5—68　长安镇中心区南片区 07-18 地块规划研究范围和改造单元范围图

资料来源:东莞城建规划设计院,《东莞市长安镇中心区

南片区 07-18 地块三旧改造单元规划》。

4. 建筑现状

地块内建筑高度最高的为莲城酒店,高 13 层;莲峰路北侧的商业建筑,建筑高 6 层,其余建筑高度为 3 层左右。地块内莲城酒店及沿连峰路的商业楼建筑质量较好,其他建筑质量一般。

5. 交通现状

地块北临长怡路,东临莲峰路,南侧为城市支路。

长怡路——次干道,双向 6 车道,交通性相对较强;

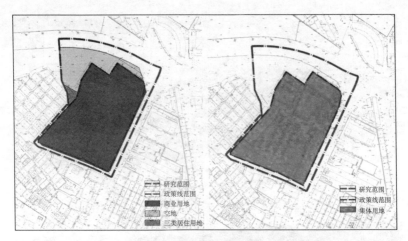

图 5—69   长安镇中心区南片区 07-18 地块土地利用(左)和用地权属(右)现状
资料来源:东莞城建规划设计院,《东莞市长安镇中心区
南片区 07-18 地块三旧改造单元规划》。

莲峰路——次干道,双向 4 车道,生活性功能较明显;

竹山街——支路,红线宽度 8 米。

(二)功能定位

1. 上位规划指引

(1)《东莞市长安镇城市总体规划修编(2003—2020 年)》

①中心区定位

是长安镇商业中心、行政中心和文化中心。主要用地功能为城镇商业区、居住区、职业教育区、体育文化区、都市工业基地、旅游产业基地等。

②空间布局策略

在确保绿色开敞空间的前提下,建设城镇中心区、调整建设标准、发展公共交通、增加公共绿地、更新改造旧村以及零散工业用地,

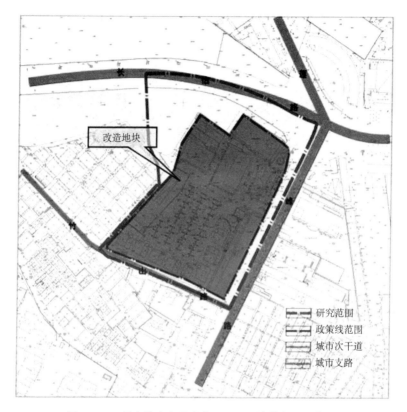

图 5—70　长安镇中心区南片区 07-18 地块交通现状图

资料来源：东莞城建规划设计院，《东莞市长安镇中心区
南片区 07-18 地块三旧改造单元规划》。

调整用地空间布局，完善城镇功能。

③城镇更新改造规划

长安中心城区范围内应适当提高土地开发强度，集约利用现有土地资源。加强公共服务设施建设，通过城市规划引导、城市功能更新努力促进长安镇，尤其是城镇中心区的由村镇低水平建设模式向高水平、高质量的建设模式有序地转型。

本研究地块位于中心区核心位置,现状开发强度较低,可通过更新提高土地开发强度,集约利用土地资源。

图5—71 长安镇中心区南片区07-18地块在城市总体规划中的位置示意图
资料来源:东莞城建规划设计院,《东莞市长安镇中心区
南片区07-18地块三旧改造单元规划》。

(2)《长安镇中心区南片区控制性详细规划》

根据控规,长安镇中心区南片区建设的规划目标为:通过城市更新和产业升级,规划功能完善、环境优美、配套设施完善的中心区。

片区的功能定位是:以居住、商业为主,办公及工业功能为辅的现代化综合城镇中心区。

依据功能布局以及空间的完整性,将本片区分为:高尚生活区、教育文化综合区、商住综合区、传统生活居住区、工业发展区。

商住综合区位于本片区的中部,主要为莲峰路沿线地区,由德政中路、体育路、长福路和广深公路围合而成。莲峰路—长安路沿线为长安镇目前最具商业气氛的城镇地段,规划对莲峰路—长安路沿线的零散工业园区、旧居民点用地进行城市更新改造,并充分利用莲峰路—长安路良好的商业氛围,建设部分中高档商业和中档的居住小区。

本研究地块位于莲峰路边上,属商住综合区,可通过改造升级建设为中高档商业区。

2. 发展条件分析

(1) 政策条件驱动

①长安"强心"战略

长安政府提出,对镇中心区投资 80 亿元实施"210"工程,把镇中心区打造成为集商业金融、酒店餐饮、体育文化、娱乐休闲和高尚居住等业态于一体的城市功能综合体,成为长安的"城市客厅"。

②长安"三旧"改造策略

新一轮发展中,长安镇总规确定"珠三角核心圈层中的地区级中心城市"的定位,其中"通过'三旧'改造腾挪空间,提升城市形象,促两个升级"是重要抓手。而"三旧"改造是对城镇空间的再利用,是挖掘城镇空间发展潜力而实现城镇在空间上可持续发展的有效措施。对于用地空间潜力不足的长安镇而言,"三旧"改造显得更为重要。

(2) 改造条件成熟

研究地块位于长安中心商业旺区,区位条件优越,目前只有沿莲

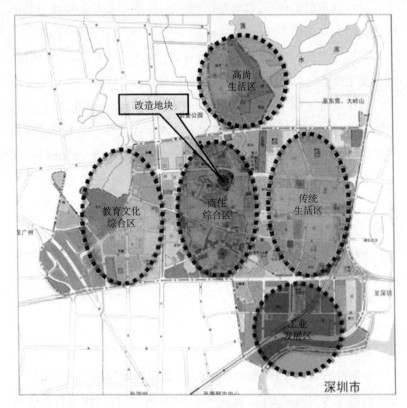

图 5—72　长安镇中心区南片区 07-18 地块在控制性详细规划中的位置示意图

资料来源：东莞城建规划设计院，《东莞市长安镇中心区

南片区 07-18 地块三旧改造单元规划》。

峰路一侧商铺营业，酒店部分已空置多年，具有较强的改造动力。研究地块产权明晰，容积率较低，以拆除现状酒店建筑为主，不涉及私人住宅拆迁，改造难度较低。

3. 功能定位

以主题街区式购物中心为核心，体现多功能组合、高品质定位，融购物消费、商务办公、休闲体验、娱乐享受功能于一体的生活、时尚中心。

4. 业态策划

（1）长安现状商业特征与运营情况

长安现有商业在布局方式上可分为两种：集中商业和商业街。

集中商业主要包括龙泉地王广场、明珠广场、鼎豪购物广场、新华购物中心、万家乐百货、亿佳百货等，规模约 34.5 万平米。

商业街主要分布于长青路、莲峰路、长盛路、宵边大道及支路，规模约 6.2 万平米。

长安镇现有集中商业已经趋于饱和，部分商业出现空置率过高的现象，而商业街商业营业率高，具有较好的发展前景。因此，本项目不适宜发展集中式大型商业，宜衔接莲峰路良好的商业街氛围，发展商业街模式。

（2）业态选择

结合长安发展现状以及目前对商业业态的分类模式，本项目拟发展中、高端模式的商业街，业态选择包括：

商业——主题街区式购物中心和餐饮休闲娱乐为主打业态；

写字楼——复合型写字楼，预留多种功能。客户自选，打造产品超值概念。

（三）改造方案

1. 改造模式

本次改造属于集中成片拆迁改造。改造类型确定为原土地使用权人自行改造。改造主体为东莞市莲城酒店管理有限公司。

2. 用地规划

地块改造后仍以商业用地为主，占总用地面积的 67％，其他用地为公共用地。

表 5—24 长安镇中心区南片区 07-18 地块改造单元

规划用地汇总(改造单元范围)

类别	用地代码	用地名称	用地面积（公顷）	比例(%)
经营性用地	C2	商业金融业用地	1.66	67
公共用地	G1	公共绿地	0.21	9
	S1	道路用地	0.10	4
	S2	广场用地	0.23	9
	S3	社会停车场库用地	0.28	11
总计			2.48	100

数据来源:东莞城建规划设计院,《东莞市长安镇中心区南片区 07—18 地块三旧改造单元规划》。

3. 公共空间引导与控制

（1）建筑限高控制

根据《长安中心区南片区控制线详细规划》中的城市设计导则,地块位于高层引导建设区。由于研究地块位于两条景观轴线交汇处,是展示城市形象的主要节点,建议建设为片区的地标性建筑。结合空间效果模拟,建议对研究地块建筑限高控制从原来控规的 33 米（现状保留）调整为 100 米。

（2）主要景观节点空间控制

由于研究地块位于长怡路与莲峰路交汇处,为减少建筑对交叉口的压抑感,优化城市景观,在长怡路与莲峰路交汇处形成城市广场。由于莲峰路是主要的城市景观轴线,为优化道路景观,沿莲峰路预留景观绿化带。

同时,为保证长怡路与莲峰路交汇处的空间开敞性,除了需要留出开敞空间,也需要对交叉口高层建筑进行严格控制。通过方案对

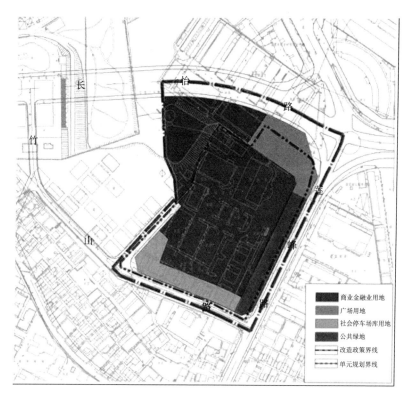

图 5—73　长安镇中心区南片区 07-18 地块改造单元用地规划图

资料来源：东莞城建规划设计院，《东莞市长安镇中心区

南片区 07—18 地块三旧改造单元规划》。

比分析，建议地块交叉口高层建筑应留出视线通廊，宽度≥35 米，避免板式高层建筑沿交叉口布置，影响城市景观。

（3）长怡路界面控制

由于长怡路是城市主要景观性道路，对展示城市的形象起到重要作用。通过空间效果模拟，建议沿长怡路高层建筑采用点式布局，建筑界面的控制为：

（1）沿长怡路路高层建筑连续面宽控制≤40米；

（2）高层建筑面宽比控制 K≤50％。

（4）莲峰路界面控制

莲峰路是城市的景观性道路，也是长安传统商业街。在界面控制上，应同时考虑对高层建筑以及商业综合体的建筑控制。通过方案模拟，对莲峰路高层建筑界面控制为：

①沿莲峰路高层建筑连续面宽控制≤50米；

②高层建筑面宽比控制 K≤50％。

同时，莲峰路是长安镇重点打造的商业街区。为更好地营造莲峰路商业氛围，沿莲峰路设置商业综合体，保证商业街区的连续性，控制其商业综合体建筑高度以及房屋贴线率。

①莲峰路商业楼宇建筑高度控制为20米；

②沿莲峰路商业楼宇贴线率控制≥80％。

4．道路交通规划

根据控规，地块不能在长怡路组织交通出入口，将主要由莲峰路和竹山街承担交通疏散功能，存在一定的交通压力。

为缓解容积率提高所带来的交通压力，对局部道路进行拓宽，并增加公共停车场。调整后道路面积增加1 518.2平方米。

（1）竹山街：道路红线宽度由10米拓宽为15米（西侧断头路至莲峰路地段），其余路段维持10米。

（2）西侧断头路：红线宽度由8米拓宽为15米，并设置回车场。

（3）公共停车场：位于竹山街边上，面积2 849.6m^2，可提供114个公共停车位。

三、凤岗镇碧湖工业片区改造

（一）项目概况

地块位于凤岗镇中西部，临近龙平路，交通便捷，区位条件优越。地块临近深圳市轨道交通 16 号线龙平站，位于站点影响范围内。改造单元规划范围为 12.26 公顷，"三旧"用地范围（即可享受政策的用地范围）为 10.46 公顷。现状用地以工业用地为主。本片区现状总体特征为"地势平坦、厂房破旧、周边条件成熟"。用地权属涉及 1 宗地块，其主体为东莞市泽和实业有限公司。

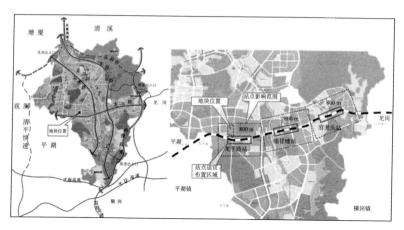

图 5—74　凤岗镇碧湖工业片区区位图

资料来源：东莞市凤岗镇人民政府，《凤岗镇碧湖工业片区"三旧"改造单元规划》。

（二）功能定位

1. 上位规划指引

《凤岗镇总体规划修编（2001—2020）》：项目用地为一类工业用地；

《凤岗镇碧湖工业片区控制性详细规划》：项目用地为一类工业

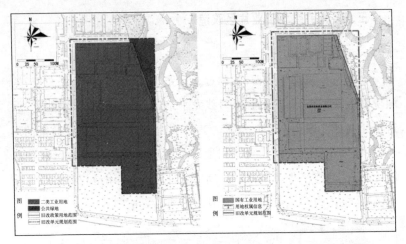

图5—75 凤岗镇碧湖工业片区土地利用(左)和用地权属(右)图

资料来源:东莞市凤岗镇人民政府,《凤岗镇碧湖工业片区"三旧"改造单元规划》。

用地;

《凤岗镇三旧改造专项规划修编(2012—2015)》:项目用地主要为二类居住用地。

2. 功能定位

凤岗镇碧湖工业片区和龙平路发展轴沿线的组成部分,是优化城市空间结构的节点之一。集商业、居住功能为主的环境优美、高品位、高起点的成熟生活社区。

(三) 改造方案

1. 改造模式

改造类型为原土地使用权人自行改造。实施策略为整体拆建、一步到位、成熟改造。

表 5—25　凤岗镇碧湖工业片区规划用地汇总

序号	用地代码		用地性质	用地面积(公顷)		比例(%)	
1	R	R2	二类居住用地	7.64	7.08	62.35	57.72
		R61	幼儿园用地		0.57		4.64
2	C	C65	科研设计用地	0.54	0.54	4.38	4.38
3	S	S1	道路用地	2.94	1.98	23.95	15.92
		S2	广场用地		0.98		8.03
4	G	G1	公共绿地	1.14	1.14	9.32	9.32
合计				12.26	12.26	100	100

数据来源:东莞市凤岗镇人民政府,《凤岗镇碧湖工业片区"三旧"改造单元规划》。

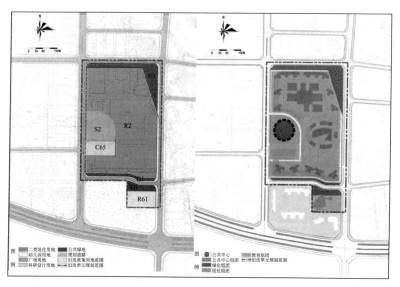

图 5—76　凤岗镇碧湖工业片区用地规划(左)和规划结构(右)图

资料来源:东莞市凤岗镇人民政府,《凤岗镇碧湖工业片区"三旧"改造单元规划》。

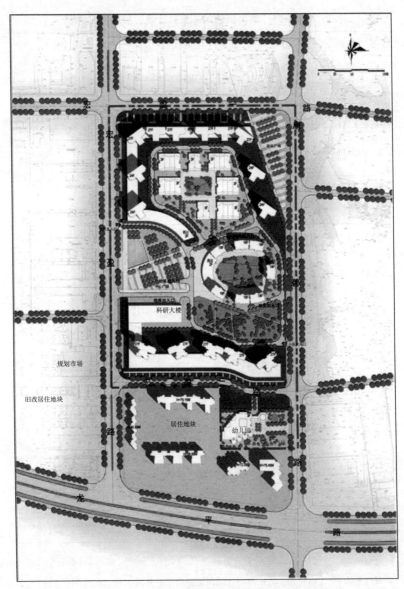

图 5—77   凤岗镇碧湖工业片区总平面图

资料来源:东莞市凤岗镇人民政府,《凤岗镇碧湖工业片区"三旧"改造单元规划》。

2. 用地布局与规划

碧湖工业片区改造总用地面积为 12.26 公顷,规划用地主要为居住用地,其他用地有科研、广场、绿地与幼儿园等公共用地,将形成"一中心、四组团"的空间结构。

"一中心":指沿宏盈路设置一个多功能的公共中心。该核心与周边现状公共设施呼应,汇聚人气,提供居民公共活动场所;

"四组团":指规划形成三个功能片区:公共中心组团、居住组团、教育组团和绿化组团。

第六章 结 语

　　城市更新不仅仅是旧建筑、旧设施的翻新，也不仅仅是一种城市建设的技术手段，更不仅仅是一种以房地产开发为导向的经济行为，它还具有深刻的社会及人文内涵。据 2000 年英国的 18 个国家政策行动小组（PAT18）在小区级地理信息系统研究数据列表中所列的数据显示，总共包含了服务、社会环境、犯罪情况、经济状况，教育技能培训、健康状况、住房、物质环境以及失业状况共 9 种数据，已远远超出了物质空间的研究范围，还包括社会、经济、政策、技术等内容。可见，城市更新是一项综合性、全局性、政策性和战略性很强的社会系统工程。它涉及城市社会、经济和物质空间环境等诸多方面。与此相适应，城市更新规划已由单纯的物质环境改善规划转向社会规划、经济规划和物质环境规划相结合的综合性更新规划。因此，在我国未来城市更新的过程中，需要加深对城市更新内涵与本质的认识与理解，站在城市系统、城市生长发展的角度，对有关城市发展的社会、政治、经济、文化等多个方面进行关注（倪慧，2007）。

　　我们应该认识到城市更新工作是一场长期而艰苦的行动，是一个复杂的过程。城市更新战略、举措、规划的制定受到多种因素的支配和制约。在物质建设方面，从规划设计到实施建成将受到方针政策、行政体制、经济投入、组织实施、管理手段等诸多社会因素影响；在人文因素方面，城市更新还与社区邻里、历史遗产保护等特定文化环境密切相关。因此，城市更新是一个连续不断的过程。在我国未来城市更新的过程中,应深入研究不同地区不同类型更新改造的个性特点。在充分考虑旧城区原有城市空间结构和原有社会网络的基础上,因地制宜、因势利导,采取多种途径和多个模式进行行之有效、切合实际的更新改造(阳建强,2000)。

不同城市宜根据城市定位不同,面向未来世界发展趋势,依托战略性资源与核心竞争优势,提炼出适合自己城市的发展之路。在城市更新区域划定或项目确定时更多地从区域发展和城市功能定位角度上考虑。同时,借鉴世界不同城市和地区提出并付诸实践的紧凑型发展、精明增长、公共交通导向的土地开发、适度和有机更新等思想,保证社区和邻里空间保护与城市更新的协调。重视利用历史遗产保护、生态导向和重大事件导向等方式来对原土地低效利用和废弃区域进行改造和更新,更多地促进闲置和公共土地参与更新。通过引入文化产业和创意产业提高城市更新项目的综合效益,实现城市的转型升级(吴冠岑等,2016)。

城市更新是一个长期复杂的动态过程,所包含的目标与内容亦是丰富多样。未来我国城市更新的发展不仅要转变以往城市更新目标,注重城市物质环境改善,还要从城市整体功能结构调整综合协调出发,对城市环境,城市历史、空间特征等宏观因素进行深入研究分析。从城市空间结构、经济产业结构、文化延续、自然景观等诸多要素的社会、经济、文化方面来进一步拓展更新政策目标,增强城市发展能力,实现城市现代化,提高城市生活质量,促进城市文明,推动社会全面进步的更广泛和更综合目标的关注。为了达到这一目的,在城市更新的过程中,我国要跳出既定的城市框架,以社会经济发展为先导,进一步加强对城市总体功能结构调整目标、新旧区发展互动关系、城市更新中社会综合发展的协调性、更新活动区位对城市空间结构影响等重大问题的深入研究与分析。此外,城市更新目标应充分考虑外来人口的住房权益,将外来人口住房需求纳入城市更新政策目标之中。

在城市更新总体目标确定之后,我们还应强调更新改造过程的具体运作,妥善处理更新改造项目近期和远期之间的关系,严格控制分步实施的每一个过程,注意各步骤间的紧密衔接,体现更新实践的一贯性、历史性、长远性、超前性,避免频繁变更所造成的城市更新与保护工作中的脱节与失误。

城市更新的顺利推进需要一个包容的、开放的决策体系,一个多方参与、凝聚共识的决策过程,以及一个协调的、合作的实施机制。目前,在城市更新运行中,我国政府、企业(开发商)、居民及居民自发形成的非政府组织尚未建立起一个良好有效的合作机制,以共同对城市进行协同治理。尽管城市更新中,政府直接干预的成分逐渐减少,中央也不断向地方分权,但市场介入的程度还不深,公众对城市更新中公共利益的认识也不足,社会力量也还未能充分地参与到城市更新中。企业则更多的受经济利益驱使,没有足够动力去执行大型的公共项目。因此,我国未来城市更新的发展急需加快建立起一个政府、原权利人、社区、开发商、第三方等多方参与的对接平台,构建起一个协作式的城市更新治理模式(吴冠岑等,2016)。

政府应认清其在不同类型更新活动中的地位,进行差别化的引导,并适当下放权力和让利,推动其在城市更新中的角色由"直接参与"向"秩序保证"转变。在城市更新中,政府应加强其协调、引导、监察和调解的功能。一方面,政府应保留其在划定城市更新单元、审批规划和实施方案、建设许可和监督、利益协调等方面职能。另一方面,对企业参与城市更新项目的,政府应要完善项目筛选、参与企业选择、融资管理和后期运营的监管(吴冠岑等,2016)。

同时,不同层级的政府,其在城市更新中的侧重点不同。市级政府重点要通过法规手段保证参与规则的公平合理。在项目确定、更新范围划定和政府资金支持上采用更加公开、透明和双向竞争模式，规范开发商、原权利人以及其他相关利益主体的行为，并使其对城市更新具有较为明确、稳定的预期。而区、镇等基层政府要负责监督各方"诚信地"行使自身权益并承担相应义务，尽量避免直接介入市场机制可以实施的城市更新项目，同时可适度参与单纯依靠市场机制难以实施，但又与城市公共利益密切相关的产业用地功能升级、高密度的城中村改造等项目（张磊，2015）。

社区居民、第三方机构参与到城市更新过程中对于城市更新项目顺利推进，以及城市更新多维总体目标的实现具有重要作用。加强社区居民的参与、重视社区的真正需求、减少社会人文资产的流失，是我国城市更新政策中必须深入研究和解决的问题（张更立，2004）。为此，我国未来要加快研究，构建出一个全新的开放的城市更新的公众参与系统。在这个新的决策系统中，首先要拓宽公众参与渠道。公众参与不仅仅是纳入到目标评判和方案制定的步骤之中，还要贯彻到立项、构思、评判、设计、决策、建设乃至管理的每一个过程之中（钱欣，2001）。其次，加强城市更新中政策制度的统筹衔接，一方面需要做好信息公示与披露的政策协调，另一方面在更新决策初期要充分考虑后续保障策略的衔接，以保持政策之间的连贯性（秦波等，2015）。第三，要科学识别"公众"，一方面鼓励更新项目涉及的相关单位、市民、政府、规划局、专家委员会及社区组织等不同主体参与到城市更新中来，另一方面要识别参与主体的利益导向性，明确不同主体的参与诉求与参与能力。

加强城市更新中的公众参与，完善城市更新的协商机制，很重要的一点是在政府、开发商、社区居民之间借助多种灵活多样的手段来加强沟通与交流。在这种沟通与交流的过程中，规划师是重要媒介。

市民参与   更新流程   技术参与

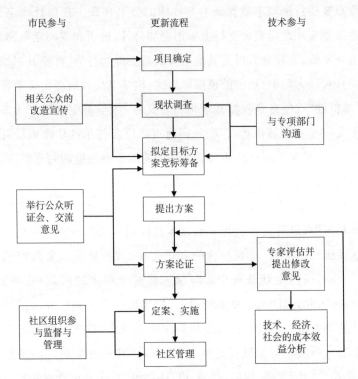

图 6—1   开放式城市更新的公众参与体系

资料来源:钱欣,"浅谈城市更新中的公众参与问题"。

社区规划师制度的建立可以满足"自上而下"的发展要求和"自下而上"的发展需求相结合的要求。根据更新模式不同,社区规划师制度可分为两类:

(1)对政府主导的区域整体更新、公共空间更新。社区规划师由政府选聘或第三方机构担任。

(2)对物业权利人主导实施的更新项目,政府可退至协调监督角色,社区规划师由物业权利人选聘或第三方机构担任(匡晓明,2017)。

相对于西欧城市规划及城市更新政策的全面完整,我国的城市规划法立法较晚,城市更新的法律法规尚不成熟。为有效促进城市发展,我国需尽快推进城市更新立法工作的开展,积极完善关于城市更新的有关法律条款,坚持以法律为依据进行更新建设,以便为未来城市更新的顺利实施和更新后的利益共享提供法律保障,抑制现有类似行动中的各种违法和短视行为。作为一项复杂的系统工程,城市更新涉及各方面的法律问题,更新策略的制定更受到多种因素的支配和制约。在借鉴国外经验的基础上,未来一段时间内,我国城市更新的相关法律法规政策需从以下几个方面进行完善:

(1)在城市更新立法的过程中,我国要注重更新政策及相关规范的适时性、全面性与指导性,引导城市更新的有效运作;

(2)加强规划控制及规划编制研究,强化法规并制定有效政策及有关技术规定,促使城市更新整体协调启动;

(3)制定管理条例和实施细则,减少更新改造的盲目性和投机性,抑制旧城开发过程中的各种违法行为(倪慧,2007)。

随着城市衰退成因的日益复杂,城市更新的具体方式与内容也越来越多样化:从更新主体上来看,城市更新的方式包括政府主导、开发商主导、原权利人主导、政府与市场相结合等;从改造模式来看,城市更新的方式包括大规模推倒重建、综合整治以及小规模渐进式的优化调整等;从更新对象上来看,城市更新的方式涵盖了以完善城市产业结构和功能结构、调整优化城市空间布局和用地结构为目的的旧厂区、工业遗产改造,以改善提高居住环境和居住条件为目的的社区综合开发,以保护和加强历史风貌和景观特色为目的的历史城区保护利用,以及对城市基础设施和公共服务设施的更新与改善(倪慧,2007)。未来一段时间内,面对日益复杂的各种城市技术设施以及大量的历史遗留物,想要用一种模式来统一整个城市已不可能,对大城市来说尤其如此。因此,我国在城市更新过程中应注重寻求弹性、多样化的城市更新方式,采取谨慎和差别化的城市更新方式,针对不同区域原有城市空间和社会网络基础的特点,对城市更新类型进行区分,并因地制宜地进行差别化对待(吴冠岑等,2016)。

此外,面对大规模改造所造成的城市风貌特色遭到破坏、历史文化脉络断层以及社区邻里氛围消失等问题,我国未来一段时间内在城市更新中应提倡小规模渐进式的改造。通过小规模渐进式改造,采取"自下而上"的方式对城市发展进行小范围的适度控制,注重空间的生活性与社会的需求,形成以"人"与"生活"为核心的经济、社会、环境综合考虑的城市资源再开发利用。

参 考 文 献

Andrew B, Tim H, Margaret Harrison. 2002.illing cities: Promoting new images for meetings tourism. *Cities*, No.1, pp. 61-70.

Aruninta A. 2009. WiMBY: A comparative interests analysis of the heterogeneity of redevelopment of publicly owned vacant land. *Landscape and Urban Planning*, No.93, pp. 38-45.

Baker A JM,Brooks R R,Pease A J,*et al*. 1983. Studies on copper and cobalt tolerance in three closely related taxa with in the genus Silene L. (Caryophyl laceae) From Zaire. *Plant and soil*, No.73, pp.377-385.

Bartsch C. 1983.*Community involvement in brownfield redevelopment*. Northeast-Midwest Institute.

BasSpierings. 2012. Fixing missing links in shopping routes: Reflections on intra-urban borders and city centre redevelopment in Nijmegen, *The Netherlands. Cities*.pp.1-8.

Bromley R D F,Tallon A R, Thomas C J. 2005. City centre regeneration through residential development: Contributing to sustainability. *Urban Studies*, No.42, pp. 2407-2429.

Calvin J. 2001. Mega-events and host-region impacts: Determining the true worth of the 1999 Rugby World Cup. *International Journal of Tourism Research*, No.3, pp.241-251.

Castells, Manuel. 1989. *The Informational City: Information Technology, Economic Restructuring, and the Urban-Regional Process*. Oxford: Blackwell.

Castells, Manuel. 1996. *The Rise of the Network Society, The Information Age: Economy, Society and Culture Vol. I. Cambridge*, MA; Oxford, UK: Blackwell.

Chaney R L，Malik M，Li Y M，*et al*. 1997. Phytoremediation of soil metals. *Current opinion in Biotechnology*，No.8，pp. 279-284.

Chaney R L.1983 .Plant uptake of inorganic waste constituents.Land treatment of hazardous wastes. Noyes Data Cor Poration，NewJersey：ParkRidge，pp.50-76.

Chang J，Zhang H，Ji M，*et al*. 2009. Case study on the redevelopment of industrial wasteland in resource-exhausted mining area. *Procedia Earth and Planetary Science*，No.1，pp. 1140-1146.

Chen Y，Hipel K W，Kilgour D M，*et al*. 2009. A strategic classification support system for brownfield redevelopment. *Environmental Modelling & Software*，No.24，pp. 647-654.

Chenery H B，Syrquin M. 1986. The semi-industrial countries. *Industrialisation and growth：A comparative study*，pp.84-118.

Christian M R. 2001. Inner-city economic revitalization through cluster support：The Johannesburg clothing industry. *Urban Forum*，No.12，pp. 49-70.

Christopher A. De Sousa. 2002. Brownfield redevelopment in Toronto：an examination of past trends and prospects. *Land Use Policy*，pp.297-309.

Chrysochoou M，Brown K，Dahal G，*et al*. 2012. A GIS and indexing scheme to screen brownfields for area-wide redevelopment planning. *Landscape and Urban Planning*，No.105，pp. 187-198.

Clark. C. 1940. *The Conditions of Eco-nomic Progress*，London：MacMillan Co. Ltd.

Couch C. 1940. *Urban renewal：Theory and practice*. Macmillan International Higher Education.

Dair C M，Williams K. 2006. Sustainable land reuse：the influence of different stakeholders in achieving sustainable brownfield developments in England. *Environment and Planning A*，No.38，pp. 1345-1366.

Davies J S. 2004. Conjuncture or disjuncture? An institutionalize analysis of local regeneration partnerships in the UK. *International Journal of Urban and Regional Research*，No.28，pp. 570-588.

De Sousa C. 2002. Measuring the Public Cost and Benefits of Brownfield Versus Greenfield Development in the Greater Toronto Area. *Environment and Planning B：Planning and Design*，No.29，pp. 251-280.

De Sousa C. 2003. Turning brownfields into greenspace in the city of Toronto. *Landscape and Urban Planning*, pp. 181-198.

Dixon T and Doak J. 2005. Actors and Drivers: Who and What Makes the Brownfield Regeneration Proeess Go Round? the SUBR:IM Conference.

Durose C, Lowndes V. 2010. Neighborhood governance: Contested rationales within a multi-level setting: A study of Manchester. *Local Government Studies*, No.36, pp.341-359.

Erbil A Ö, Erbil T. 2001. Redevelopment of Karaköy Harbor, Istanbul: Need for a new planning approach in the midst of change. *Cities*, No.18, pp. 185-192.

Erwin van derKrabben, Harvey M. Jacobs. 2013. Public land development as a strategic tool for redevelopment: Reflections on the Dutch experience. *Land Use Policy*, pp. 774-783.

Evans G. 2005. Measure for measure: Evaluating the evidence of culture's contribution to regeneration. *Urban Studies*, No.42, pp. 959-983.

Fernando D O. 2007. Madrid: Urban regeneration projects and social mobilization. *Cities*, No.24, pp. 183-193.

Friedmann, J. 1986. The world city hypothesis. *Development and Change*, pp. 69 - 83.

Gidron B, Kramer R M, Salamon L M(eds.). 1992. *Government and the Third Sector: Emerging Relationship in Welfare States*. San Francisco: Jossey-Bass Inc. Pub.

Greenberg M, Lewis M J. 2000. Brownfields redevelopment, preferences and public involvement: a case study of an ethnically mixedneighbourhood. *Urban Studies*, No.37, pp. 2501-2514.

Greenberg M,Lowrie K, Solitare L, *et al*. 2000. Brownfields, toads, and the struggle for neighborhood redevelopment: a case study of the State of New Jersey. *Urban affairs review*, No.35, pp. 717-733.

Grodach C. 2010. Beyond Bilbao: Rethinking flagship cultural development and planning in three California cities. *Journal of Planning Education and Research*, No.29, pp.353-366.

Guy S, Henneberry J, Rowley S. 2002. Development cultures and urban regeneration. *Urban Studies*, No.39, pp.1181-1196.

Hao Wang, Qiping Shen, Bo-sin Tang, Martin Skitmore. 2013. An integrated approach to supporting land-use decisions in site redevelopmentfor urban renewal in Hong Kong. *Habitat International*, pp. 70-80.

Hemphill L, Berry J, McGreal S. 2004. An indicator-based approach to measuring sustainable urban regeneration performance (Part 1): Conceptual foundations and methodological framework. *Urban Studies*, No. 41, pp. 725-755.

Henderson S, Bowlby S, Raco M. 2007. Refashioning local government and inner-city regeneration: The Salford experience. *Urban Studies*, No.44, pp. 1441-1463.

Hoffmann, W., Growth of Industrial Economics. Manchester: Manchester University http://www.sohu.com/a/123541470_119778,2017-01-05.

Hyun Bang Shin. 2009. Property-based redevelopment and gentrification: The case of Seoul, South Korea. *Geoforum*, pp. 906-917.

Ilka W, Rick B. 1997. Exploring the realities of the sustainable city through the use and reuse of vacant industrial buildings. *European Environment*, No.7, pp. 194-202.

Jackson T O. 2002. Environmental Contamination and Industrial Real Estate Prices. *Journal of Real EstateReseareh*, No.23, pp. 179-200.

Jacobs K. 2004. Waterfront redevelopment: A critical discourse analysis of the policy-making process within the Cha-tham Maritime project. *Urban Studies*, No.4, pp.817-832.

John E, Nicholas D. 1992. Privatism and partnership in urban regeneration. *Public Administration*, No.70, pp.359-368.

Jonathan S D. 2003. Partnerships versus regimes: Why regime theory cannot explain urban coalitions inthe UK. *Journal of Urban Affairs*, No.25, pp. 253-270.

Ketkar K. 1992. Hazardous-Waste Sites and Property-Values in the State of New Jersey.*Applied Economics*, No.24, pp.647-659.

Kim J I, Lee C M, Ahn K H. 2004. Dongdaemun, a traditional market place wearing a modern suit: the importance of the social fabric in physical redevelopments. *Habitat International*, No.28, pp. 143-161.

Kocabas A. 2006. Urban conservation in Istanbul: Evaluation and re-conceptualization. *Habitat international*，No.30，pp. 107-126.

Kuijs L. 2005. *Investment and saving in China*. The World Bank.

Lafortezza R，Sanesi G. 2004. Planning for the rehabilitation of brownfield sites：a landscape ecological perspective.*Brownfield Sites II*，pp.21-30.

Lewis W A. 1954. Economic development with unlimited supplies oflabour. *The manchester school*，No.22，pp. 139-191.

Liddle J. 2009. Regeneration and economic development in Greece：De-industrialisation and uneven development. *Local Government Studies*，No.35，pp. 335-354.

Lin C Y，Hsing W C. 2009. Culture-led urban regeneration and community mobilisation：The case of the Taipei BaoanTemple Area，Taiwan. *Urban Studies*，No.46，pp.1317-1342.

Lowe M. 2005. The regional shoppingcentre in the inner city：A study of retailled urban regeneration. *Urban Studies*，No.42，pp. 449-470.

Maclaren P M. 2001. Changing approaches to planning in an 'entrepreneurial city'：The case of Dublin.*European Planning Studies*，No.9，pp. 437-457.

Marjolein Spaans，Jan Jacob Trip，Ries van der Wouden. 2013. Evaluating the impact of national government involvement in local redevelopment projects in the Netherlands. *Cities*，No.35，pp. 29-36.

Mark W. 2003. 'In the shadow of hierarchy'：Meta-governance，policy reform and urban regeneration in the West Midlands. *Area*，No.35，pp. 6-14.

Masayuki S. 2010. Urban regeneration through cultural creativity and social inclusion：Rethinking creative city theory through a Japanese case study. *Cities*，No.27，pp. S3-S9.

McCarthy J. 2006. The application of policy for cultural clustering：Current practice in Scotland. *European Planning Studies*，No.14，pp. 397-408.

McCarthy L. 2002. The brownfield dual land-use policy challenge：reducing barriers to private redevelopment while connecting reuse to broader community goals. *Land Use Policy*，No.19，pp. 287-296.

McCarthy L.*et al*. 2001. Brownfield Redevelopment：A Resource Guide for Toledo and otherohio Government，Developers and Communities. *Department of Geography and Planning and Research Associate*，pp. 8-10.

McGreal S，Berry J，Lloyd G，*et al*. 2002. Tax-based mechanisms in urban regeneration: Dublin and Chicago models. *Urban Studies*, No. 39, pp. 1819-1831.

Mee K N. 2002. Property-led urban renewal in Hong Kong: Any place for the community? *Sustainable Development*, No.10, pp. 140-146.

Miles S. 2005. Our tyne: Iconic regeneration and the revitalization of identity in Newcastle Gateshead. *Urban Studies*, No.42, pp. 913-926.

Norma M R, Deborah L. 2006. branding the design metropolis: The case of Montréal, Canada. *Area*, No.38, pp.364-376.

Peters B G. 1997.With a Little Help from Our Friend: Public-Private Partnerships as Institutions and Instruments. In J. Pierre (Eds). Urban Governance: European and American Experience Houndmills: Macmillan Press Ltd.

Pollard J S. 2004. From industrial district to 'urban village'? Manufacturing, money and consumption in Birmingham'sJewellery Quarter. *Urban Studies*, No.41, pp.173-193.

Ponzini D, Rossi U. 2010. Becoming a creative city: The entrepreneurial mayor, network politics and the promise of an urban renaissance. *Urban Studies*, No.47, pp.1037-1057.

Priemus H, Metselaar G. 1992. Urban renewal policy in a European perspective: an international comparative analysis.

Raco M. 2002. The social relations of organizational activity and the new local governance in the UK. *Urban Studies*, No.39, pp. 437-456.

Richards G, Wilson J. 2004. The impact of cultural events on city image: Rotterdam, cultural capital of Europe 2001. *Urban Studies*, No. 41, pp. 1931-1951.

Robinson D, Angyal G. 2008. Use of mixed technologies to remediate chlorinated DNAPL at a Brownfields site. *Remediation Journal*, No.18, pp.41-53.

Rossi U. 2004. The multiplex city: The process of urban change in the historic-centre of Naples. *European urban and regional studies*, No. 11, pp. 156-169.

Rostow WW. 1959. The stages of economic growth. *The economic history review*, No.1, pp. 1-16.

S. Kuznets. 1941. *National Income and its composition*, New York: National Bureau of Economic Research Incorporated.

Sagaly, L.B. 1990. Explaining the Im Probable: Local Development of Federal cutbacks. *Journal of the American Planning Association*, No. 56, pp. 429-441.

Sarah Wakefield. 2007. Great expectations: Waterfront redevelopment and the HamiltonHarbour Waterfront Trail. *Cities*, pp.298-310.

Sassen, S. 1991. *The global city: London, New York, Tokyo, Princeton*, NJ: Princeton University Press.

Sau Kim Lum, Loo Lee Sim, Lai Choo Malone-Lee. 2004. Market-led policy measures for urban redevelopment in Singapore. *Land Use Policy*, pp. 1-19.

Scott A J. 2001. *Global City-regions: Trends, Theory, Policy*. Oxford: Oxford University Press.

Seo J K. 2002.Re-urbanization in regenerated areas of Manchester and Glasgow: New residents and the problems of sustainability. *Cities*, No. 19, pp. 113-121.

Severcan Y C, Barlas A. 2007. The conservation of industrial remains as a source of individuation and socialization. *International Journal of Urban and Regional Research*, No.31, pp. 675-682.

Sharp J, Pollock V, Paddison R. 2005. Just art for a just city: Public art and social inclusion in urban regeneration. *Urban Studies*, No.42, pp. 1001-1023.

Sherman S. 2002. Government tax and financial incentives in brownfields redevelopment: Inside the developer's pro forma. *NYU Envtl LJ*, pp. 317.

Solitare L. 2005. Prerequisite conditions for meaningful Participation in brownfields redevelopment. *Journal of Environmental Planning and Management*, pp. 917-935.

Stewart D. 2004. 'Smart Development'for Brownfields: A Futures Approach using the Prospective through Scenarios Method. Dublin Institute of Technology.

Terry N Clark. 2003. *The City as an Entertainment Machine: Research in Urban Policy*. Greenwich: JAI Press, pp. 33-78.

Thomas M R. 2002. A GIS-based decision support system for brownfield redevelopment. *Landscape and Urban Planning*，No.58，pp. 7-23.

Tregoning H，Agyeman J，and Shenot C. 2002. Sprawl，Smart Growth and Sustainability，*Local Environment*，No.7，pp.341-347.

Vivien L，Chris S. 1998. Dynamics of multi-organizational partnerships：An analysis of changing modes of governance. *Public Administration*，No.76，pp. 313-333.

Wedding G C，Crawford-Brown D. 2007. Measuring site-level success in brownfield redevelopments：A focus on sustainability and green building. *Journal of Environmental Management*，No.85，pp. 483-495.

Wernstedt K and Robert H. 2006. Brownfields regulatory reform and policy innovation in practice.*Progress in Planning*，pp. 7-74.

Wernstedt K，Meyer P B，and Alberini A. 2006. Attracting Private Investment to Contaminated Properties：The Value of Public Interventions. *Journal of policy Analysis and Management*，No.25，pp.347-369.

Wernstedt K，Meyer P B，and Kristen R. Y. 2003. Insuring Redevelopment at Contaminated Urban Properties. *Public Works Management&Policy*，No. 8，pp.85-98.

Wrigley N，Guy C，Lowe M. 2002. Urban regeneration，social inclusion and large store development：The seacroft development in context. *Urban Studies*，No.39，pp.2101-2114.

Yang Y R，Chang C H. 2007. An urban regeneration regime in China：A case study of urban redevelopment in Shanghai's Taipingqiao area. *Urban Studies*，No.44，pp.1809-1826.

Yueman Yeung, ed. ，Urban Development in Asia：Retrospect and Prospect. Hong Kong：Hong Kong Institute of Asia-Pacific Studies，The Chinese University of Hong Kong.

YUE - MAN YEUNG (ed). 1998. Urban Development in Asia：retrospect and Prospect. Hong Kong：Hong Kong Institute of Asia - Pacific Studies，Chinese University of Hong Kong.

艾东,栾胜基,郝晋珉. 2008. 工业废弃地再开发的可持续性评价方法回顾.《生态环境》,(06):2464-2472.

常江,冯姗姗. 2008. 矿业城市工业废弃地再开发策略研究.《城市发展研究》,(02):54-57.

陈洁.2009.城中村改造的模式与对策初探.《江苏城市规划》,(03):19-22.

陈清鋆.2012.城中村改造开发模式对比研究.《现代城市研究》,(03):60-63.

陈双,赵万民,胡思润.2009.人居环境理论视角下的城中村改造规划研究——以武汉市为例.《城市规划》,(08):37-42.

陈云.1996.南京的旧城改造与工业迁移.《现代城市研究》,(05):24-29.

程家龙.2003.深圳特区城中村改造开发模式研究.《城市规划汇刊》,(03):57-60.

仇保兴.2009.低碳生态城发展的总体思路.《现代城市》,(4):6.

戴学来.1997.英国城市开发公司与城市更新.《城市开发》,(07):30-33.

单卓然,黄亚平.2013."新型城镇化"概念内涵、目标内容、规划策略及认知误区解析.《城市规划学刊》,(2):16-22.

邓位.2010.城市更新概念下的棕地转变为绿地.《风景园林》,(01):93-97.

丁宇.2008.城市棕色土地复兴与经济生态化调控探索.《城市发展研究》,(S1):128-131.

东莞市国土资源局.案例七厚街镇标志片区改造项目.http://land.dg.gov.cn/land/dxxm/201604/a6cbf88a5eab4f38aad2804323d8a66c.shtml,2014-11-14.

东莞阳光网.2014-03-03.厚街城市中心将打造高端综合商贸区.http://news.sun0769.com/dg/headnews/201403/t20140303_3557083.shtml.

董玛力,陈田,王丽艳.2009.西方城市更新发展历程和政策演变.《人文地理》,(5):42-46.

董慰,王智强.2017.政府与社区主导型旧城更新公众参与比较研究——以北京旧城保护区更新实践为例.《西部人居环境学刊》,(4):19-25.

范耀邦.1981.旧城改造与文物保护——从白塔寺和天宁寺周围的新建筑谈起.《城市规划研究》,(01):25-33.

方可.1997.欧美城市更新的发展与演变.《城市问题》,(05):50-53.

方煜.2002.滨海城市的可持续城市更新——深圳市沙头角海滨区城市设计.《小城镇建设》,(01):42-45.

房庆方,马向明,宋劲松.1999.城中村:从广东看我国城市化进程中遇到的政策问题.《城市规划》,(09):18-20.

房庆方,马向明,宋劲松.1999.城中村:我国城市化进程中遇到的政策问题.《城市发展研究》,(04):21-23.

冯云廷.2001.《城市聚集经济:一般理论及其对中国城市化问题的应用分析》.东北财经大学出版社,

管娟,郭玖玖.2011.上海中心城区城市更新机制演进研究——以新天地、8号桥和田子坊为例.《上海城市规划》,(04):53-59.

管娟.2008.上海中心城区城市更新运行机制演进研究——以新天地、8号桥和田子坊为例.上海:同济大学.

何深静,于涛方,方澜.2001.城市更新中社会网络的保存和发展.《人文地理》,(06):36-39.

何玉霞.2014.当代中国城乡协调发展研究——以城乡分工为视角.山东:曲阜师范大学.

何元斌,林泉.2012.城中村改造中的主体利益分析与应对措施——基于土地发展权视角.《地域研究与开发》,31(4):124-127.

胡晓燕.2008.城市更新中历史工业建筑及地段的保护再利用.《四川建筑》,(05):25-26.

黄文炜,魏清泉.2008.香港的城市更新政策.《城市问题》,(9):77-83.

黄晓燕,曹小曙.2011.转型期城市更新中土地再开发的模式与机制研究.《城市观察》,(02):15-22.

贾生华,郑文娟,田传浩.2011.城中村改造中利益相关者治理的理论与对策.《城市规划》,(05):62-68.

姜华,张京祥.2005.从回忆到回归——城市更新中的文化解读与传承.《城市规划》,(05):77-82.

蒋慧.2009.城市创意产业发展及其空间特征研究.西安:西北大学.

金羊网.2017.深圳市出台新版城市更新暂行措施.http://news.ycwb.com/2017-01/05/content_23955756.htm

景维民,张慧君.2003.转型经济的绩效、成因及展望.《南开经济研究》,(1):28-33.

匡晓明.2017.上海城市更新面临的难点与对策.《科学发展》,(3):32-39.

赖寿华,袁振杰.2010.广州亚运与城市更新的反思——以广州市荔湾区荔枝湾整治工程为例.《规划师》,(12):16-20.

李建波,张京祥.2003.中西方城市更新演化比较研究.《城市问题》,(5):68-71.

梁晓丹,胡通.2008.城市更新过程中对城市骑楼街区的再利用.《山西建筑》,(06):55-56.

廖俊平,田一淋.2005.PPP模式与城中村改造.《城市开发》,(03):52-53.

刘建芳.2010.美国城市更新与重建过程中的总体分析——兼谈我国城市更新的凸显问题.《江南论坛》,(8):19-21.

刘昕.2010.城市更新单元制度探索与实践——以深圳特色的城市更新年度计划编制为例.《规划师》,(11):66-69.

刘昕.2011.深圳城市更新中的政府角色与作为——从利益共享走向责任共担.《国际城市规划》,26(1):41-45.

刘英,朱丽娟,赵荣钦.2012.城市更新改造中的工业遗产保护与再生——以郑州老纺织工业基地为例.《现代城市研究》,(12):43-47.

龙腾飞,施国庆,董铭.2008.城市更新利益相关者交互式参与模式.《城市问题》,(06):48-53.

陆军.2001.城市外部空间运动与区域经济.中国城市出版社.

吕俊华.1995.英、美的城市更新.《世界建筑》,(02):12-16.

吕晓蓓,赵若焱.2009.对深圳市城市更新制度建设的几点思考.《城市规划》,(04):57-60.

吕玉印.2000.城市发展的经济分析.上海三联出版社 2000 年.

马航.2007.深圳城中村改造的城市社会学视野分析.《城市规划》,(01):26-32.

莫霞.2017.上海城市更新的空间发展谋划.《规划师》,33(s1):-10.

倪慧.2007.西欧城市更新的发展及其借鉴与启示.南京.东南大学.

钱欣.2001.浅谈城市更新中的公众参与问题.《城市问题》,(2):48-50.

秦波,苗芬芬.2015.城市更新中公众参与的演进发展:基于深圳盐田案例的回顾.《城市发展研究》,22(3):58-60.

饶会林.1999.城市经济学.东北财经大学出版社.

任绍斌.2011.城市更新中的利益冲突与规划协调.《现代城市研究》,(01)12-16.

戎安,沈丽君.2003.天津古文化街海河楼商贸区城市更新规划.《建筑学报》,(11):20-22.

士绮.1985.经济发展促进了城市更新——记全国旧城改建经验交流.《建筑学报》,(03):67.

孙施文,周宇.2015.上海田子坊地区更新机制研究.城市规划学刊,(1)::39-45.

谈锦钊.1988.城市更新:广州城市建设面临的转折点——与蔡穗声同志商榷.《广州研究》,(11):36-39.

汤培源,顾朝林.2007.创意城市综述.《城市规划学刊》,(3):14-19.

唐婧娴.2016.城市更新治理模式政策利弊及原因分析-基于广州、深圳、佛山三地城市更新制度的比较.《规划师》,32(5):47-53.

陶希东. 2016. 新时期香港城市更新的政策经验及启示.《城市发展研究》, 23
　　(2):39-45.

汪蕙娟. 1987. 二十世纪英国的城市更新.《国外城市规划》, (01):33-35.

汪明峰, 林小玲, 宁越敏. 2012. 外来人口、临时居所与城中村改造——来自上海
　　的调查报告.《城市规划》, (07):73-80.

王春兰. 2010. 上海城市更新中利益冲突与博弈的分析.《城市观察》, (06):
　　130-141.

王嫣, 王泽坚, 朱荣远等. 2012. 深圳市大剧院—蔡屋围中心区城市更新研
　　究——探讨城市中心地区更新的价值.《城市规划》, (01):39-45.

王纪武. 2007. 地域城市更新的文化检讨——以重庆洪崖洞街区为例.《建设学
　　报》, (5):19-22.

王世福, 沈爽婷. 2015. 从"三旧改造"到城市更新——广州市成立城市更新局之
　　思考.《城市规划学刊》, (3):22-27.

王晓东, 刘金声. 2003. 对城中村改造的几点认识.《城市规划》, (11):70-72.

王艳. 2016. 人本规划视角下城市更新制度设计的解析及优化.《规划师》, 32
　　(10):85-89.

魏后凯. 2011. 论中国城市转型战略.《城市与区域规划研究》, 4(1):1-19.

文国玮. 1999. 整治与更新净化与进化——谈当前旧城改造.《规划师》, 15(3):
　　105-108.

吴冠岑, 牛星, 田伟利. 2016. 我国特大型城市的城市更新机制探讨:全球城市经
　　验比较与借鉴.《中国软科学》, (9):88-98.

吴良镛. 1982. 北京市的旧城改造及有关问题.《建筑学报》, (02):8-18.

吴左宾, 孙雪茹, 杨剑. 2010. 土地再开发导向的用地改造规划研究——以西安
　　高新技术产业开发区一期用地为例.《规划师》, (10):42-46.

伍炜. 2010. 低碳城市目标下的城市更新——以深圳市城市更新实践为例.《城
　　市规划学刊》, (S1):19-21.

新华网. 2016-12-28. "三旧"改造 2.0 计划启动将组建东莞市城市更新局.
　　http://news.xinhuanet.com/city/2016-12/28/c_1120202620.htm.

新浪财经. 2016-05-19. 上海城市更新四大计划发布. http://finance.sina.com.
　　cn/roll/2016-05-19/doc-ifxskpkx7446301.shtml.

严若谷, 周素红. 2010. 城市更新中土地集约利用的模式创新与机制优化——以
　　深圳为例.《上海城市管理》, (05):23-27.

严铮. 2003. 对城市更新中历史街区保护问题的几点思考——多元化的历史街

区保护方法初探.《城市》,(04):40-42.

阳建强. 1995. 现代城市更新运动趋向.《城市规划》,(04):27-29.

阳建强. 2000. 中国城市更新的现况、特征及趋向.《城市规划》, 24(4)::53-55.

阳建强. 2016-04-12. 城市更新作为城市发展的自我调节机制. http://www.planning.org.cn/report/view? id=153.

杨安. 1996. "城中村"的防治.《城乡建设》,(08):30-31.

姚士谋,张平宇,余成,李广宇,王成新. 2014. 中国新型城镇化理论与实践问题.《地理科学》,6(6):641-647.

叶磊,马学广. 2010. 转型时期城市土地再开发的协同治理机制研究述评.《规划师》,(10)

叶耀先. 1986. 城市更新的理论与方法.《建筑学报》,(10):5-11.

余翔,王重远. 2009. 城市更新与都市创意产业的互动. 城市问题,(10):21-24.

俞剑光,武海滨,傅博. 2011. 基于生态理念的城市棕地再开发探索——以包头市华业特钢搬迁区域为例.《北京规划建设》,(06):123-126.

袁新国,王兴平,滕珊珊. 2013. 再开发背景下开发区空间形态的转型.《城市问题》,(05):96-100.

张更立. 2004. 走向三方合作的伙伴关系:西方城市更新政策的演变及其对中国的启示.《城市发展研究》,(04):26-32.

张京祥,胡毅. 2013. 基于社会空间正义的转型期中国城市更新批判.《规划师》,28(2):5-9.

张磊. 2015. "新常态"下城市更新治理模式比较与转型路径.《城市发展研究》, 22(12)::57-62.

张其邦. 2015.城市更新的时间、空间、度理论研究.厦门:厦门大学出版社.

张顺豪. 2016. 城市更新的现状与反思:以人为本、延续生活. 中国城市规划学会编. 规划60年:成就与挑战 2016 中国城市规划年会论文集. 北京:中国建筑工业出版社.

张微,王桢桢. 2011. 城市更新中的"公共利益":界定标准与实现路径.《城市观察》,(02):23-32.

张侠,赵德义,朱晓东等. 2006. 城中村改造中的利益关系分析与应对.《经济地理》,(03):496-499.

张曾芳,张龙平. 2000. 运行与嬗变:城市经济运行规律新论. 东南大学出版社.

赵海波. 2009. 城市更新中历史街区的保护与开发方法探究.《山西建筑》,(01):38-39.

赵映辉. 2010. 城市更新规划中的低碳设计策略初探——以深圳市罗湖区木头龙小区城市更新项目为例.《城市规划学刊》,(S1):44-47.

中国经济导报. 2017-07-19. 2016 年新型城镇化建设实现了"五个新". http://www.ceh.com.cn/epaper/uniflows/html/2017/07/19/A01/A01_60.htm.

周军,朱隆斌. 2011. 老城保护中可持续性的探索与实践——以广西百色市解放街及三江口地区城市更新规划为例.《城市建筑》,(08):45-47.

周晓,傅方煜. 2011. 由广东省"三旧改造"引发的对城市更新的思考.《现代城市研究》,(8):82-89.

周一星. 1998. 城市地理学. 商务印书馆.

朱懋伟. 1986. 旧城改造与风貌保存的探讨——扬州在改建道路中的街景设计.《建筑学报》,(10):23-25.

朱煜明,刘庆芬,苏海棠等. 2011. 基于结构方程的棕地再开发评价指标体系优化.《工业工程》,(06):65-69.

祝莹. 2002. 历史街区传统风貌保护研究——以南京中华门门东地区城市更新为例.《新建筑》,(02):10-13.

庄少勤. 2015. 上海城市更新的新探索.《上海城市规划》,(5):10-12.